제 2 판

Basic of Semiconductor Processing Equipment

반도체 공정장비 개론

임준우 / 홍상훈 / 허영헌 / 임승하 / 성홍석 / 김덕영 공저

B.C.Info

PREFACE

반도체산업은 인간생활을 변화시킬 수 있는 혁신제품의 창출을 주도하여 새로운 디지털 생활환경을 창출한다. 1958년 IC(집적회로)가 최초로 발명된 이후로 1981년 PC, 1987년 핸드폰, 1997년 디지털TV 등의 새로운 첨단산업을 창출하는 핵심요소로서의 역할하고 있다. 최근에는 IT기기에 이어 생활주변의 모든 사물에 확대 적용되며 새로운 생활의 필수품화가 되고 있다. 이제 반도체 산업분야는 이미 우리나라의 성장 동력산업으로서 미래 산업사회를 주도할 핵심기술로 대두되고 있으며, LED, 태양광용 솔라셀 제조분야까지 기술이 확장되어 전문지식을 갖춘 고급인력 뿐 아니라 전문기능 인력의 양성이 필수적으로 요청되고 있는 실정이다.

본 교재는 반도체 생산 공장에서 운영되고 있는 반도체 장비가 최적의 운영상태가 되도록 하기 위하여 반도체 공정에 대한 전반적인 이해와 장비에 대한 운용·조립하는 업무 등을 수행할 수 있도록 실무 지식 및 기술에 관한 이론과 실습으로 구성된 과목이다.

반도체 공정장비 개론 교과는 반도체 생산 공정에 걸쳐 산업체에서 사용되는 중요 반도체 장비의 내용을 익힐 수 있도록 구성하였다. 따라서 1장에서는 반도체와 세정이론 및 장비, 2장에서는 산화공정과 산화공정에 사용하는 장비운영, 3장에서는 사진공정과 노광 장비에 대해 소개한다. 4장에서는 식각 공정 및 장비 개요, 식각 장비의 구조 및 기능, 5장에서는 확산공정에 대한 이론과 이온주입, 플라즈마 도핑에 대해 수록하였다. 6장에서는 증착공정과 관련된 내용을 설명하고 7장에서는 CMOS 제조 공정에 대해 설명하였다.

이 책을 통하여 반도체 공정에 대해 이해하고 장비의 구조 및 기능을 소개함으로써 반도체 산업의 중심이 되는 반도체장비 제조운영 기술자 양성에 조금이라도 도움이 되길 저자 일동은 기대한다.

2012. 1.10.

저자 일동

CONTENTS

반도체(Semiconductor)와 세정(Cleaning)

01 Chapter

01
Chapter

반도체(Semiconductor)와 세정(Cleaning)

학습포인트 반도체에 대한 기본적인 물성을 이해하고 반도체 공정상에서 이루어지고 있는 다양한 세정기술에 대한 학습을 하며, 세정 공정에 사용되는 wet station에 대한 장치의 유지 및 보수 관리 대한 내용을 이해하고 활용할 수 있는 능력을 키워야 한다.

- 반도체의 물성에 대해서 이해해야 한다.
- 반도체 세정과 청정도에 대한 개념을 이해해야 한다.
- wet station의 구성 및 사용방법을 이해해야 한다.

1. 원 자

1) 원자의 구성

TIP

원자는 물질의 기본적 단위
분자는 물질을 계속 쪼개나갈 때 그 물질의 성질을 잃지 않는 가장 작은 입자

원자(atom)는 핵(nucleus)과 전자(electron)로 구성이 되어 있다. 핵은 양성자(proton)와 중성자(neutron)로 구성이 되어 있다. 그림 1-1에 원자의 구성을 나타내었다. 양성자는 양의 전하를 띄고 있다. 중성자는 전하를 띄지 않으며, 수소 원자의 경우는 중성자가 존재하지 않는다. 전자는 음의 전하를 띄고 있으며, 그 전하량(q)은 -1.602×10^{-19}[C]이며, 질량은 9.11×10^{-31}[Kg]이다.

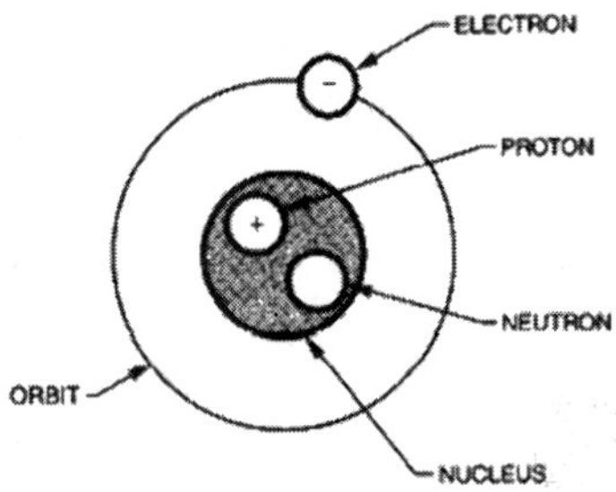

그림 1-1 원자의 구성

실리콘은 원자 번호가 14번이다. 실리콘은 14개의 전자와 14개의 양성자와 14개의 중성자로 이루어져 있다. 그렇다면 실리콘에 14개의 전자는 어떻게 배치되어 있는지 살펴보자. 그림 1-2에 실리콘 원자 내의 전자들의 배치 상태를 나타내었다. 이 그림을 이해하려면, 핵 주변의 특정 궤도에서의 전자의 구성에 대한 주양자수(n), 방위양자수(l), 자기양자수(ml), 스핀(s)에 대한 개념을 이해해야 하지만, 이에 대한 자세한 설명은 하지 않기로 하고, 반도체 공정에 주로 사용되고 있는 물질들의 최외각전자의 개수를 이해하는데 도움이 될 수 있는 수준에서 설명하고자 한다.

원자의 구성에서 보면 전자의 궤도(orbit)가 있다. 주양자수에 따라서 그 궤도에 존재할 수 있는 전자의 개수가 결정된다. 즉, 주양자수(n)가 1인 궤도에서는 전자가 2개까지 존재할 수 있다. 주양자수가 2인 궤도에는 8개의 전자가 존재할 수 있다. 그렇다면 실리콘 원자의 경우는 전자가 총 14개임으로, 첫 번째 궤도에 두 개의 전자가 자리를 점유하고, 두 번째 궤도에 8개의 전자가 자리를 점유한다. 마지막으로 남은 4개의 전자가 그 다음 궤도 즉, 주양자수가 3인 궤도에 존재하게 된다. 그래서 실리콘의 경우, 최외각(shell)에 전자가 4개가 존재하는 IV족 원소라고 불리운다.

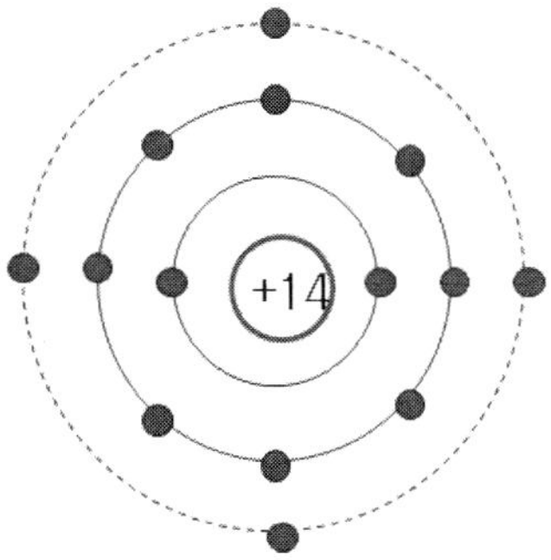

그림 1-2 실리콘 원자의 전자의 배치

그렇다면, 반도체공정에서 대표적인 불순물로 사용되고 있는 붕소(B)와 인(P)에 대해서 살펴보자. 붕소는 대표적인 III족 원소로 알려져 있다. 붕소는 원자 번호가 5번이므로, 주양자수가 1인 궤도에 두 개의 전자가 존재하게 되고, 나머지 3개가 주양자수가 2인 궤도에 존재하게 된다. 즉, 최외각전자가 3개이므로 III족 원소라 한다. 인의 경우는 실리콘보다 원자번호가 하나 큰 15번 이므로 주양자수가 3인 궤도에 5개의 전자가 존재하고 되므로, 즉 최외각전자가 5개임으로 V족 원소가 된다.

확산공정에서 다시 설명을 하겠지만, 최외각전자가 3개인 붕소가 실리콘 결정속에 들어가서 실리콘 자리를 점유하게 되면 실리콘의 전자를 받아 실리콘에 정공을 남기게 된다. 즉, Ⅲ족 원소는 실리콘에 정공을 생성시키므로 억셉터(acceptor)가 되며, 최외각전자가 5개인 인이 실리콘 결정속에 들어가서 실리콘 자리를 점유하게 되면 인접한 실리콘과 공유결합을 하고 남은 1개의 전자를 실리콘 결정내에 기여(주게)하게 되므로 도우너(donor)로써의 역할을 하게 된다.

2) 결정의 구성

실리콘 결정은 그 내부 원자의 배치 형태에 따라서 단결정, 다결정 및 비정질 실리콘으로 구분될 수 있다. 그림 1－3에 결정의 행태에 따른 구조를 나타내었다. 단결정 실리콘은 10N(ten nine : 99.99999999%) 이상의 순도를 가지고 그림에서 알 수 있듯이 그 원자의 배열이 아주 규칙적으로 이루어져 있으며, 반도체 전자소자를 제조하는데 사용된다. 반면, 다결정 실리콘은 6N(99.9999%)의 순도를 가지며, 요즈음 각광을 받고 있는 솔라셀(solar cell) 제조에 주로 사용되며, 원자의 배열이 서로 다른 형태의 다결정들이 여러개 결합되어 있다. 비정질 실리콘은 원자의 배열에 있어서 무작위로 되어 있으며, 디스플레이의 TFT 제조에 사용이 되고 있다. 다음 장에 실리콘 산업의 계통도를 나타내었다. EG-Si(Electron Grade-Si)는 전자급의 실리콘으로 잉곳으로 제조되어 반도체 소자 제조에 활용된다. 그림 1－4에 실리콘의 용도별 생산 시스템을 나타내었다.

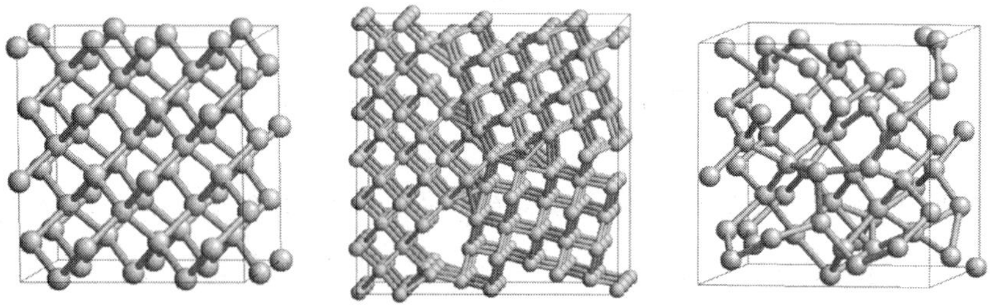

단결정(single crystal) 다결정(polycrystalline) 비정질(amorphous)

그림 1-3 결정의 형태

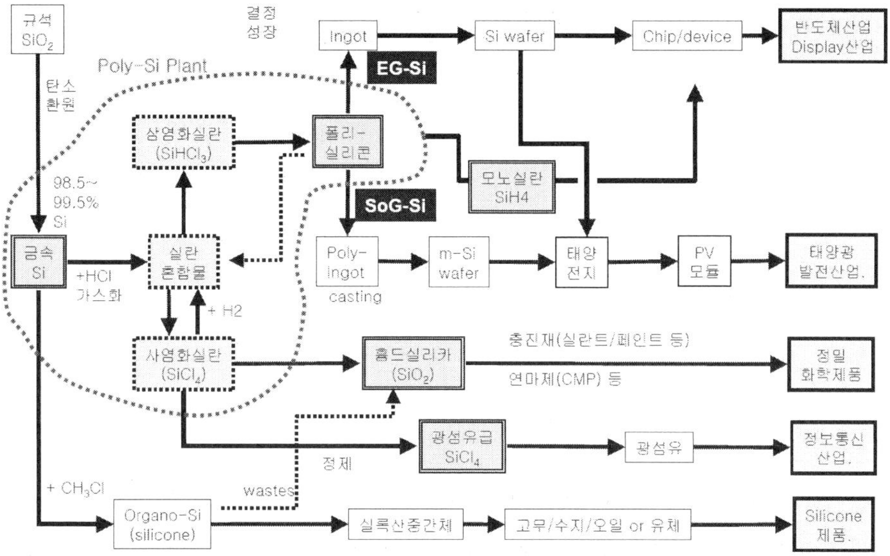

그림 1-4 실리콘의 용도별 생산 시스템

3) 실리콘의 결정 구조

원자의 결정 구조는 축의 기울어짐과 축의 길이 차이 등에 따라서 14가지의 브라바이스결정(Bravais) 구조를 크게 구분되어 진다. 여기서는 반도체 물질인 실리콘(Si), 게리마늄(Ge), 갈륨비소(GaAs) 등의 결정구조와 관련된 구조에 대해서만 간략히 설명하도록 한다.

(1) 단순입방격자(SC : Simple Cubic lattice)

정육면체의 꼭지점에 원자가 하나씩 배열되어 있는 형태를 하고 있으며, 각 원자간 거리(lattice constant)는 같게 되어 있다. 그림 1-5에 단순입방 격자의 구조에 대해서 나타내었다. 이 격자안에 속해 있는 원자의 개수는 1개이다(꼭지점에 있는 하나의 원자를 살펴보면 원자의 1/8개가 격자내에 들어 있다. 8개의 꼭지점에 똑 같은 형태로 있으므로 원자의 총 개수는 1개가 된다.).

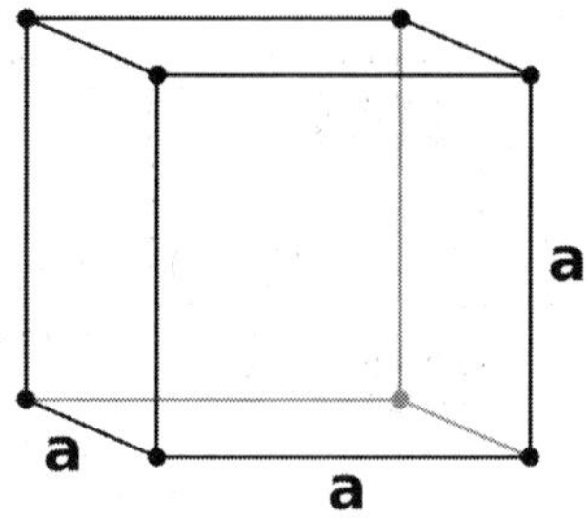

그림 1-5 단순입방격자

(2) 면심입방격자(FCC : Faced Centered Cubic lattice)

정육면제의 꼭지점에 원자가 하나씩 배열되어 있는 것은 단순입방격자와 동일하나 정육면체의 6개의 면 중앙에 원자가 하나씩 추가로 배열되어 있는 구조를 하고 있다. 그림 1-6에 면심입방격자의 구조를 나타내었다. 이 격자안에 속해 있는 원자의 개수는 총 4개이다(단순입방격자와 같은 형태에서 1개, 각각의 면에 원자가 1/2개가 내부로 수용되어 있으므로, 총 6개의 면에 3개의 원자가 있게 되므로, 총 4개의 원자가 격자 내부에 수용되어 있게 된다.).

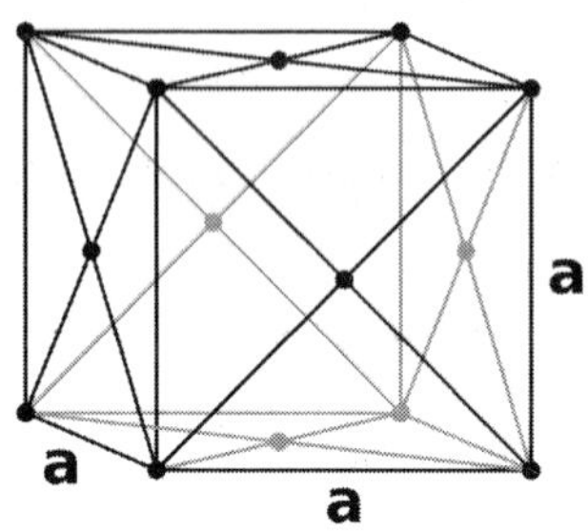

그림 1-6 면심입방격자

(3) 체심입방격자(BCC : Body Centered Cubic lattice)

정육면제의 꼭지점에 원자가 하나씩 배열되어 있는 것은 단순입방격자와 동일하나 정육면체의 중심에 원자가 하나 추가적으로 배열되어 있는 형태를 하고 있다. 그림 1-7에 그 구조를 나타내었다. 단순입방격자와 같은 형태에서 1개, 그 중심에 1개의 원자가 들어가 있으므로 총 2개의 원자가 격자내에 존재하게 된다.

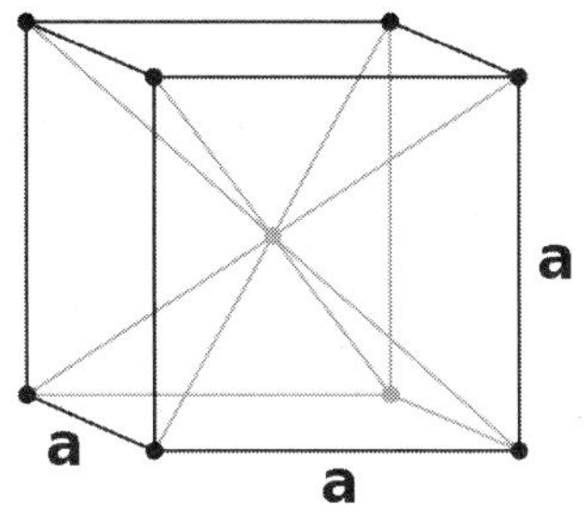

그림 1-7 체심입방격자

(4) Diamond

실리콘은 다이아몬드 구조를 하고 있다. 면심입방구조를 두 개 겹쳐 놓은 구조라고 생각하면 된다. 그 겹쳐지는 정도를 아래의 그림 1-8에서 설명하면, 첫 번째 면심입방구조에서 가장 아래 오른쪽에 있는 원자의 좌표를 (0, 0, 0) 이라고 하면, 또 하나의 면심입방구조의 가장 오른쪽 아래를 첫 번째 면심입장구조의 좌표에 대해서 (1/4, 1/4, 1/4)의 좌표에 끼워 넣은 것이라고 생각하면 된다. 이때 이 다이아몬드 격자내의 전자는 원래의 면심입방구조에서의 4개 전자와 새롭게 끼워진 면심입방구조에서의 원자 4개가 고스란히 그 안에 위치하게 된다. 즉 총 8개의 원자가 다이아몬드 구조 안에 위치하게 된다(4개의 원소의 색을 다르게 한 것은 이해를 돕기 위한 것으로 모두 동일한 원소이다.).

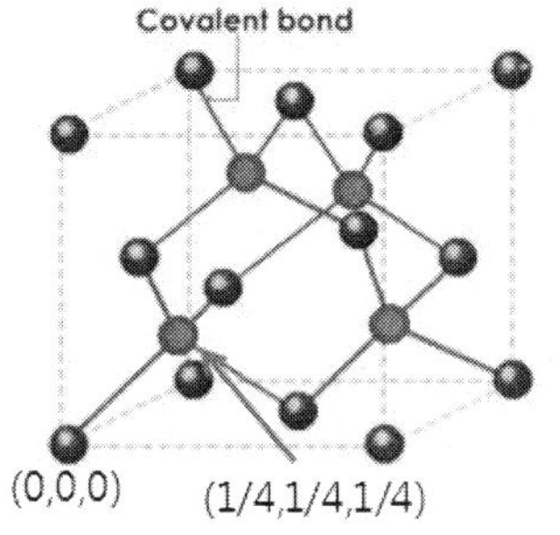

그림 1-8 다이아몬드 구조

(5) Zincblende

Zincblende 구조는 다이아몬드 구조와 동일하나, 두 개의 원자로 구성이 되어 있다는 점이 다르다. 예를 들어서 설명하면 두 개의 면심입방구조에서 하나의 면심입방구조는 Ga로 구성이 되어 있고, 또 다른 하나의 면심입방구조는 As로 구성되어 있다고 생각하면 된다. 즉, GaAs 화합물 반도체가 Zincblende 구조를 하고 있는 대표적인 반도체 물질이다. 위의 그림 1-8에서처럼 색이 다르게 표시된 것처럼 서로 다른 원자로 구성되어 있다. 화합물 반도체가 이런 구조를 대부분 하고 있다고 보면 된다.

2. 반도체

1) 물질의 분류

일반적으로 물질의 전기전도도에 따라서 도체(conductor), 반도체(semiconductor) 및 부도체(insulator)로 구분한다. 전도체는 잘 알고 있는 것처럼 전기를 아주 잘 흘리는 금속류가 대표적인 물질이다. 또한, 부도체는 유리나 플라스틱 같이 이 전기가 흐르지 않는 물질이 대표적이다.

Tip

도핑(doping)
결정 중에 필요한 불순물을 바라는 양만큼 첨가시키는 것

반도체는 전기전도도가 도체와 부도체의 중간적인 성질을 가진 것으로 정의하기도 한다. 하지만, 그런 정의보다는 반도체는 인간의 인위적인 조작(doping)에 의해서 그 전기전도도가 자유롭게 변화될 수 있는 물질이라고 정의하는 것이 더 타당하다고 하겠다. 대표적인 물질로는 실리콘(silicon)이 있다.

- conductor : metal
- semiconductor : Si, Ge, GaAs 등
- insulator : glass, plastic 등

또한, 물질의 에너지 갭(Energy Gap)의 유무 및 그 크기에 따라서도 분류될 수 있다. 그림 1-9에 에너지갭에 따른 물질의 분류를 나타내었다. 일반적으로 약 6eV 이하의 에너지갭을 가지는 물질을 반도체로 분류하고 있다. 도체의 경우는 에너지갭(전도대와 가전대 사이의 갭)이 존재하지 않는다. 즉, 전도대와 가전대가 그림에서 보이는 것처럼 중첩되어 있다.

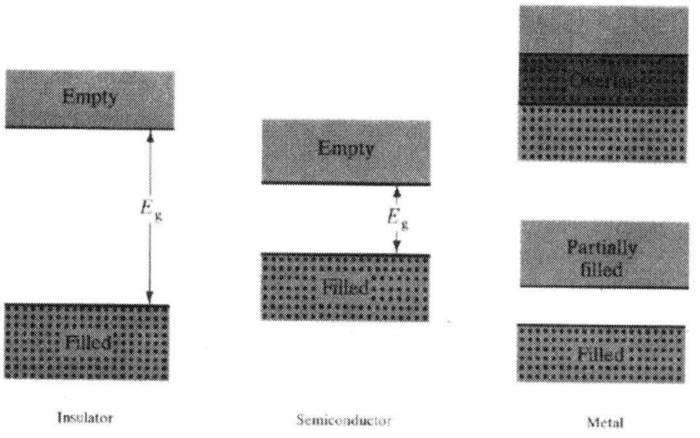

그림 1-9 물질의 전도도에 따른 energy gap

반도체의 경우도 한 개의 원소로 이루어진 단원소 반도체, 두 개의 원소가 화합물의 형태로 존재하는 이원소 반도체, 3개의 원소가 결합되어 있는 삼원소 반도체 등으로 분류된다. 표 1－1에 다양한 반도체 물질의 분류를 나타내었다. 단원소 반도체를 제외한 나머지 반도체를 화합물반도체로 총칭해서 부른다. 화합물 반도체의 대표적인 것으로는 이원소 화합물인 GaAs, InSb 등의 Ⅲ-Ⅴ족 반도체가 있다.

표 1-1 단원소, 이원계, 삼원계, 사원계화합물 반도체의 종류

Element	Ⅳ Compound	Ⅲ-Ⅴ Compound	Ⅱ-Ⅵ Compound	Ternary, Quarternary
Si Ge	SiC SiGe	GaN GaP GaAs InP InSb	CdSe ZnS ZnSe	AlGaAs AlGaN HgCdTe AlGaAsP InGaAsP

단결정 실리콘에 대한 성질을 정리하면 다음과 같다.

실리콘의 원자 번호는 14번으로 최외각전자가 4개이며, 그 결합의 형태는 이웃한 원자간 공유결합을 하고 있다. 구조는 다이아몬드 구조를 하고 있으며, 원자 밀도(atom densitiy)는 $5\times10^{22}/cm^3$이고, 유전상수(dielectric constant)는 11.9이고 에너지갭(energy gap)은 1.12eV이다.

또한, 진성의 전자정공쌍은 $1.5\times10^{10}/cm^3$이다.

3. 세정

1) 청정도의 개요

(1) 청정도

공기중에 떠다니는 먼지가 일정 용량의 기체중에 포함되어 있는 정도를 말하며 먼지나 오염물질의 오염 정도를 나타내는 기준이 된다.

즉 청정도란 그림 1−10에 나타낸 것처럼 미연방 규격에 의하면 $1ft^3$(입방피트)의 공기중에 포함된 0.5㎛ 이상의 먼지 허용 개수를 말하며, 반도체 공정에서는 0.1㎛ 이하의 먼지에 대해서도 관리를 하고 있다.

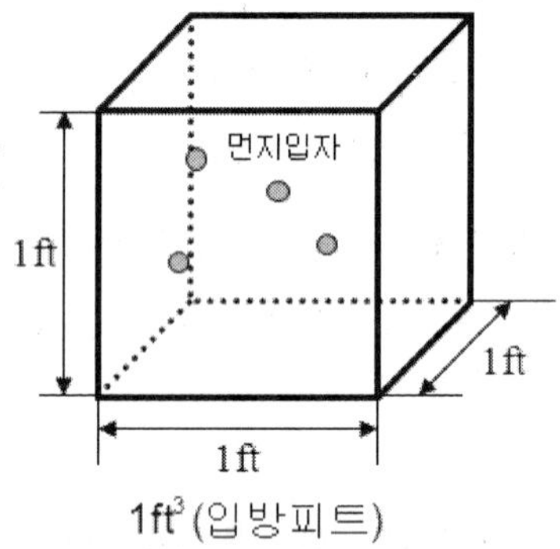

그림 1-10 청정도 계산을 위한 표준 부피

(2) 청정실

공기중에서 먼지의 갯수가 규정된 한도 내에서 관리되고 있는 영역을 말하고 있으나, 실질적으로는 먼지를 비롯한 제반환경(항온, 항습, 양의 압력, 청정구역간의 공기 흐름상의 균형)이 한정된 규격에 맞게 유지, 관리되는 깨끗한 영역 의미한다.

(3) 청정실의 종류

청정실은 그 사용 목적에 따라서 일반적으로 아래 표 1−2와 같이 3가지로 분류한다.

표 1-2 청정실의 목적별 구분

청정실 구분	청정실의 목적
공업용 청정실	단순히 먼지 등 분진 제거를 목적으로 하는 청정실(전자/광학기계, 정밀기계 부품 제조에 이용)
생물학적 청정실	공기중에 부유한 미생물질 분진 제거를 목적으로 하는 청정실(병원, 제약회사, 식품 제조에 이용)
초청정실	단순한 먼지뿐 아니라 0.1㎛ 크기의 먼지 입자와 미생물까지도 제거하는 청정실(첨단 반도체 산업, 유전 공학 등 Class 1을 지향하는 것에 이용)

(4) 청정실의 등급

청정실의 등급은 앞에서 정의된 부피내의 먼지 입자수로 분류한다.

표 1-3 Class room의 등급 구분

Class room 등급	먼지크기(㎛)	누적입자수
Class 1	0.1㎛ 이상	1개 이하
Class 10	0.1㎛ 이상	1개 이상 10개 이하
Class 100	0.1㎛ 이상	10개 이상 100개 이하
Class 1000	0.1㎛ 이상	100개 이상 1000개 이하

2) 오염원의 제어

반도체 소자나 집적회로의 제작공정은 청정실이라고도 불리는 클린룸이라고 하는 아주 특별한 공간에서 행해지게 된다. 클린룸이라고 하는 곳은 말 그대로 반도체 공정에서 오염원이 될 수 있는 모든 요소들을 최소화 해 놓은 공간이라 할 수 있는데, 먼지 뿐만 아니라 온도, 습도, 압력, 진동, 하전입자 등이 어느 수준 이하로 존재 하도록 제어된 공간인 것이다.

> **Tip**
> 하전 입자
> (Charged Particle)
> 전기적으로 양성이나 음성 전하를 가진 이온입자

초고밀도집적회로나 유전자 조작 등과 같이 세포 속의 미소한 유전자를 다루는 곳에서는 환경조건이 품질에 큰 영향을 끼친다. 이러한 곳에서는 환경조건의 하나로 먼지의 유무가 문제되는데, 눈에 보이지 않을 정도의 미세한 것도 존재해서는 안 된다. 따라서 외부로부터 먼지가 들어오지 않도록 방을 격리시키거나, 방안으로 들어오는 사람의 먼지를 문 밖에서 떨어내거나, 방안에 있는 사람에게 먼지가 나지 않는 특수복을 입히거나, 필수적으로 방안의 먼지를 없애는 장치를 설비해야 한다.

아무리 클린룸이라 하여도 작업자가 직접 들어가서 작업을 수행하는 과정에서 또는 여러 장비들에 의한 오염이 원인이 되어 제작 하려는 집적회로나 반도체 소자가 오염될 수 있다.

오염원의 제어방법은 크게 세 가지로 구분할 수 있다. 첫째는 오염원이 발생하지 않도록 오염원이 되는 물질을 사용하지 않는 방법, 둘째는 발생한 오염원과 접촉하지 않도록 격리시키는 방법이며 셋째는 발생한 오염원을 제거하는 방법이다. 가장 바람직한 제어방법은 오염원이 되는 물질을 사용하지 않는 것이지만 이는 실현성이 없는 것이므로 국소청정화 기술 등 경제적으로 오염원을 격리시키는 방법이 중요하다고 할 수 있다.

일단 오염이 발견되면 그 오염의 종류를 파악하고 그 오염의 원인이 되는 오염원을 찾아야 문제를 해결할 수 있게 된다. 클린룸의 오염문제는 프로세스 디바이스 등에 의한 파티클, 금속이온, 가스상 물질 등에 의한 단독 또는 복합오염과 같이 여러 경우의 오염이 생각될 수 있다. 디바이스에 영향을 주는 오염물질에 대해서는 오염 메카니즘과 규제치의 확립이 필요하다.

3) 오염원을 발생시키는 요소

생산수율을 저하시킬 수 있는 오염원으로는 작업자에 의한 오염, 생산 장비에 의한 오염 및 클린룸 내의 환경이나 사용하는 각종 물질에 의한 오염 등으로 크게 나누어 생각해 볼 수 있다. 이러한 오염원들로부터 웨이퍼가 오염되면 최종적으로 소자 생산의 수율이 저하되고 생산된 소자에서도 기대한 만큼의 좋은 성능을 기대하기 어렵게 되는 것이다. 그림 1-11에 오염원들의 다양한 오염 발생에 대해서 나타내었다.

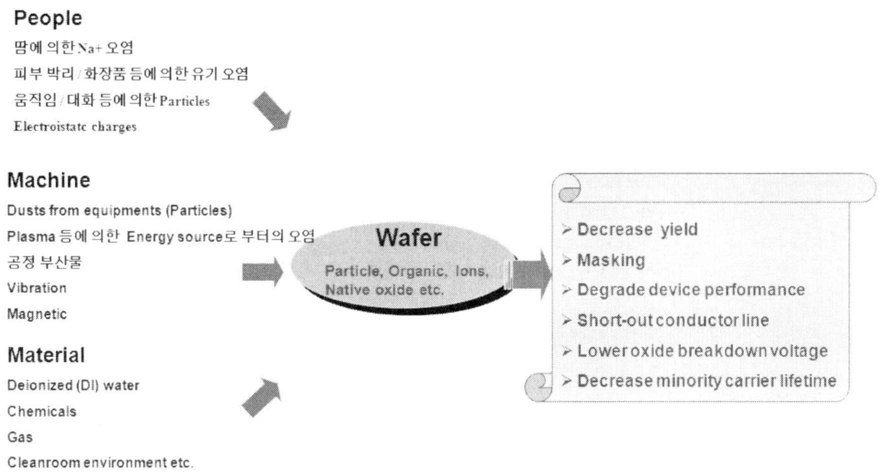

그림 1-11 오염원별 다양한 오염 발생 및 반도체 공정에서의 문제 발생

따라서, 작업자 클린룸 출입을 최소화 할 수 있는 공정기술의 확립과 더불어 작업자의 작업수행방법에 대한 교육도 청정도 유지에 있어서 중요한 몫을 차지하게 된다. 뿐만 아니라 클린룸내에서 사용하는 장비에서 발생할 수 있는 파티클 등의 억제는 기본이고 플라즈마 등에 의한 전자기 에너지소스로 부터의 오염이나 공정부산물, 장비의 진동으로 인한 반도체 제조공정에의 영향을 최소화 할 수 있도록 해야 한다. 또한, 공정에서 사용되는 여러가지 화학물질이나 가스를 포함한 탈이온수 자체의 오염이나 배관 등의 오염은 공정에 아주 심각한 문제를 유발 할 수 있으므로 깊은 주의가 요구된다.

4) 오염원의 종류

반도체 제조 공정 중에 발생하는 오염물질에는 유기물질의 오염물, 파티클, 자연산화막 및 금속불순물 등으로 분류할 수 있다. 표 1−4에 오염물질, 오염물질원 및 우염원별 소자에 미치는 영향을 분류하여 나타내었다. 그림 1−12에 반도체 표면에서의 다양한 오염 물질에 대한 모식도를 나타내었다.

공기 중에 존재하는 습기나 화학물질에 반도체 표면이 노출되어 생성될 수 있는 자연산화막은 직접적인 오염물은 아니지만 소자특성에 영향을 미칠 수 있어 세정 또는 식각공정을 통해 반드시 제어해야 할 오염물질로 분류하는 것이 보통이다.

이들 중에서 소자의 수율에 가장 큰 영향을 주는 것은 파티클s(입자)이다.

표 1-4 오염물질, 오염물질원 및 오염원이 소자에 미치는 영향

Contaminants	Possible sources	Effects of contaminants
Organic	Vapor in room, redides of photoresist or organic solvents, storage containers, etc.	Changes in oxidation rate
Particles	Equipment, ambient gas, DI water chemicals	Low oxide breakdown Defect(pinhole, microvoid)
Mative Oxide	Ambient moisture, chemicals, DI water rinse	Degraded gate oxide Low auality of epi-layer High contact resistance Poor silicide formation
Metallic impurities	Equipment, chemicals, ion implantation, reactive ion etching	Low breakdown field High junction leakage current Reduced minority carrier lifetime
Micro-roughness	Inital wafer material chemicals	Low oxide breakdown field Low mobility of carrier

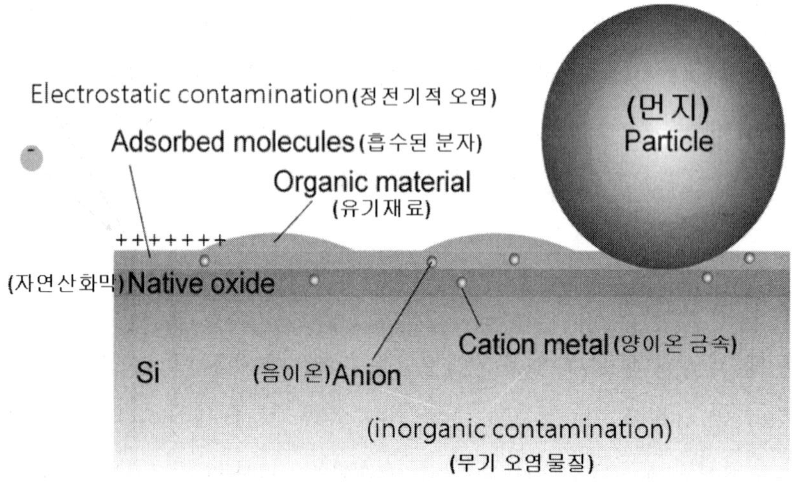

그림 1-12 반도체 표면에서의 다양한 오염원의 모식도

5) 먼지의 발생 요인

웨이퍼 가공(반도체공정 수행)중에 먼지가 발생하는 요인은 아래 표 1-5와 같다.

표 1-5 먼지의 발생 요인

구 분	발생요인
환경	공기 질, 공기 흐름, 청정실 설계, 진동, 정전기, 시설재 등
장비	각종 장비의 회전 모터 축, 운송 장치, 연결부위
재료	순수, 화공약품, 일반 가스, 반응 가스, 금속 target 등
사람	행동, 의복, 마스크, 장갑, 필기류, 청소용품 등
공정	식각공정 부산물, 박막 공정 반응물, 세정공정 불충분 등

6) 사람에 의해 발생되는 각종 오염물

(1) 침

WAFER 상에 발견되는 것은 침방울이며 K, Cl, S, P, Mg, Na 등의 성분이 검출된다.

(2) 땀

Na, K, Cl, Al 등의 성분이 검출된다.

(3) 표피

인체에서는 2~3일 주기로 새로운 표피가 생성되어 죽은 표피 세포를 밖으로 방출 하고 있다. 죽은 표피 세포는 공기중에 오염되면 제거하기 어렵고 제거되어도 아주 미세한 잔여물이 남게 된다. 표피 세포는 진주빛 흰색을 띠며 크기는 20~40㎛이며 두께는 2~4㎛로 부서지기 쉬운 형태로 되어 있다.

(4) 화장품

인간이 사용하는 화장품은 수백만개의 먼지로 구성되어 심각한 오염원이 된다. 표 1-6에 화장품에 대한 먼지 발생수를 나타내었다.

표 1-6 화장할 때 발생되는 0.5㎛ 이하 크기의 먼지 수

화장의 종류	먼지 발생수	비 고
립스틱	1,100,000,000개	습기가 적은 곳에서 더 많은 먼지로 변하여 인체를 이탈한다.
볼연지	600,000,000개	
파우더	270,000,000개	
눈화장	87,000,000개	
마스카라	3,000,000,000개	

(5) 입, 코의 분비물

사람이 말과 재치기를 할때 발생되는 먼지는 20~30㎛의 작은 물방울 형태로 효소, 소금, 음식찌꺼기, 표피 등을 포함하고 있다.

(6) 머리카락

60~100㎛의 크기로 1㎛ 두께의 5~10층의 표피층을 포함한다.

(7) 의류에서 발생되는 먼지 현황

아래 표 1-7에서 알 수 있듯이, 일반 의복이 아니라 청정실에서 먼지를 발생을 최소화하기 위해서 입는 방진복의 경우에도 움직임의 크기에 따라서 많은 먼지를 발생시키고 있음을 알 수 있다. 그러므로 청정실내에서는 그 움직임을 최소화하여 먼지를 발생시키지 않겠다는 노력과 먼지 발생이 회사에 큰 소실을 초래할 수 있으므로 이를 미연에 방지하겠다는 사명감을 필요로 한다.

표 1-7 움직임에 따른 의류에서 발생되는 먼지

입자크기 / 동작	0.3㎛ 이상 크기(개/분/인)		0.5㎛ 이상 크기(개/분/인)	
	보통옷	방진복	보통옷	방진복
서 있을 때	543,000	13,000	339,000	5,580
앉아 있을 때	448,000	14,800	302,000	7,420
상체를 흔들 때	2,240,000	31,400	850,000	14,900
상체를 굽힐 때	3,920,000	39,200	2,240,000	24,000
제자리 걸음	4,240,000	92,100	2,800,000	44,600
보행	5,260,000	157,000	2,920,000	56,000

7) 세정의 종류

ULSI 제조 기술의 집적도 향상은 현재 나노급영역에 도달하였고, 이에 따라 DRAM의 저장용량은 이미 기가 비트(Giga bit)의 시대에 돌입하였으며 테라비트(Tera bit)급 소자 개발을 위한 연구가 이미 진행되고 있다. 이와 같은 고집적화는 설계 기술의 선폭 감소에 따른 이차원적 감소뿐만이 아니라, 게이트 절연막이나 다층 절연막과 구리를 포함한 배선재료와 캐패시터(capacitor) 등으로 대표되는 소자를 구성하는 여러 박막의 신 재료개발과 극미세 박막의 구현으로 발전되어 왔다.

한 예로, 반도체 집적화의 대표적인 예라 할 수 있는 게이트 절연막의 경우는 수 옹스트롬(Å)의 박막 두께에 이르렀고, 이에 따른 터널링 전류(tunneling current)의 증가로 인해 새로운 고유전체 박막으로의 전환이 이루어지고 있다.

이렇게 반도체 소자가 초고집적화 되면서 제조 공정 수는 증가되며, 각 공정 후에는 많은 잔류물 또는 오염물이 표면에 남게 되어 이것들을 제거하는 세정공정(cleaning 공정)의 중요성은 더욱 부각되고 있는 추세다. 현재 반도체 소자 제조 공정은 약 400단계 이상의 제조 공정을 가지고 있으며 이들 중 적어도 20% 이상의 공정이 웨이퍼의 오염을 막기 위한 세정공정과 표면 처리 공정으로 이루어져 있다. 반도체 소자 제조 공정 중 발생하는 오염물은 소자의 구조적 형상의 왜곡과 전기적 특성(electrical characteristics)을 저하시킴으로써 그 소자의 성능, 신뢰성 및 수율 등에 특히 큰 영향을 미치기 때문에 반드시 제거되어야 한다.

세정기술은 그 방법에 따라 다음과 같이 분류할 수 있다.

(1) 습식세정

습식세정에는 배치식과 매엽식이 있는데 배치(batch)식은 화학조(chemical bath)에 화학약품을 가득 채우고 그 안에 웨이퍼를 푹 담구는 방식이고, 매엽식은 화학약품을 웨이퍼 표면에 분사하여 세정하는 방식이다.

① 배치식

세정액을 채운 처리 조에 기판 전체를 침지하여 세척하는 것으로 매엽식의 정전기 발생과 같은 문제는 없으나 세정효과를 올리기 위해 세정액 온도를 올려서 하는 것이 보통인데 반도체 기판을 손상시키는 문제가 있다.

② 매엽식

기판을 회전시키면서 세정액을 분무하여 오염물을 제거하는 방식이다. 오염된 세정액이 기판에 체류하는 시간이 짧아 세정효율이 높다. 과거의 약액(藥液)을 매엽 세정에 적용하면 시간이 걸려 새로운 약액 세정 방법이 개발되어야 한다.

(2) 건식세정

건식으로 오염물질을 제거하는 기술로 약액을 거의 또는 전혀 사용하지 않으므로 환경면에서 유리하다. 사용되는 방법으로는 활성가스, 증기, 플라스마, 자외선들을 적절히 선택해야 하는 제약이 있다.

(3) 기타 세정

미세화 및 신 재료에의 대응 등으로부터 작은 알갱이가 들어가 있는 세정제인 스크럽(scrub) 세정 등으로 물리적 세정이 도입되고 있다. 이는 건식 세정기술로 분류하는 연구자도 있으나 오염물질과 접촉하는 순간은 고체로서 기타 세정기술로 분류하는 것이 보통이다.

현재 반도체 세정 기술은 1970년대에 RCA사의 Kern과 Puotinen에 의해서 개발된 세정 기술을 기본으로 하여 사용되고 있다. 그림 1-13에 RCA 세정과 세정의 변천 과정을 나타내었다. 또한 이들 세정 기법에 따른 여러 가지 문제점을 보완하기 위한 세정 기술이 많이 개발되어 지고 있으나, 여러 가지 문제점으로 인해서 RCA 세정이 아직까지는 각광을 받고 있는 것이 현실이다.

아래에 기본적인 RCA 세정과정에 대해서 설명하였다.

① SC1(standard cleaning-1, APM)

$$NH_4OH : H_2O_2 : H_2O = 1 : 1 : 5(75℃ : 10min)$$

웨이퍼 표면의 파티클과 유기 오염물을 가장 효과적으로 제거할 수 있다. SC1 세정용액은 과산화수소에 의한 산화반응과 암모니아에 의한 에칭 반응이 동시에 일어나기 때문에 두 용액의 농도비가 매우 중요하다. 암모니아는 Si 웨이퍼를 이방성으로 식각시키고 식각 속도가 매우 크다. 따라서 과산화수소에 의한 표면 산화가 Si 웨이퍼 표면의 거칠기를 감소시키는 역할을 한다. 아래에

SC1 용액에서 Si 웨이퍼의 산화와 식각 반응식을 나타내었다. 하지만, SC1 세정 용액은 낮은 redox potential에 의해 trace metal 오염의 근원이 되기 때문에 반드시 SC2 세정 용액을 함께 사용하여야 한다.

$H_2O_2 = HO_2^{2} + H^{+}$ (1) dissociation of peroxide

$Si + 2HO^{2-} = 2OH^{-} + SiO^{2}$ (2) oxidation reaction of Si by HO^{2-}

$SiO_2 + OH^{-} = HSiO^{3-}$ (3) etching of SiO_2 by OH^{-}

$Si + 6OH^{-} = SiO_3^{2+} + 3H_2O + 3e^{-}$ (4) etching of Si by OH^{-}

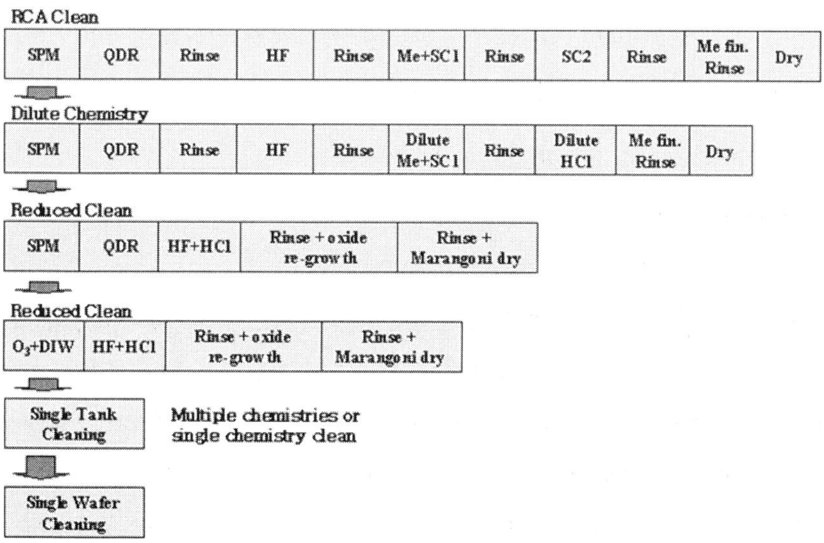

그림 1-13 RCA 세정과 세정과정의 변천

② D.I rinsing (room temperature, 5min)

상온에서 DI water를 이용하여 5분간 씻어낸다.

반도체 공정에서 사용되고 있는 물은 가정에서 사용되는 일반적인 물이 아니다. 반도체 공정에서의 청정은 그 무엇보다 중요하고 반도체의 성질을 변화시키는 것이 불순물 원자들 주입하는 것이므로, 물속에 있는 다양한 원다들이 반도체 소자의 특성 변화에 영향을 줄 수 있다. 이를 방지하기 위해서 특별한 물을 사용하고 있다. 그 물이 DI water이다. DI는 DeIonized의 약자로 탈이온을 의미하며 DI water는 탈이온수 혹은 순수한 물이라는 의미로 순수라고 불린다. 쉽게 이야기한다면 여러분들이 알고 있는 H_2O 밖에 없는 물이라고 생각하면 된다.

③ SC2(standard cleaning-2, HPM)

$HCl : H_2O_2 : H_2O = 1 : 1 : 5$(75℃ : 10min)

Tip

전기음성도 (Electronegativity) 원자가 전자를 끌어 당기는 능력

SC1 용액에 이어 천이성 금속 오염물을 제거하기 위해 사용하고 있다. SC1 용액에서 오염된 금속 불순물은 실리콘보다 전기 음성도가 높아 실리콘으로부터 전자를 빼앗아 전기화학적으로 반응하여 표면이 오염된다. 이런 금속 불순물을 제거하기 위해 금속보다 전기 음성도가 큰 SC2용액이 사용되어야한다. 대부분의 금속 오염물들은 희석시킨 염산만으로도 제거가 가능하다. 하지만 전기 음성도가 큰 noble metal (Cu, Au)은 희석시킨 염산만으로 제거하기 어렵기 때문에 염산과 과산화수소가 혼합된 세정 용액으로 제거를 하여야 한다.

④ D.I rinsing(room temperature, 5min)

⑤ Piranha(SPM)

$H_2SO_4 : H_2O_2 = 3 : 1$(90~130℃, 10min)

웨이퍼 표면의 유기 오염물 중에서도 포토레지스트와 같은 유기 오염물을 효과적으로 제거하며, 세정 후 기판위에 화학적 산화막을 형성시키고 기판 표면을 친수성으로 만들어 다른 세정액의 발리는 것을 용이하게 한다. 아래 표에 산화제에 따른 유기물 제거시의 화학반응에 대해서 나타내었다. 이 공정은 고온에서 사용하기 때문에 과산화수소의 분해가 급격히 일어난다. 따라서 세정 용액이 매우 불안정하고 세정 용액의 life time이 약 8~12시간 정도로 매우 짧다.

표 1-8 산화제의 유기물 제거 시 화학반응

산화제	유기물 제거시 화학반응
H_2O_2	$CH_2 + 3H_2O_3 \rightarrow 4H_2O + CO_2$
H_2SO_4	$CH_2 + 3H_2SO_5 \rightarrow 3H_2SO_4 + CO_2 + H_2O$
O_3	$CH_2 + 3O_3 \rightarrow 3O_2 + CO_2 + H_2O$
S_2O8^{2-}	$CH_2 + 3S_2O_8^{2-} + 2H_2O \rightarrow 6HSO_4^{-} + CO_2$

⑥ DHF(Dilute HF)

HF와 HO의 비율이 1 : 10～100의 비유로 혼합된 용액을 사용하므로 DHF 세정이라 불리며, 이 용액은 세정 공정 중 가장 마지막 단계에 하는 공정으로 여러 세정 공정 과정에서 생성된 화학적 산화막이나 자연산화막에 포함된 금속 오염물을 효과적으로 제거할 수 있다. HF세정 용액은 산화막 내에 포함되어 있는 금속 오염물은 효과적으로 제거할 수 있지만, Cu, Au와 같은 noble metal 은 제거하기 힘들다. 따라서, SC2 용액을 세정 공정에서 제거하기 위해 HF내 산화제인 과산화수소를 첨가한 세정 용액이 현재 많이 연구중에 있고 사용되고 있다. HF에 의해 표면 산화막과 산화막 내 금속이 제거되고 과산화수소에 의해 noble metal이 제거된다. 하지만, 과산화수소에 의한 웨이퍼 표면의 국부적 산화에 의해 표면이 거칠어진다는 단점이 있다. 또한 HF용액 내 첨가제를 혼합한 세정 방법이 많이 연구되고 있다.

⑦ D.I water rinsing and drying(by using Spin rinse & dryer)

위에서 살펴본 RCA 세정의 경우, 그 화학약품의 조성비가 사용하는 회사의 환경과 조건에 따라서 서로 다르게 사용되고 있으며, 회사별로 최적의 조건을 찾아서 다른 용어(과정)로 불리며 사용되고 있다(예 : A洗, B洗, D洗 등).

4. 장비의 운영

1) 시스템의 개요

본 장비는 반도체 제조공정 중 Wet Etching에 적용하는 설비로서 Contamination의 제거 목적으로 사용되며 공정의 Flow는 산화 막 제거 공정,수세, 공정 금속 불순물제거, 수세 공정 등의 방식으로 진행된다. DIP 방식의 Chemical Bath 6개, RINSE Bath 2개가 장착되어 있으며 각각 Bath 별로 공정 TIME, TEMP, 설정 및 BATH의 공정특성에 의해 반자동(SEMI-자동) 방식과 수동(수동) 방식을 갖는다.

표 1-9 wet station의 사양

Dimension	2050(W)×1150(D)×2080(H)
Weight	250Kg
Power	AC220V 50A 60Hz
Utility	Exhuast : SUS125A N2 : 3/8" Swagelok bulkhead union CDA : 3/8" Swagelok bulkhead union DI Supply&Return : 25A (C-PVC) Acid drain : 50A (P.P) Gendrain : 50A (HT-PVC)

2) 시스템의 외형

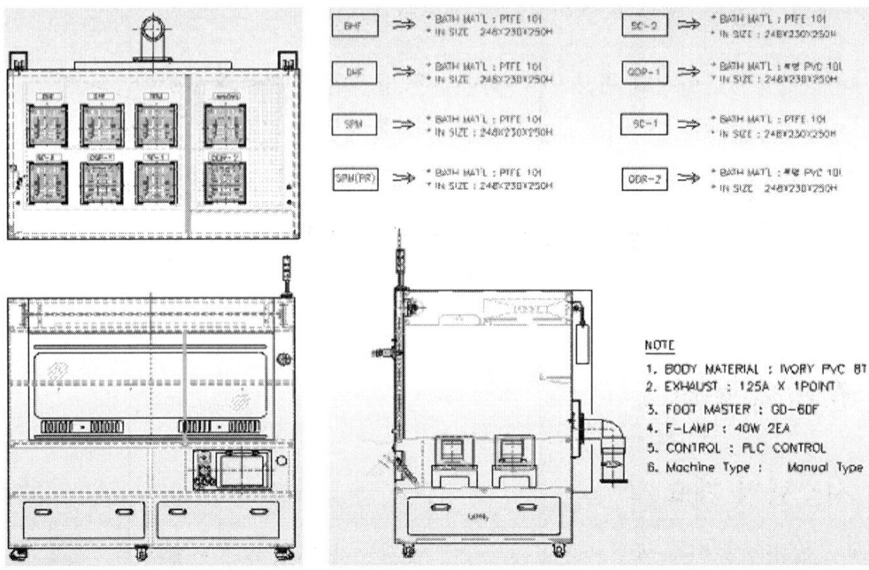

그림 1-14 wet station의 구성

3) 운영(operation)

(1) 시스템 운영

표 1-10 wet station의 상부 전장 Box 운영

상부전장 BOX부	운영 내용
	• MCCB를 ON한다. 주 1차 전원 공급 장치(주tenance할 경우 반드시 OFF) • C.P(Circuit Protector)를 ON한다. 각각의 Module(PLC, SMPS 터치 screen) 2차 전원 공급 장치 & 보호장치 (주tenance할 경우 반드시 OFF)
	Operation power 스위치 : 스위치 누르면 터치 panel 및 opeation이 가능하고 램프가 점등 된다. 장비를 사용하지 않을 경우 power 스위치 다시 누르면 OFF(램프 점멸)

(2) 조작반의 구성 및 설명

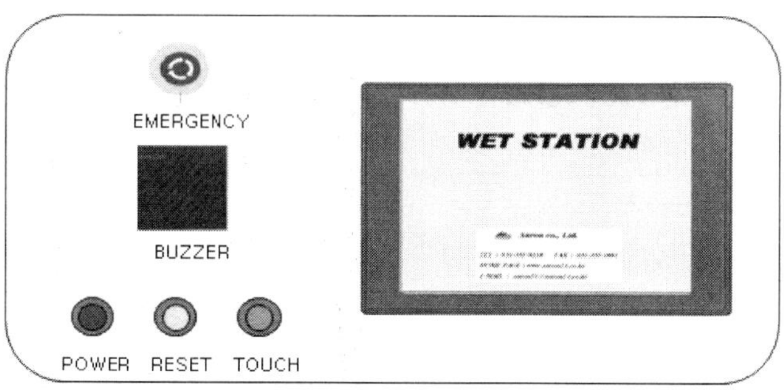

그림 1-15 operation panel

① EMG 스위치

공정 진행도중이나 긴급상황 발생시 비상정지 하는 스위치(power on시 램프가 점등 되어 있고 스위치를 누를 경우 램프는 점멸한다.) 모든 밸브나 동작은 초기상태로 된다.

② Power 스위치

시스템의 주전원을 on/off하는 스위치

③ 리셋 스위치

시스템의 오류나 경보 발생 시 부저 정지 기능을 한다.

④ 터치 스위치

터치 screen의 편리한 조작을 위해 실린더를 on/off 하는 스위치(한번 누르면 터치 screen이 앞으로 나오고 다시 누르면 들어간다.)

⑤ 부저

시스템의 오류나 경보 발생 시 알려주는 장치

⑥ 터치 screen

공정 진행을 위한 recipe 및 기타 등등을 제어와 표시하는 기능을 갖는 장치, Base screen-2에서 wet station 내부의 작업 등을 on/off 하는 스위치

(2) 터치 operation

Power on시 Base screen-1이 나타난다. 이 화면을 터치하면 base screen-2로 이동한다. 그림 1−16에 나타내었다.

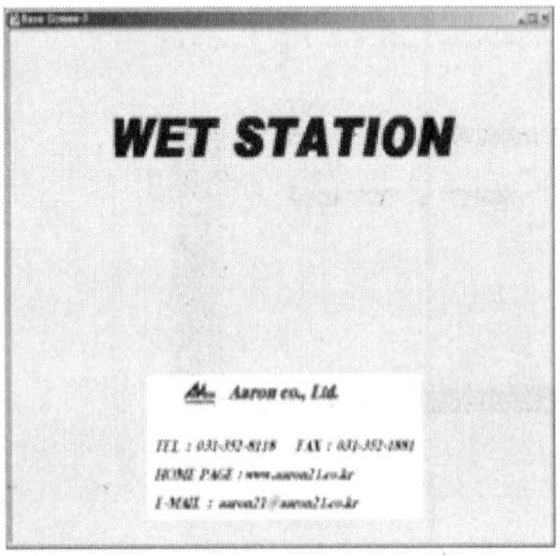

Base screen−1

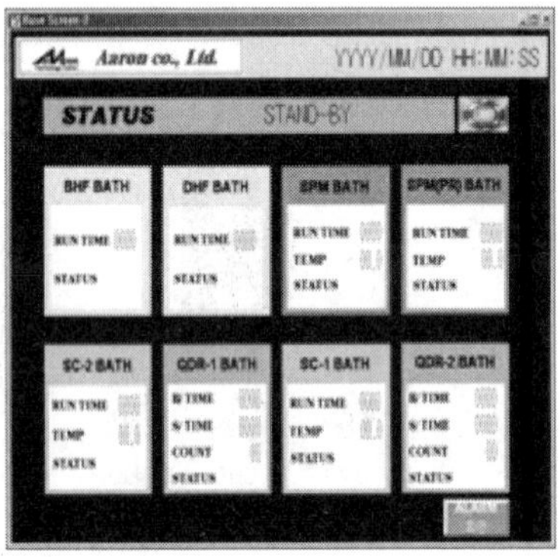

Base screen−2

그림 1−16 Base screen−2

Base screen-2서 각각의 사용할 bath를 터치 하면 해당 bath로 이동하여 공정을 진행한다. 그림 1−17에 BHF bath로의 이동을 나타내었다.

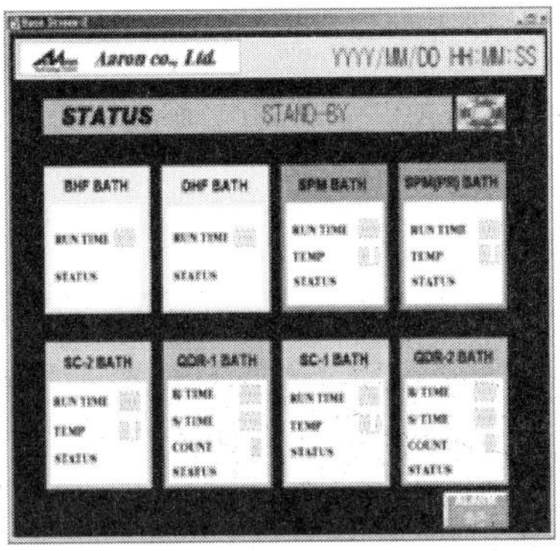

Base screen-2

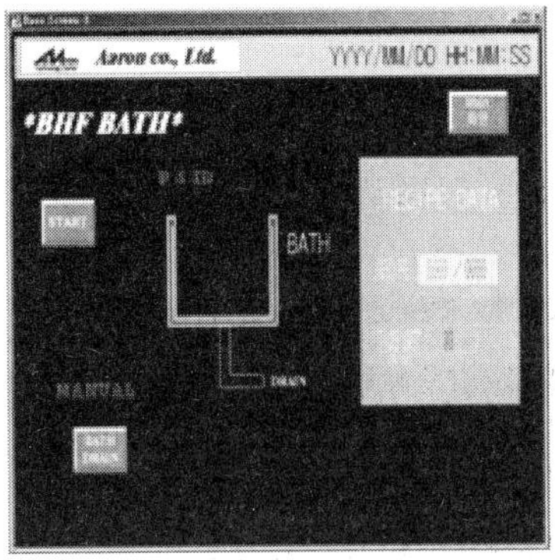

Base screen-3

그림 1-17 BHF bath의 운영

표 1-11 Bath 내부의 스위치 기능

스위치	기 능
START	BHF Bath의 자동 운전 터치 스위치 시작하면 설정된 시간만큼 진행되고 완료 후 end 부저 음이 울린다.
BATH DRAIN	Bateh의 Drain을 하고자 할 때 사용하는 스위치 한번 누르면 Drain SOL이 동작하고 다시 누르면 SOL 밸브 off 된다.
Main 화면	초기화면 Base screen-2로 이동하는 스위치

표 1-12 Bath별 Recipe 조정 방법

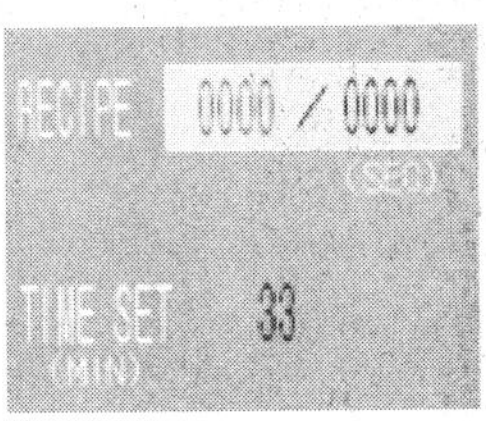 	• Recipe 설정 공정 진행 시간을 설정 하는 화면 • 왼쪽 숫자 시간 설정된 값을 표시 • 오른쪽 숫자 –진행되는 Time을 표시 –시간 설정 하는 기능으로 터치 하면 나타나고 원하는 시간을 설정 한다(설정 단위는 Min이다. 표시는 Sec로 나타난다).

(3) BHF bath 화면

화면상의 스위치를 on할 경우 아래 그림 1-18의 오른쪽이 동작되어 현재 진행 상태를 알려준다.

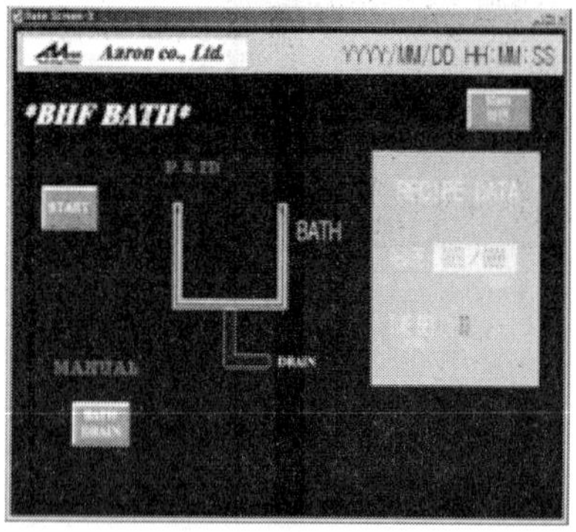

Base screen-3

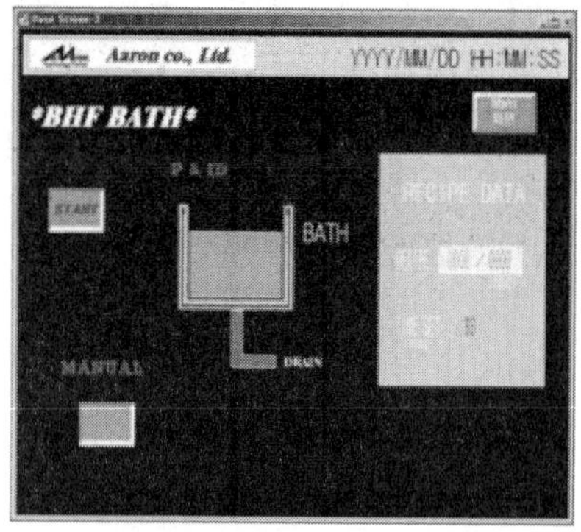

Base screen-3

그림 1-18 BHF bath의 동작 상태 표현

시작 스위치는 진행되는 동안 깜박거린다. 자동 상태에서는 수동 스위치는 동작되지 않는다.

(4) SPM bath 화면

SPM bath의 자동 운전 터치 스위치를 시작 하면 설정된 시간만큼 진행되고 완료후 end 부저 음이 울린다(N2 level 센서가 on).

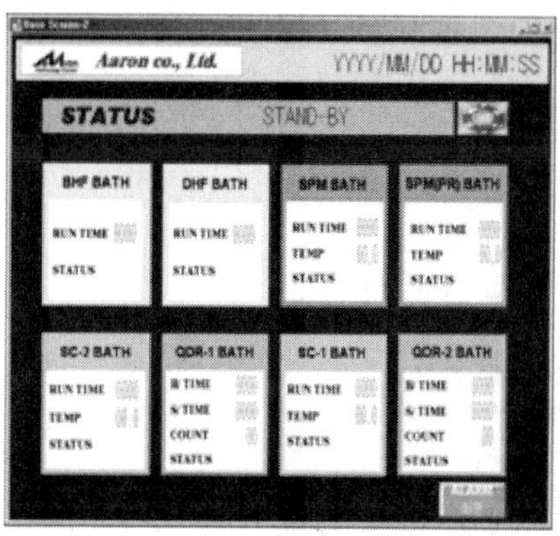

Base screen-2

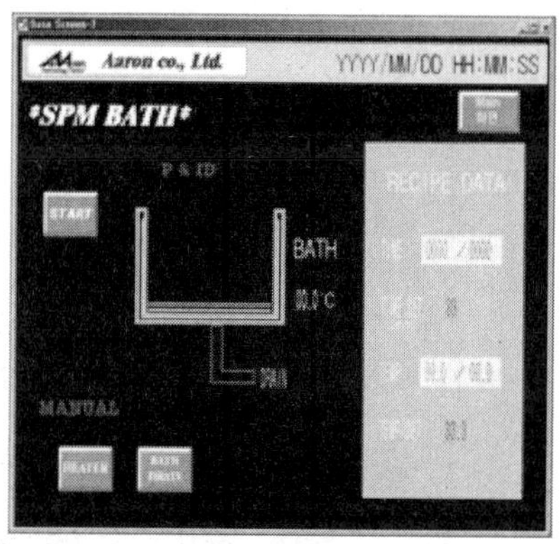

Base screen-5

그림 1-19 SPM bath로의 전환

화면상의 스위치를 on 할 경우에 아래 그림 1-20처럼 동작되어 현재의 진행 상태를 알려준다.

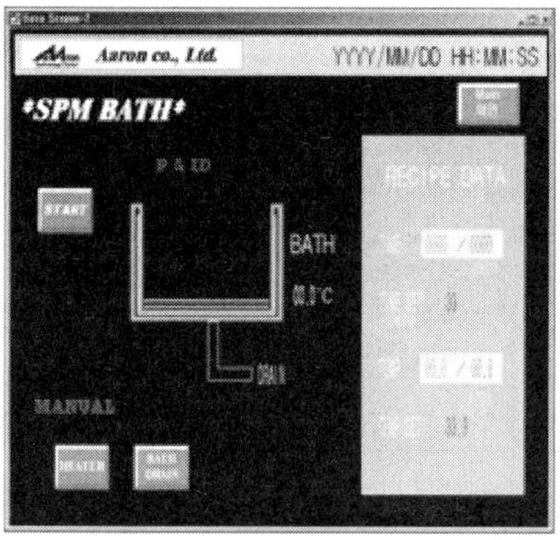

Base screen-5

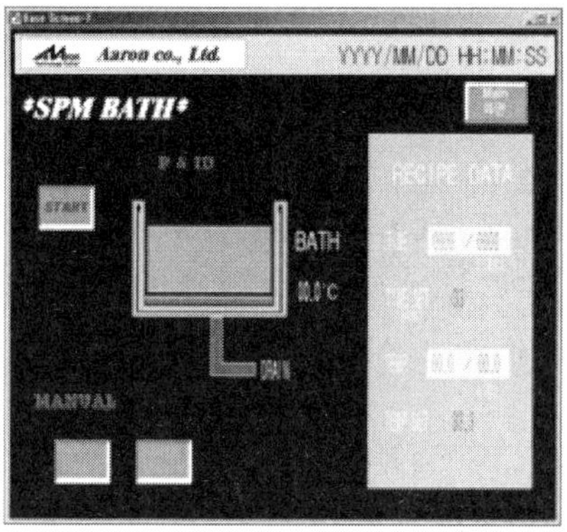

Base screen-5

그림 1-20 SPM bath의 동작 상태

시작 스위치는 진행되는 동안 깜박거린다. 자동 상태에서는 수동 스위치는 동작되지 않는다.

(5) QDR bath 화면

QDR bath의 자동 운전 터치 스위치를 시작하면 설정 된 시간, 회수만큼 진행되고 완료 후 end 부저 음이 울린다.

- recipe 운전 : 시작 → DI SUPPLY ON → N2 BUBBLE ON → BUBBLE TIME 설정값 → DI SUPPLY OFF → N2 BUBBLE OFF → DRAIN 밸브 ON → DI SHOWER ON → SHOWER TIME 설정값 → 1회 완료 → 반복회수 설정값 → RUN END

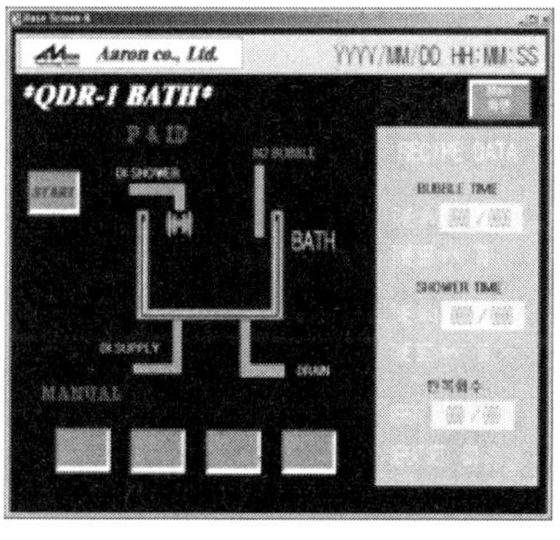

그림 1-21 QDR bath 동작 상태

4) 알람(경보 메시지)

아래 표 1-13에 알람 메시지 및 메시지별 조치사항을 나타내었다.

표 1-13 경보 메시지 및 조치사항

알 람	조치사항
1) SC1_LEVEL_경보 2) SC2_LEVEL_경보 3) SPM_LEVEL_경보 4) SPM(PR)& H_3PO_4_LEVEL_경보	각 BATH의 N2 LEVEL 센서 동작 오류 → BATH 내 CHEMICAL 상태확인
5) SC1_TEMP_HIGH 6) SC2_TEMP_HIGH 7) SPM_TEMP_HIGH 8) SPM(PR)& H_3PO_4_TEMP_HIGH	• 각 BATH의 OVER TEMP 오류 → BATH 내 온도 상태 확인 • 조치사항 : TPR(전력조정기) 확인, PLC OUT단의 출력 CHECK 확인 • 온도 제어기 확인 • 상부 전장 BOX
9) EMERGENCY STOP	

(1) 자동 run 진행 시 경광 등은 녹색이 점등 된다.

(2) 각 Bath로 자동 run 종료가 되면 end 부저 음이 울린다.

① "징검다리" 노래 음이 울리고 경광 등은 황색 등이 점등 된다.

② 부저음 해제 방법은 리셋 스위치를 누른다.

(3) 경보 발생 시 경광 등은 적색이 점등하고 경보 부저가 울린다.

① "구급차" 음이 울리고 경광 등은 적색이 점등한다.

② 리셋 스위치를 누르면 부저음이 멈추고 리셋 스위치의 Amp가 1(S)간격으로 점등한다. 알람이 해제되면 램프는 자동으로 점멸하고 정상상태가 된다.

5) 정기점검

(1) 정상적인 배기압력을 유지하고 있는지 확인

Manumeter gauge가 30mmH_2O 이상을 지시하고 있어야 정상적인 배기 상태이다.

(2) 배관상에 leak 발생 유/무 확인

배관 주위에 액체가 있는지 확인한다.

(3) 히터의 동작은 정상인지 확인

히터 스위치로 on 하였을 때 온도가 오르지 않는지 확인한다.

(4) N2 level 센서의 동작이 정상인지 확인

① bath에 chemical이 채워져 있을 때 액을 감지하고 있는지 확인한다.

② 화면에서 level 램프로 확인가능

③ 만일 이상이 발생할 경우 메시지 발생

요 약

- 원자의 구성은 그 중심에 핵이 있고 핵 주변에 전자가 특정 궤도를 움직이는 구조로 되어 있다. 핵은 중성자와 양성자로 구성이 되어 있으며, 원자가 가지는 전자의 개수는 원자번호와 같다.
- 물질은 전기전도도에 따라서 도체, 반도체, 부도체로 구분할 수 있으며, 실리콘이 대표적인 반도체 물질이다. 원자 번호가 14번으로 4개의 최외각전자를 가지고 있으며, 실리콘 결정은 이웃하는 원자 4개와 최외각전자를 상호 공유하며 결합되어 있다.
- 실리콘 결정은 원자 배열의 형태에 따라서 비정질(amorphous), 다결정(poly-crystalline) 및 단결정(single crystal)로 구분할 수 있다.
- 반도체 공정에 사용되는 단결정 실리콘은 다이아몬드 구조를 하고 있고, 원자 밀도(atom density)는 $5\times10^{22}/cm^3$이고, 유전상수(dielectric constant)는 11.9이고 에너지갭(energy gap)은 1.12eV이다. 또한, 진성의 전자정공쌍은 $1.5\times10^{10}/cm^3$이다.
- 반도체 물질은 한 개의 원소 혹은 다량의 원소로 구성될 수 있으며, 한 개의 원소로 이루어진 반도체 물질을 단원소 반도체, 두 개의 원소가 화합물의 형태로 존재하는 이원소 반도체, 3개의 원소가 결합되어 있는 삼원소 반도체 등으로 분류된다.
- 반도체 공정실은 청정도라는 기준을 두고 관리되고 있으며, 청정도의 정도를 class라는 정의를 도입하여 구분한다. 현재 반도체 공정라인, 특히 사진공정이 이루어지는 라인은 청정도가 class 1이다.
- 반도체 생산 현장에서 발생할 수 있는 다양한 오염원들은 인간, 기계, 물질이다.
- 세정의 종류로는 습식 세정과 건식 세정이 있다. 습식 세성은 말 그대로 용액속에서 세정하는 방식이고, 건식 세정은 약액을 사용하지 않고 세정하는 방식이다.
- RCA 세정은 반도체 세정에 많이 활용되고 있는 가장 기본적인 세정 과정으로 SC1, SC2, SPM, DHF, DI rinse 등의 과정을 거쳐서 표면에 남아 있을 수 있는 다양한 오염원들을 제거한다.

연습문제

01 실리콘의 원자 밀도는 5×10^{22}atom/cm^3이다. 원자의 밀도를 구하는 방법에 대해서 설명하라. 다이아몬드 구조를 참조하고 실리콘 단결정의 격자 상수(lattice constant)는 5.43Å이다.

02 실리콘(Si), 인(P), 붕소(B), 비소(As) 원자의 전자 배열 상태를 그리시오.

03 SC1이나 SC2 세정 공정에서 가장 주요한 조건은 무엇이라 생각하는가?

04 SC1이나 SC2의 주요 조건이 잘못 되었을 때 발생할 수 있는 문제점에 대해서 기술하시오.

05 RCA 세정 기술은 습식 세정에 해당된다. 그렇다면 이외에 다른 세정법에 대해서 기술하시오.

06 SPM이 포토레지스트를 제거하는 원리에 대해서 기술하시오.

07 me가스onic 세정에 대해서 기술하시오.

08 세정 후 웨이퍼를 건조시키는 다양한 방법에 대해서 알아보자.

09 공정 과정별 세정 기술에 대해서 알아보자(예 : 사진공정후의 세정, CMP 공정 후의 세정, 식각 후의 세정, 산화 후의 세정 등). 단, 이 과제는 이후 장에 나오는 단위 공정을 학습한 후에 과제를 수행한다.

10 최근에 많이 사용되고 있는 반도체 물질들에 대해서 조사하라. 그리고, 이들이 사용되고 있는 분야에 대해서 알아보자.

산 화

(Oxidation)

02 Chapter

02
Chapter

산 화
(Oxidation)

학습포인트 산화에 대한 기본적인 이해와 산화과정에서 발생될 수 있는 다양한 현상 및 산화공정에서 사용되고 있는 다양한 공정 장비에 대한 사용 방법에 대한 이해 능력과 산화로에 대한 유지 및 보수 관리 대한 내용을 이해하고 활용할 수 있는 능력을 키워야 한다.

- 산화공정에 대해서 이해해야 한다.
- 산화과정에서 발생될 수 있는 다양한 현상에 대해서 이해해야 한다.
- 산화로의 구성 및 사용방법을 이해해야 한다.

1. 산화막의 형성

1) 산화막 형성 방법

산화(oxidation)는 고온(900~1,200℃)의 전기로내에서 실리콘 웨이퍼를 위치시키고 산소나 수증기를 불어 넣어, 실리콘 표면과 반응시켜 실리콘 표면에 산화막(SiO_2)를 형성하는 과정이다.

산화의 과정은 크게 습식산화와 건식산화로 분류된다. 그림 2-1에 습식 산화와 건식 산화 방법에 대해서 나타내었다.

(1) 건식산화

건식산화는 그림 2-1에서처럼 건조한 산소와 수증기만을 불어 넣어 산화막을 형성하는 방법으로 산화막의 성장 속도가 습식 산화에 비해서 아주 느리나, 그 막질이 우수하고 산화막의 두께 제어가 쉽다는 장점이 있다. 건식 산화막은 반도체 소자, 특히 MOSFET(Metal Oxide Semiconductor Field Effect Transistor : 전계효과트랜지스터)에 있어서 전기적으로 아주 주요한 역할을 하는 gate 산화막 성장시에 사용된다. 상황에 따라서 산화시에 실리콘에 존재할 수 있는 오염원인 나트륨(Na) 이온의 움직임을 방지하기 위해서 염산(HCl)을 첨가하여 산화반응시키기도 한다.

$$Si + O_2 \rightarrow SiO_2 \text{ (Dry)}$$

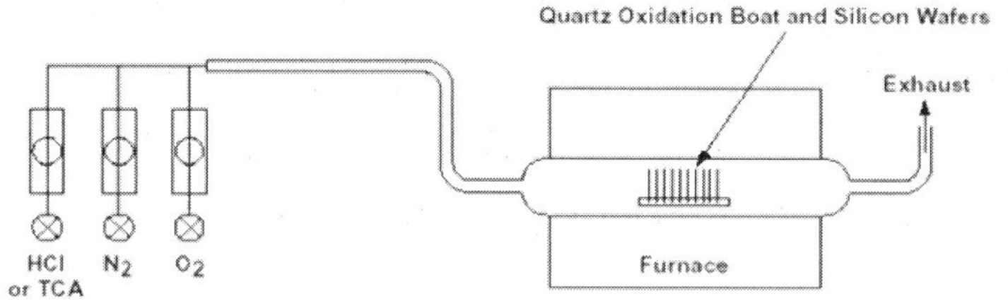

그림 2-1 건식 산화 장치도

(2) 습식산화

습식산화는 수증기를 고온의 전기로에 주입하는 방식으로 예전에는 수증기를 불어 넣기 위해서 맨틀(mentle)을 이용하여 수조 안에 들어있는 초순수(DI water)를 가열하고, 캐리어(carrier) 가스로 N_2를 사용하여 초순수(DI water)를 버블링 시킴으로써, 전기로로 수증기를 불어넣어서 산화막을 형성하였다. 그림 2-2에 heating mantle과 bubbling을 활용한 습신 산화 장치를 나타내었다.

> **Tip**
> 버블링(Bubbling)
> 액체 속을 가스체가 기포상이 되어 상승하는 것

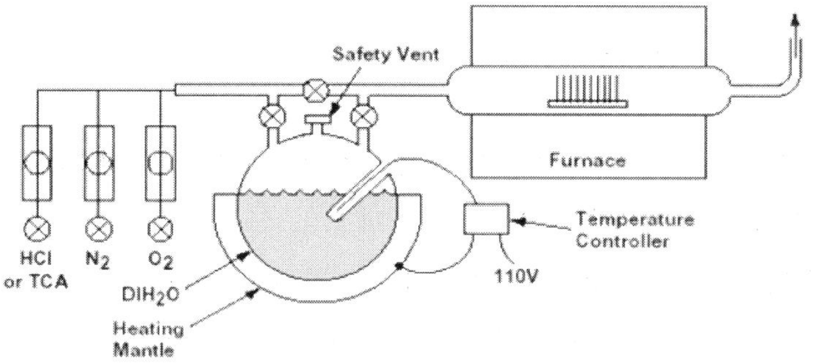

그림 2-2 heating mantle과 bubbling을 이용한 습식 산화 장치도

현재는 수소와 산소를 불꽃반응(pyrogenic) 시켜 수증기를 공급하여 산화 과정을 수행하고 있다. 그림 2-3에 장치의 구성을 나타내었다. 건식 식각에 비해서 산화막의 성장 속도가 빠르다. 하지만 산화막의 성장속도가 빠른 만큼 산화막의 질이 건식 산화막보다 우수하지 못하고 산화막의 두께 제어에 어려움이 있다. 일반적으로 필드(field) 산화막을 형성할 때 주로 사용된다. 반응식은 아래와 같다.

$$Si + H_2O \rightarrow SiO_2 + 2H_2 \text{ (Wet)}$$

산화막은 성장초기에는 산화막이 시간에 따라 선형적으로 성장(linear rate)하다가 일정 시간이 흐른 후, 즉 산화막이 일정 두께 성장이 되면 산화막의 성장 속도가 급격히 둔화(parabolic rate) 된다. 이는 산화막이 성장하면 할수록 산소가 생성된 산화막을 뚫고 실리콘 표면으로 침투하기가 힘들어지기 때문이다. 이에 대한 계산적인 유도는 화막 성장에 대한 Fick의 1, 2법칙에 대해서는 살펴봄으로써 가능하나, 여기서는 그 설명을 생략하도록 한다.

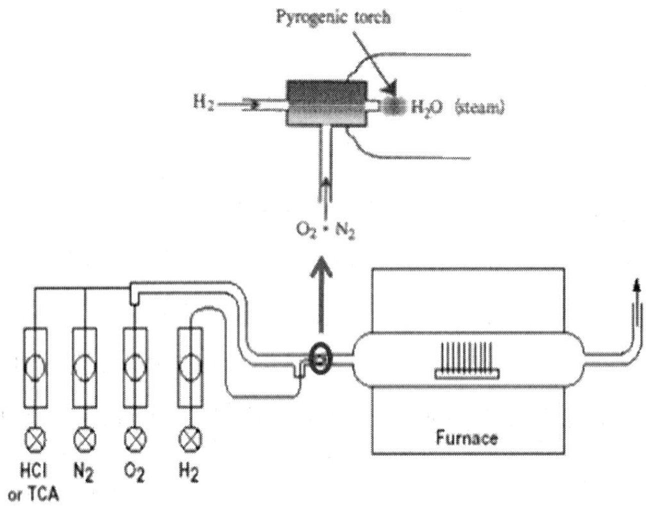

그림 2-3 Pyrogenic을 이용한 습식 산화 장치도

그림 2-4와 그림 2-5에 습식산화와 건식 산화시의 온도, 시간 및 실리콘 결정 성장 방향에 따른 산화막의 성장 두께 그래프를 나타내었다. 반도체 공정에서 실리콘 산화막의 두께 및 성장시의 온도가 결정이 되면, 그림 2-4와 2-5를 이용하여 산화막 성장에 필요한 시간을 결정할 수 있다. 또한, 표 2-1에 나타낸 산화막의 color chart를 보면 산화막의 색상에 따른 두께를 확인할 수 있다. 물론, 산화막의 두께가 두꺼워지면서 색상은 반복된다. 하지만 산화막 성장 그래프로부터 특정 두께의 산화막 성장 예상시간을 설정하고 작업했는데 그 두께와 유사한 색상이 나왔다면 공정이 정상적으로 이루어졌음을 알 수 있는 척도로 활용될 수 있다.

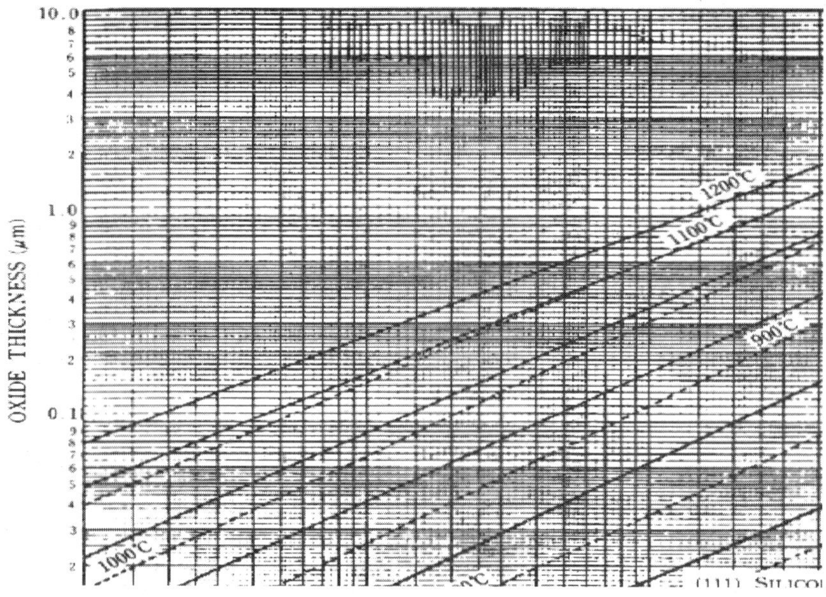

그림 2-4 건식 산화시 산화막 성장 그래프

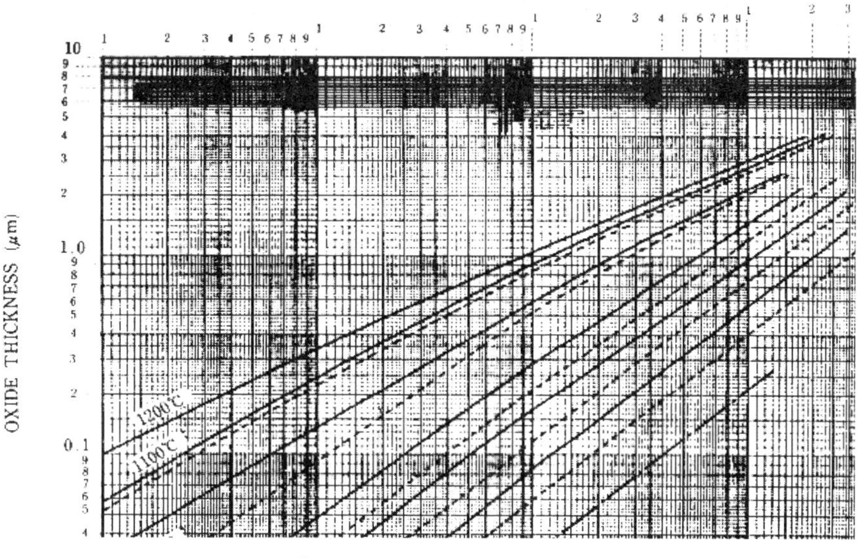

그림 2-5 습식산화시 산화막 성장 그래프

표 2-1 산화막 두께별 색상의 변화 : color chart

COLOR CHART FOR THERMALLY GROWN SiO_2 FILMS
(OBSERVED PERPENDICULARLY UNDER DAYLIGHT FLURORESCENT LIGHTING)

OXIDE Film Thickness (Microns)	NITRIDE Order (5450 A)	Color and Comments
0.050	375 A	Tan
0.075	562.5	Brown
0.100	750	Dark Violet to red violet
0.125	937.5	Royal blue
0.150	1125	Light blue to metallic blue
0.175	1312.5	Metallic to very light yellow-green
0.200	1500	Light gold or yellow slightly metallic
0.225	1687.5	Gold with slight yellow-orange
0.250	1875	Orange to Melon
0.275	2062.5	Red-Violet
0.300	2250	Blue to violet-blue
0.310	2325	Blue
0.325	2437.5	Blue to blue-green
0.345	2587.5	Light green
0.350	2625	Green to yellow-green
0.365	2737.5	Yellow-green
0.375	2812.5	Green- yellow
0.390	2925	Yellow
0.412	3090	Light orange
0.426	3195	Carnation pink
0.443	3322.5	Violet-red
0.465	3487.5	Red-violet
0.476	3570	Violet
0.480	3600	Blue Violet
0.493	3697.5	Blue
0.502	3765	Blue-green
0.520	3900	Green (Broad)
0.540	4050	Yellow-green
0.560	4200	Green-yellow
0.574	4305	Yellow to "Yellowish (not yellow but is in the position where yellow is to be expected. At times is appears to be light creamy gray or metallic)
0.585	4357.5	Light orange or yellow to pink borderline
0.60	4500	Carnation pink
0.63	4725	Violet-red

OXIDE Film Thickness (Microns)	NITRIDE Order (5450 A)	
0.68	5100	"Bluish" (Not blue but borderline between violet and blue-green. It appears more like a Mixture between violet -red and blue-green and over-all looks grayish.
0.72	5400	Blue-green to green (quite broad
0.77	5775	"Yellowish"
0.80	6000	Orange (rather broad for orange)
0.82	6150	Salmon
0.85	6375	Dull, light red-violet
0.86	6490	Violet
0.87	6525	Blue-violet
0.89	6675	Blue
0.92	6900	Blue-green
0.95	7125	Dull yellow-green
0.97	7225	Yellow to Yellowish
0.99	7425	Orange
1.00	7500	Carnation Pink
1.02	7650	Violet-red
1.05	7575	Red-violet
1.06	7950	Violet
1.07	8025	Blue-violet
1.10	8250	Green
1.11	8325	Yellow-green
1.12	8400	Green
1.18	8850	Violet
1.19	8925	Red-violet
1.21	9075	Violet-red
1.24	9300	Carnation Pink-Salmon
1.25	9375	Orange
1.28	9600	"Yellowish"
1.32	9900	Sky blue to green-blue
1.40	10500	Orange
1.45	10875	Violet
1.45	10950	Blue-violet
1.50		Blue
1.51	11550	Dull Yellow-green

2. 산화막의 역할

1) 불순물 주입시 장벽(마스킹 물질)

산화막은 불순물 주입시 불순물이 실리콘 내부로 선택적으로 주입될 수 있도록 하는 마스킹 물질로 사용이 될 수 있다. 그림 2-6에서 살펴보면, 열산화 시간에 따라 마스킹에 필요한 산화막의 두께를 알 수 있도록 표시되어 있다. 예를 들어 설명하면, 1,100℃에서 붕소(Boron)을 한시간 열확산하여 불순물을 특정 영역에 주입하고자 한다면, 산화막이 약 200Å 정도가 필요하게 된다. 이 두께보다 적은 양의 산화막으로는 불순물의 열확산시 제대로된 마스킹을 하지 못하게 된다. 즉, 산화막을 뚫고 불순물이 주입되게 된다. 같은 조건에서 인(P)이 열확산되어야 한다면, 약 5,000Å 두께의 산화막이 마스킹 물질로 필요하다는 것을 아래 그림으로부터 알 수 있다.

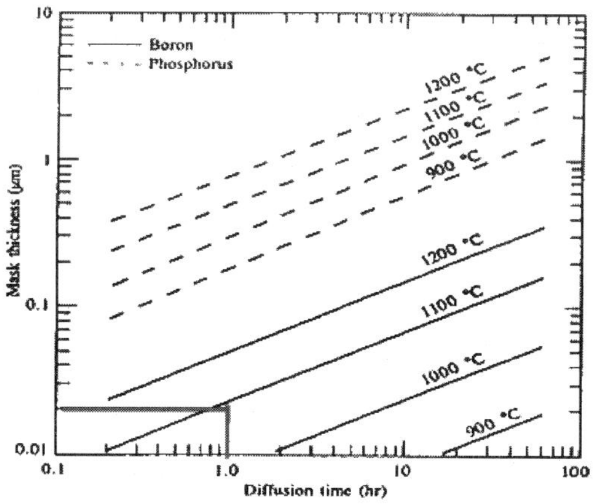

그림 2-6 불순물의 종류 및 확산 온도에 따른 마스킹에 필요한 산화막의 두께

2) 디바이스 사이의 절연물질

반도체 소자가 제조될 때, 소자간에 전기적인 분리를 필요로 한다. 어떤 소자에서의 입력이나 출력이 그 옆에 있는 소자의 특성에 영향을 미쳐서는 안된다. (마치 아파트에서의 층간 소음이 있어서는 안 되는 것처럼) 이때 소자간의 분리를 위해서 사용되는 물질이 SiO_2이다. 그리고 소자간의 분리를 위해서 사용되는

방식이 실리콘의 국부산화법을 이용한 LOCOS(LOCal Oxidation of Silicon)법과 STI(Shallow Trench Isolation)법이 있다. 0.25um tech 이하의 공정에서부터는 소자간 전기적 분리를 위해서 STI 공정이 사용되고 있다. 이 두 방식에 대해서는 산화공정의 가장 마지막 부분에서 다시 설명하도록 한다. 그림에서보면 필드 산화물층(field oxide)로 표시된 부분이 소자간 분리를 위한 절연막(SiO_2)이다.

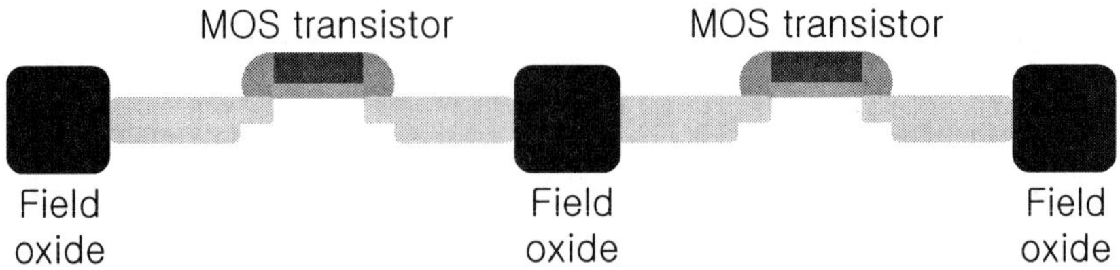

그림 2-7 소자간 분리를 위한 산화막

3) 커패시터의 유전물질 및 도전체간의 층간 절연물

반도체 메모리를 구성하는 가장 간단한 단위가 하나의 트랜지스터와 하나의 커패시터로 이루어진 셀이다. 커패시터는 메모리를 제조하기 위해서 반드시 필요한 요소이며, 커패시터는 금속전극사이에 유전체로 채워진 구조를 하고 있으므로 유전체인 SiO_2를 필요로 하게 되며, SiO_2를 이용하여 커패시터를 제조한다.

또한, 소자의 집적도가 향상되면서 단층배선으로는 소자간 상호연결(interconnection)을 정상적으로 수행할 수 없으므로, 다층배선을 통하여 상호연결을 하게 된다. 다층배선을 위해서는 상하층의 금속 배선간의 전기전인 절연이 필요하다. 이를 위해서 금속배선간의 절연물로 사용되는 것이 SiO_2이다. 이들에 대해서는 증착 및 금속배선 공정에서 다시 자세하게 설명하기로 한다. 그림 2-8에 상하부 금속간의 절연을 위한 SiO_2의 사용에 대해 나타내었다.

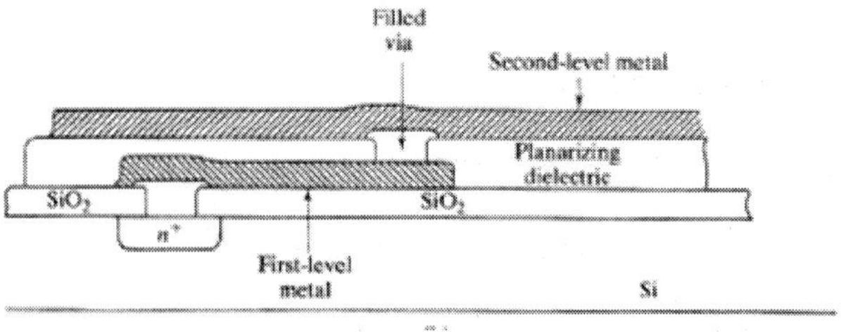

그림 2-8 금속층간 절연물

4) 외부 환경으로부터의 기판 보호

산화막이 실리콘 기판 표면에 있으므로 해서 외부에서 들어오는 다양한 환경 요소에 대한 보호막으로서의 역할을 수행할 수도 있다.

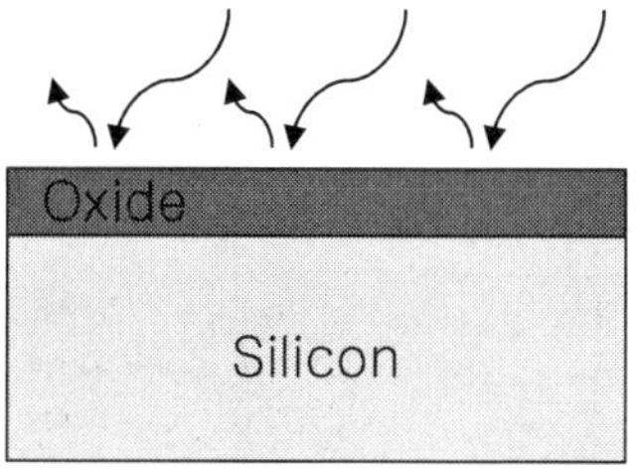

그림 2-9 산화막의 기판 보호

5) MOSFET의 gate 산화막

MOSFET의 전기적 특성에 있어서 가장 주요한 역할을 담당하는 게이트 산화막으로서의 역할을 한다. 게이트 산화막의 두께에 따라서 문턱전압(Vt : Threshold Voltage)의 값이 달라진다.

3. 산화막의 성장에 영향을 주는 요소

1) 결정방향

앞에서 나왔던 습식과 건식산화의 온도에 따른 산화막 성장그래프를 보면, 온도에 따라서 즉 온도가 높으면 높을수록 산화막의 성장 속도가 빠름을 알 수 있다. 또한, 실리콘의 결정 방향에 따라서도 산화막 성장 속도가 다름을 확인할 수 있다(111). 실리콘 기판이(100) 실리콘 기판보다 성장 속도가 빠르다. 이는 실리콘 기판의 결정방향에 따라서 표면의 실리콘 밀도가 다르기 때문이다. 하지만, 1,200℃ 이상의 고온에서는 결정 방향에 의한 영향은 없다.

2) 압 력

산화막을 성장시키는 전기로의 압력을 높여서 실리콘 산화막을 성장시키면 압력이 높을수록 빨리 산화막을 성장시킬 수 있다. 그림 2-10에 ⟨100⟩ 방향의 기판에 60분간 산화시, 압력에 따른 산화막 성장 두께를 나타내었다.

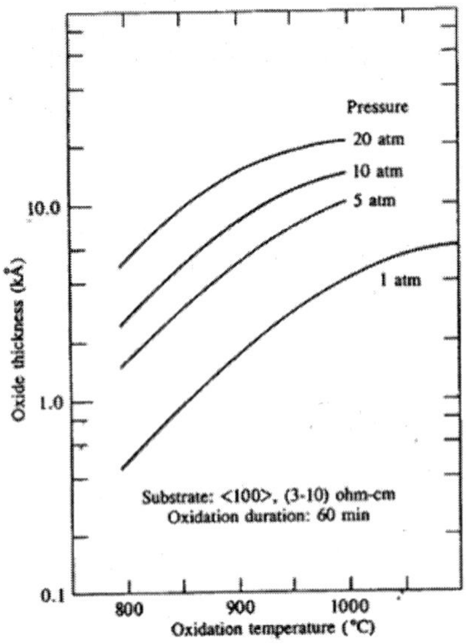

그림 2-10 압력에 따른 실리콘 산화막의 두께의 변화

그림 2-10에서 알 수 있듯이 압력을 높이면 낮은 온도에서도 산화막의 성장이 가능하다. 그러므로, 기 주입된 불순물의 확산 방지가 가능하다는 장점을 가지고 있다. 하지만, 이를 위해서는 압력을 높여야 하므로 기존의 장비에 특별한 장치를 부착하여야만 하는 단점이 있다.

3) Halogenic species의 첨가

Chlorine의 첨가는 실리콘 산화막 성장률을 향상시키며, 산화막에서 존재할 수 있는 나트륨(Na)과 같은 이동성 이온(mobile ion)과 결합하여 제거하며(그림 2-1 참조), 산화막 계면에서의 고정 전하 밀도를 감소시킬 수 있다는 장점을 가지고 있다.

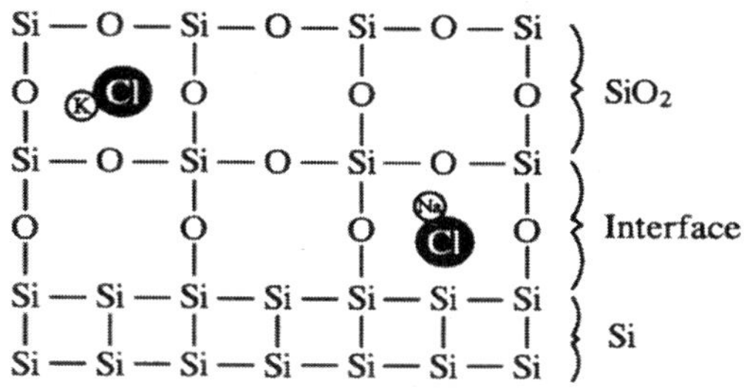

그림 2-11 Cl의 이동성 이온과의 결합

4. 산화막 성장시에 발생되는 현상

1) 실리콘의 소모

그림 2−12에서처럼 실리콘 표면에 산화막이 형성되면서, 실리콘의 소모가 발생하게 된다. 이 과정은 당연한 것이다. 산화공정이 실리콘기판과 산소와의 반응을 이용하여 실리콘 산화막(SiO_2)을 형성하게 되므로 실리콘의 소모는 필수적이다. 1,000Å의 실리콘 산화막이 형성되었다면, 실리콘의 원래 표면은 약 450Å 정도 아래로 내려가게 된다. 즉, 약 450Å 두께의 실리콘이 소모 된다는 것이다. 이러한 현상에 의해서 실리콘에서의 불순물의 재분포가 일어나게 된다.

> **Tip**
> **옴스트롱(Angstrom)**
> 상용기호는 Å. 길이의 단위로 10^{-10}m와 같다.

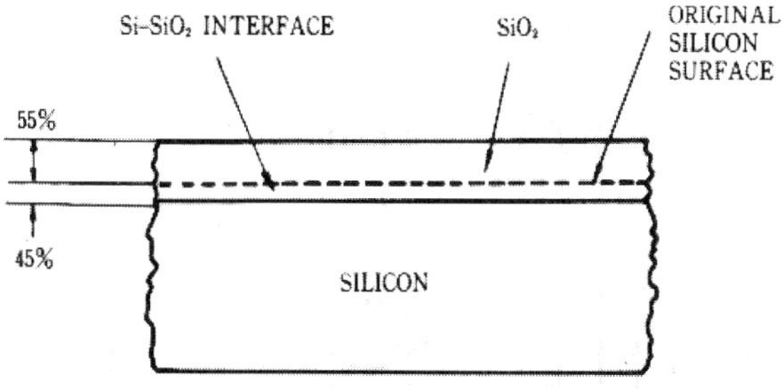

그림 2-12 산화막 성장에 따른 실리콘의 소모

2) 실리콘 내부의 불순물의 재분포

일반적으로 반도체 공정에서 사용되는 실리콘 기판은 붕소가 함유(도핑)되어 있는 p형 기판이다. 물론 CMOS 제조를 위해서는 n형 기판을 p형 기판 내부에

별도로 만들어 사용한다. 이것은 제5장 확산에서 설명하도록 한다.

앞에서 실리콘 산화막이 형성되면서, 실리콘이 소모된다고 하였다. 그렇다면 산화가 되면서 실리콘이 소모될 때 소모된 실리콘에 있던 불순물 원자들은 어떻게 되었을까에 대해서 한번 생각해보자. 붕소와 갈륨은 실리콘 표면에서 고갈되며, 인과 비소(As), 안티몬(Sb)는 표면에 축적된다.

그림 2-13에 산화에 따른 불순물의 재분포 특성을 나타내었다. 여기서 m은 현석계수(Segregation coefficient)이고, C는 실리콘에서의 불순물 농도이과, CB는 산화막내에서의 불순물 농도이다.

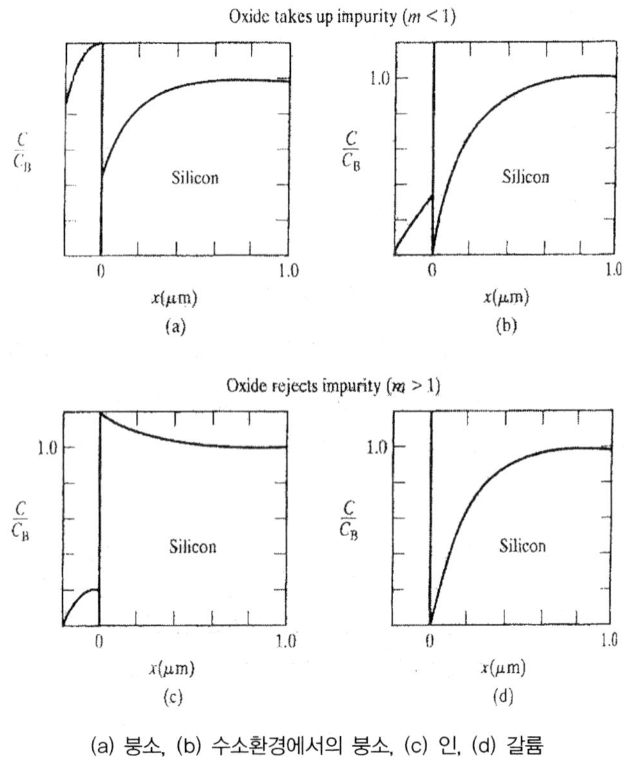

(a) 붕소, (b) 수소환경에서의 붕소, (c) 인, (d) 갈륨

그림 2-13 산화막 성장에 따른 불순물이 재분포

이런 불순물의 재분포는 단순히 생각할 문제는 아니다. 결국 불순물의 재분포는 전자소자가 동작하는 영역에 있으며, 실리콘 기판 표면에서의 불순물 농도의 변화는 전자소자, 특히 MOSFET의 동작 특성(문턱전압)에 큰 영향을 미치게 된다. 이런 현상을 제거하기 위해서 MOSFET 제조시에 문턱 전압을 조정한 이온 주입(Vt adjustment ion implantation)을 수행하게 된다. 이를 통하여 실리콘 표면에서 고

갈된 붕소는 보충하고, 인은 반대도핑(counterdoping)을 함으로써 축적된 효과를 감소시킨다. 이 부분에 대해서는 CMOS 소자 제조 과정에서 다시 이야기 하도록 하겠다.

5. 산화막의 성질

1) 실리콘 산화막

비정질 실리콘 산화막은 4면체(tetrahedral) 구조로 이루어져 있다. 그림 2-14에서 살펴보면 4면체 구조를 이루는 원자들이 모두 이웃한 구조와 결합을 하고 있음을 알 수 있다. 즉, 결합 하지 않은 원자가 없는 완전한(defect free) 결합을 보여 주고 있다.

만약 결합하지 않은 원자들이 존재하게 되면 이러한 원자들은 결함(defect)을 쉽게 생성하게 된다.

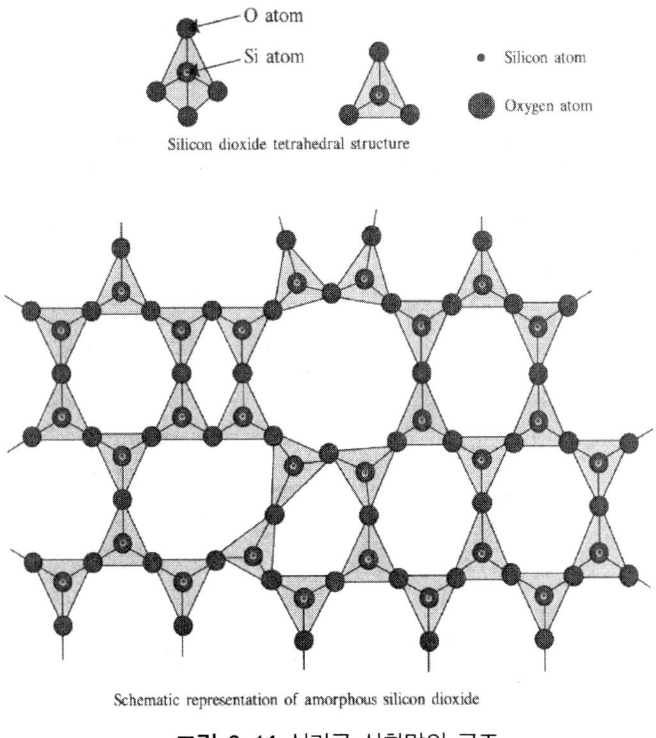

그림 2-14 실리콘 산화막의 구조

2) 실리콘 산화막에 발생되는 결함

그림 2−15는 실리콘 위에 형성된 실리콘 산화막에 존재할 수 있는 결함의 종류를 보여 주고 있다.

실리콘과 실리콘 산화막의 경계면에서 두 물질의 구조적 차이에 의해 결합하지 못한 실리콘 원자가 생길 수 있다. 이러한 원자는(1) interface trap을 형성한다.

두 물질의 계면근처에서 실리콘 산화막 부분에 양전하를 띤 실리콘 이온이 발생할 수 있어(2)fixed charge를 형성하게 된다.

제조된 실리콘 산화막내에 여러 가지 이유로(3) 내부 결함(oxide trap)이 발생할 수 있다.

마지막으로 제조과정 중에 부주의에 의해 수분 등에 포함될 수 있다. 수분에 포함되어 있는 양전하의 이온들은 실리콘 산화막내에 존재하여(4)mobile 이온으로 남게 된다.

이러한 결함들의 생성을 최대한 억제해야 양질의 게이트 산화막을 제조할 수 있다.

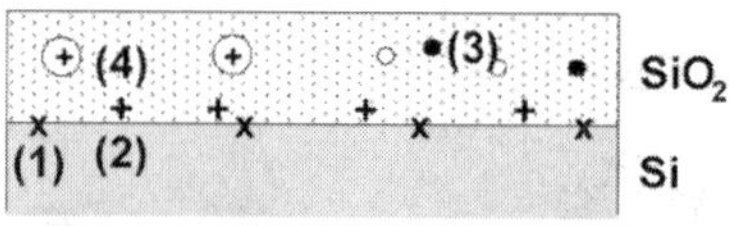

Charge	Type	Location	Cause	Effect on Devices
(1) D_{it}(cm^{-2} eV^{-1}) N_{it}, Q_{it}	Interface Trapped Charge	SiO_2/Si Interface	Dangling Bonds	Junction Leakage Current Noise, Threshold Voltage Shift, Subthreshold Slope
(2) N_f, Q_f (cm^{-2}, C/cm^2)	Fixed Charge	Close to SiO_2/Si Interface	Si+ (?)	Threshold Voltage Shift
(3) N_{ot}, Q_{ot}	Oxide Trapped Charge	In SiO_2	Trapped Electrons & Holes	Threshold Voltage Shift
(4) N_m, Q_m	Mobile Charge	In SiO_2	Na, K, Li	Threshold Voltage Shift

그림 2−15 산화막에 존재하는 결함들

6. 산화공정에 사용되는 전기로

1) 산화로의 구조

산화로는 산화로의 형태에 따라서 수직(vertical)형과 수평(horizontal)형으로 나눌 수 있다. 말 그대로 수평형은 전기로가 수평으로 존재하며, 수직형은 전기로가 수직으로 존재한다. 현재 산화로는 수직형을 사용하고 있다. 그림 2−16에 수평형 전기로를, 그림 2−17에 수직형 전기로를 나타내었다.

전기로의 온도 증가 및 일정 온도 유지를 위해서 5-zone 히터를 사용하고 있다.

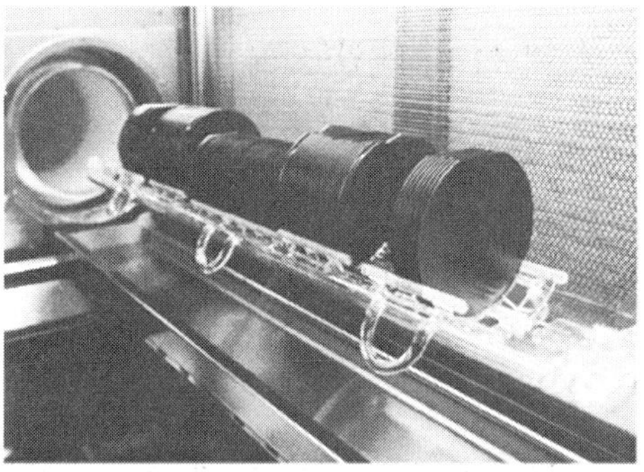

그림 2-16 수평형 전기로

그림 2-17 수직형 전기로

7. LOCOS와 STI 공정

1) LOCOS

그림 2−18에 실제로 제작된 LOCOS의 SEM(Scanning Electron Microscope) 사진을 나타내었다. 그림 2−18에서처럼 실리콘 기판에 실리콘 질화막을 증착하기 전에 산화막을 먼저 형성한다. 질화막은 자체 스트레스가 심해서 기판에 많은 영향을 줄 수 있다. 이를 완화시키기 위해서 산화막을 먼저 성장 시킨다. 산화막과 질화막(Si_3N_4)을 형성하고, 이후에 사진공정을 이용하여 LOCOS 공정을 할 부분을 먼저 식각하고, 실리콘을 산화함으로써 실리콘이 들어나 있는 부분만이 산화(국부산화)가 된다. 질화막이 막고 있는 영역은 산소가 질화막을 뚫고 확산되지 못해 산화막이 생성되지 않는다. 하지만, 그림 2−18의 사진에서 보이는 것처럼 사진공정에서 정의한 영역 이외의 영역으로 산화막이 파고 들어가면서 성장하는 bird's beak(새부리) 현상이 생겨 전자소자가 생성되어야할 활성영역(active region)을 침범하게 되므로 0.25um 이하의 공정에서는 STI로 대체 되었다.

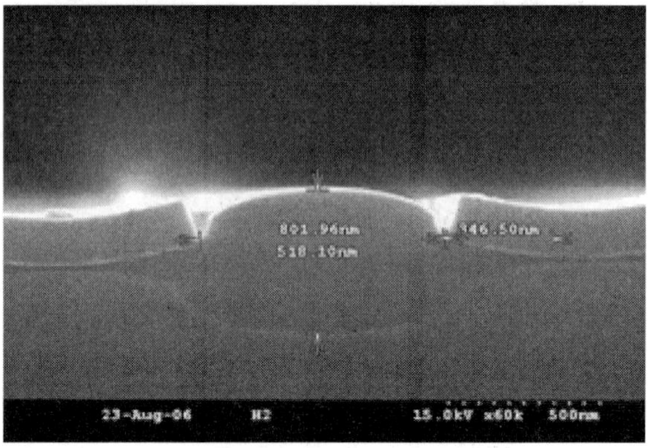

그림 2−18 LOCOS 사진

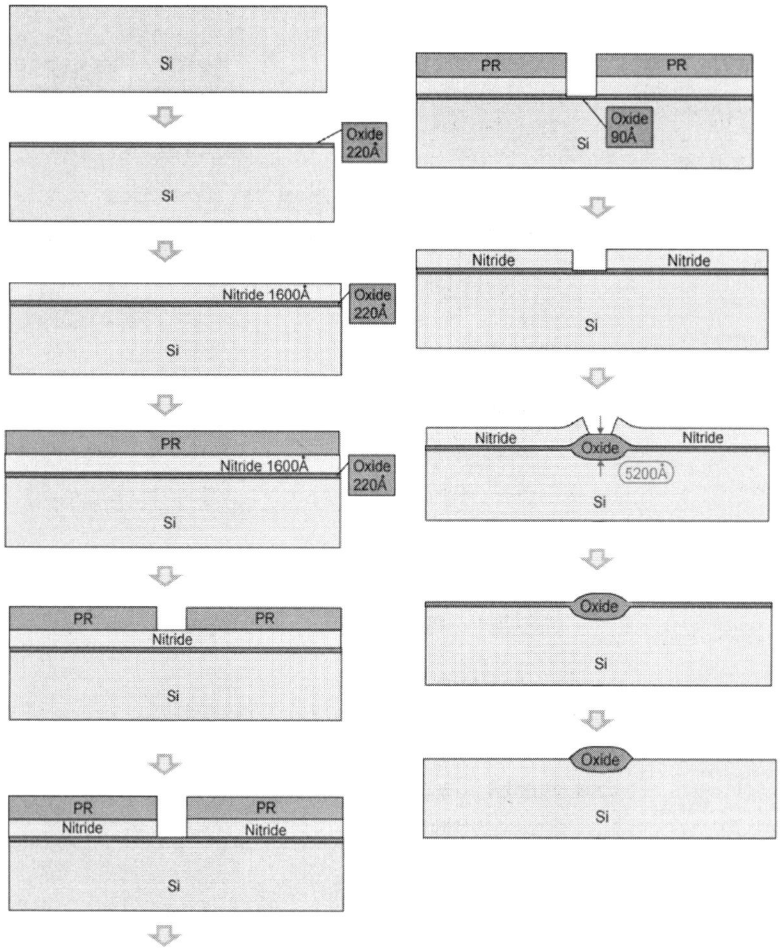

그림 2-19 LOCOS 공정도

2) STI 공정

LOCOS 공정과는 달리 bird's beak이 발생하지 않으므로 사진공정에서 정의한 영역에만 절연막이 생성되므로 활성영역에 대한 침범이 없다. 그림 2-20에 STI 공정 과정을 나타내었다.

LOCOS나 STI 공정에서 사용되고 있는 공정 기술은 앞으로 하나하나 배워나가도록 한다.

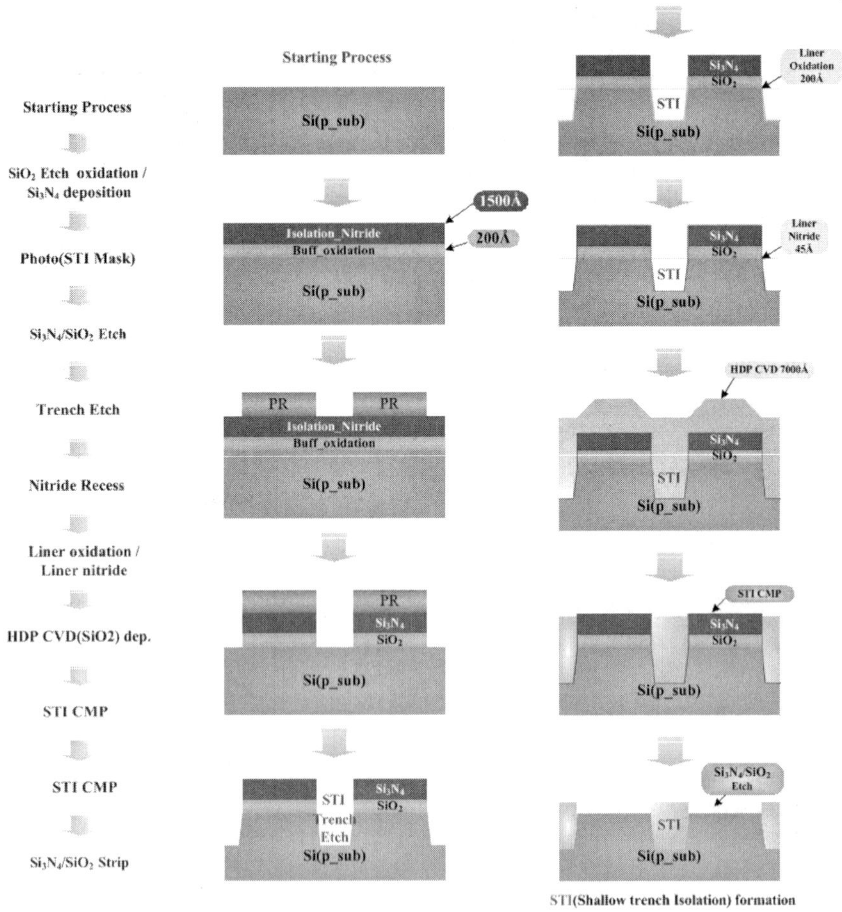

그림 2-20 STI 공정도

8. 산화공정 장비 운영

1) 셀트론 SMF-series

Bench 탑재형 전기로로 반도체 제조와 미세 전자부품 제조 산업에 최초 공정인 산화공정에 사용되는 기본 장비이다. 그림 2-21에 시스템의 구성도 를, 그림 2-22에 장치의 외형을 나타내었다.

시스템은 모든 사용자에 대해서 편리하게 운영할 수 있게 제작되었으며, 온도, 압력, 가스의 흐름 상태를 수집하고 저장할 수 있도록 구성되어 있다.

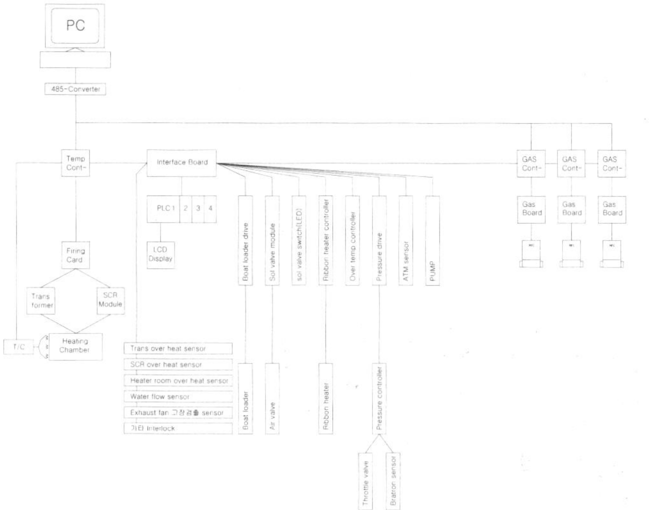

No	ITEM	MODEL
1	Temp controller	Eurotherm 2704
2	Firing card	seltron
3	Interface Board	seltron
4	PLC-1	NAIS C32CT
5	PLC-2.3.4	NAIS E32T
6	Boat loader drive	SUA60IGB-V12
7	Ribbon heater controller	TZ4ST-14S
8	Over temp controller	TZ4ST-14R
9	Pressure drive	Eurotherm 2216
10	Pressure controller	MJ-TECH (MT-2000)
11	Throttle valve	MJ-TECH (ISO63)
12	Bratron sensor	MKS 626A01TBE
13	ATM sensor	KAIS(PG-35-102R-PVC)
14	PUMP	--
15	MFC GAS controller	Eurotherm 2216/Yogawa UT520-08
16	LCD Display	Message runner

X MFC GAS controller
Eurotherm 2216 : Data display/save기능-chenal 2ea (channel 10ea 확장용 Module개발중)
Yogawa UT520-08 : Data display/save기능없음 -channel 1-6ea

그림 2-21 시스템 구성도

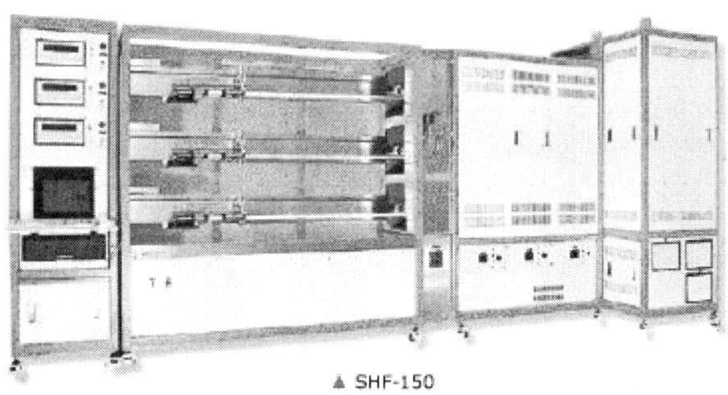

▲ SHF-150

그림 2-22 장치의 외형

2) 장비의 주요 부품

(1) 온도 조절기(Temperature Controller)

온도 조절기는 3 ZONE의 온도상황을 확인할 수 있고, 간편한 사용과 표시 option으로 윈도우 운영체제하에 엑셀과 호환하여 데이타 저장기능 및 도식화 할 수 있다.

그림 2-23 온도조절기

(2) 전원 제어(SCR)

> TIP
> SCR(Silicon Controlled Rectifier)
> 실리콘 제어 정류소자(雙流素子)를 말하며, 사이리스터(thyristor)라고도 함

"SMF-Series" SCR Package는 제어 분야에서 많이 사용하는 SCR 제어 방식으로 제공하고 있다. "SMF-Series" SCR 제어 방식은 ON/OFF Signal로써 공정온도를 제어한다. 그리고 SCR의 냉각 방식은 방열판과 팬으로써 공냉 방식을 채택하여 구성하고 있으며 방열판에는 과열방지 센서가 부착 되어 있다.

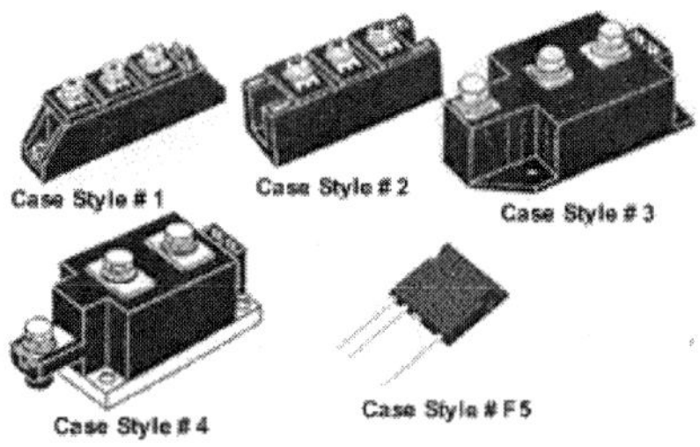

그림 2-24 SCR

(3) 과도 온도

공정 온도제어 외에 과도한 온도 증상이 발생되었을 시에는 주 온도제어 시스템과는 별도로 독립적으로 설계되어 안전성을 보증하고 있다.

별도의 과도온도 제어 시스템의 구성은 Spike T/C로 Feedback 하여 3-Zone의 온도를 순차적으로 감지하며 주 Interlock 기능에는 Heating Chamber Power 차단기를 차단, Over Temp Lamp On, 부저가 울리게 된다. 그리고 Over Temp의 설정치 범위를 지정할 경우에는 별도로 부착된 온도 제어기를 별도로 조작하게 되며 운영상은 간단하게 할 수 있다.

Over Temp가 발생시에 사용자가 부저의 울림을 차단할 경우에는 경보 리셋 스위치를 누르면 되고 Heating Chamber Power 차단기를 On 시킬 경우에는 Over Temp-제어ller의 설정치를 변경 하여야 한다.

그림 2-25 온도조절기

(4) MFC 제어기(EUROTHERM 2216e)

MFC의 유량을 Pecipe에 따라 set-point channel 설정으로 MFC에 신호를 출력하여 set-point전달하는 방식으로 PC상에 설정 값과 실제 값을 실시간 그래프로 나타내고 저장할 수 있다(자동/수동 동작).

그림 2-26 유량조절기

(5) 가스 시스템

가스 시스템은 사용자의 요구에 따라 각 공정에 사용되어지는 가스 Loop로 구성되어진다. 따라서, 각 사용자의 필요에 따라 가스 시스템을 구성 할 수 있다.

장착된 가스 부품들은 공정에 사용되어지는 화학 물질의 영향으로부터 매우 강하다. 이 부품들은 이물질로부터 가스 시스템을 보호하기 위하여 고순도의 제질로 구성되어져 있다.

가스 시스템은 자동/수동 제어방법 등 두 가지 선택방법으로 할 수 있다.

(6) Spike T/C(Thermo-Couple)

"SHF-Series"의 Spike T/C는 3 Zone으로 구성되어 있다. Spike T/C는 Heating Chamber 내에서 각 Zone에 의해 실제 온도를 측정하고 정교한 공정 온도의 측정을 실행 한다.

"SHF-Series"의 Spike T/C Wire는 리듐(Radium)과 백금(White Gold)을 합금하여 제작되어져 있다.

Spike T/C에 대한 아날로그 신호를 발생하여 제어 시스템에 전달함으로써 정밀한 온도를 제어 할 수 있도록 한다.

원리는 성분이 다른 두 가지 금속도체가 서로 폐회로를 구성하면서 접합되어 있고, 두 접점이 서로 다른 온도값을 가질 때, 이 폐회로에서 열기전력(Thermal Electromotive Force)이 발생한다. 한 끝의 온도를 일정온도로 유지하고, 다른 끝에서 열기전력의 값을 측정함으로써 해당 온도를 알 수 있는 것이 열전대(Thermocouple)의 온도측정원리이다(Seebeck's Effect : 제벡효과).

> **Tip**
>
> **열기전력**
> (Thermoelectromotive Force)
> 두 종류의 도체(또는 반도체)를 양쪽으로 접합시키고 양 접합 부위 온도가 다르면 금속 사이에 기전력이 생겨 전류가 흐르는데, 이때 온도차에 의해 전압이 발생되어 전류를 흐르게 하는 힘, 이러한 현상을 제벡 효과 함

(7) 난방요소(Heating Element)

"SMF-Series" MINI 전기로의 온도 범위는 일반적인 튜브 전기로(Tube Furnace)

범위의 Bench Top-Model과 유사하다.

"SMF-Series"는 알루미늄 절연을 사용하기 때문에 다른 실험 장비와는 달리 아주 높은 온도에서도 가능하다.

"SMF-Series"는 쉽게 빠른 시간으로 Positive/Negative Cycle로 프로그램 할 수 있기 때문에 빠른 시간 내에 공정온도에 도달 할 수 있다.

챔버(Chamber)는 고온용과 저온용으로 나눠지며 이는 코일의 굵기와 연계되며 온도 대역은 재질상의 문제로 APM과 A1으로 나눠지는데 MAX 1,350℃~1,400℃으로 차이는 없으나 히터 수명의 차이가 있어서 고온으로 장기간 사용 시 APM으로 구분하여 사용하는 것이 좋다.

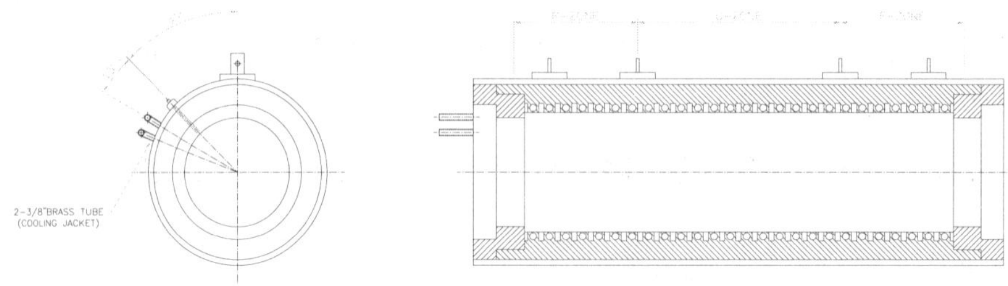

그림 2-27 chamber의 구성

(8) 수냉(Water Cooling)

"SHF/SMF-Series"는 기본사양으로써 히팅 챔버(Heating Chamber)에 수냉(Water Cooling)이 장착되어 있다.

Water 냉각은 실험실 환경 내 온도를 유지시켜 주는 것을 도우며 공장 공조 시설에 추가적인 내부 온도 상승을 억제 시켜주며 공정종료 시 빠른 시간 안에 튜브의 온도를 하강 시켜주는 효과가 있다..

수냉 라인은 구리 튜브로 되어 있다. 그리고 만약 수냉이 장착되어 있지 않을 경우에도 "SHF/SMF-Series" 공정기능은 같은 기능으로써 수행할 수 있다.

또한 유량 센서 부착 시 유압이 떨어지거나 흐르지 않을 때는 오류 메시지를 LCD창에 띄우며 알람 동작하고 이는 설정시간 내에 변화폭이 적정상태로 돌아오면 오류 메시지를 지연한다.

(유압의 유동성 감안)

3) 패널부 조작

전면 제어 패널은 주 제어기와 가스 스위치, 전력 차단기 등 전기로의 모든 제어 기능을 총괄한다.

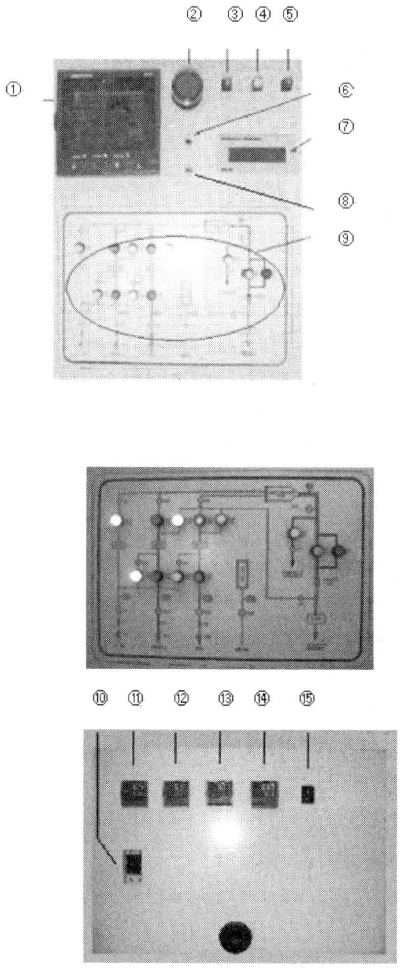

▣ Control panel

①- Main temp controller
②- Emergency switch
③- Heater power switch
④- Step skip switch
⑤- Alarm reset switch
⑥- Auto/manual switch
⑦- Message view
⑧- Boat Loader moving switch
⑨- GAS valve switch

⑩- Control Breaker
⑪- MFC Control Drive-1
⑫- MFC Control Drive-2
⑬- MFC Control Drive-3
⑭- Pressure Control Drive
⑮- Ribbon heater power switch

그림 2-28 패널부 버튼

(1) 주 온도 제어기(Eurotherm 2704)

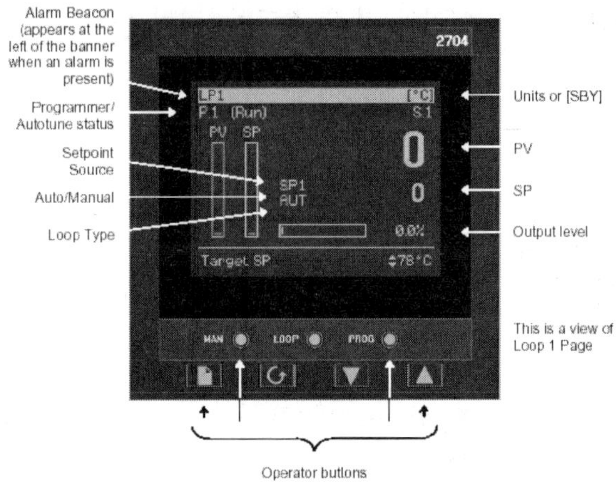

	Page button	Press to select a new list of parameters.
	Scroll button	Press to select a new parameter in a list.
	Down button	Press to decrease a parameter value.
	Up button	Press to increase a parameter value.

그림 2-29 운영자 인터페이스(1)

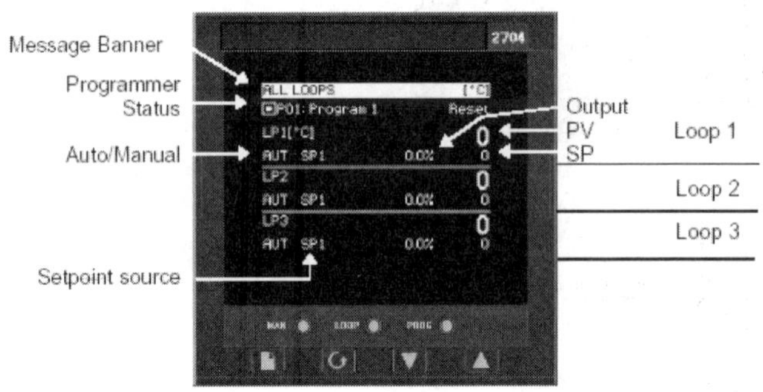

AUTO	Auto/Manual button	When pressed, this toggles between automatic and manual mode: • If the controller is in automatic mode 'AUT' is displayed • If the controller is in manual mode, 'MAN' is displayed See Figure 3-1
LOOP	Loop select button	Each press selects each loop in turn or between each loop and the trend chart if each of the above options are configured plus a summary of all loops. *The loop name is shown in the banner at the top of the display*
PROG	Programmer button This button operates the programmer on all loops See also Chapter 6 'Programmer Operation'	• Press once to display a pop up window Program Status : Reset 1 : Program 1 The pop up window will remain for approximately 6 seconds and during this period:- • Press PROG again to RUN a program • Press PROG again to HOLD a program • Press PROG again to toggle between RUN & HOLD • Press PROG and hold for two seconds to reset

그림 2-30 운영자 인터페이스(2)

[page icon]	Page button	Press to select new pages from the page header 'Menu'. If held down it will continuously scroll the pages.
[scroll icon]	Scroll button	Press to select a new parameter from the page heading. If held down it will continuously scroll through the parameters.
▼	Down button	Press to decrease an analogue value, or to change the state of a digital value
▲	Up button	Press to increase an analogue value, or to change the state of a digital value

Note:- The AUTO, LOOP, or PROG may have been disabled in configuration level.

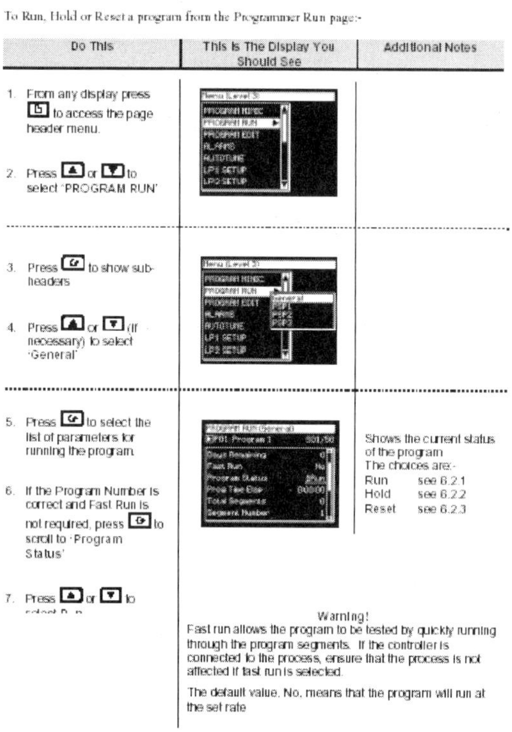
To Run, Hold or Reset a program from the Programmer Run page:-

Do This	This Is The Display You Should See	Additional Notes
1. From any display press [page] to access the page header menu. 2. Press ▲ or ▼ to select 'PROGRAM RUN'		
3. Press [scroll] to show sub-headers 4. Press ▲ or ▼ (if necessary) to select 'General'		
5. Press [scroll] to select the list of parameters for running the program. 6. If the Program Number is correct and Fast Run is not required, press [scroll] to scroll to 'Program Status' 7. Press ▲ or ▼ to		Shows the current status of the program. The choices are:- Run see 6.2.1 Hold see 6.2.2 Reset see 6.2.3
	Warning! Fast run allows the program to be tested by quickly running through the program segments. If the controller is connected to the process, ensure that the process is not affected if fast run is selected. The default value, No, means that the program will run at the set rate	

그림 2-31 운영자 인터페이스(3)

(2) 비상 정지 스위치(Emergency 스위치)

- 가스 vent
- 시스템 idle/리셋
- 히터 차단기 trip
- Alarm

(3) 히터 전원 스위치

본 장비는 전자 접촉기에 의한 전원 차단방식을 채택하고 있어 보다 간단하고 조작하기 쉽게 설계되어 있다. 전자 접촉기(MC)는 열동계전기(THR)와 함께 구성되어 있어서 과전류에 의한 이상을 보호하고 있으며 전자 접촉기 위치는 히터

> **Tip**
> **전자 접촉기**
> (Magnetic Contactor)
> 전자 코일에 의하여 대전류의 접점 개폐
>
> **열동 계전기**
> (Thermal Relay)
> 전류의 발열 작용을 이용한 시한(時限) 계전기

룸(Heater Room 하단의 변압기(Transformer)사이에 위치한다.

기본설정은 전원 투입 시 약 1초간 누르면 히터에 전원이 유입되고 다시 5초간 누르면 전원이 차단된다.

과전류 유입 시에는 사진 왼쪽상단의 버튼을 조정하여 트립(Trip)시 차단된 전자접촉기를 복귀한다.

(4) Step skip 스위치

운전 중 정지 하였거나 공정 후 제품 up-load후 온도가 상온보다 높은 경우나 중간 공정을 생략하고자 할 경우 Time Recipe를 줄이고자 할 때 skip 버튼을 3초간 누르면 한번(1sec)의 부저 소리와 함께 One step이 skip된다. 온도 제어기 2704가 동작 중일 때만 skip이 가능함.

Skip 버튼을 누를 때는 ①-2704전면 창에 공정 중 스텝진행 상황을 볼 수 있는 스텝(segment)번호가 있다.(우측상단)

(5) Alarm 리셋 swich

Over temp, 서미스터(Thermister), Water flow sw등의 오류 시 발생하는 경보를 멈추게는 하지만 오류 내용이 미해결 시 ⑦-Message view 창에 오류 내용이 계속 표시되며 경광등이 오류 상황과 동시에 몇 번 튜브를 지시한다.

> **TIP**
> **서미스터(Thermistor)**
> 반도체의 일종으로 전기저항이 온도의 상승에 따라, 현저하게 감소하는 소자

(6) 시스템(Auto-Manual) 스위치

자동-수동 스위치 : 토글 스위치로써 시스템의 자동/수동 변환 스위치. ⑨-가스밸브의 수동 제어 스위치로써 자동은 Reshape에 따라 공기 밸브와 MFC의 자동 동작진행, 수동은 가스 schematic상의 밸브 스위치

(7) 메시지 창(Message view)

시스템 조건과 오류를 나타내는 표시 창으로 장비이상 복귀 전 까지는 메시지가 계속해서 표시된다.

아래에 메시지 창에 나타나는 오류 및 메시지의 종류와 장비상태에 따른 조치사항을 나타내었다.

(8) Boat Loader moving 스위치

수동 동작 시 스위치 조작하여 Boat를 Loading/Unloading한다.

(9) 제어 차단기(Contorl 차단기)

각 튜브의 전원을 인가하여 주 제어 제어기 및 기타 부품의 전원을 공급한다. 2스택 2튜브(2 Stack 2 tube)의 경우에만 해당되는데 좌측 2극 스위치가 제어 차단기이며 우측 1극 스위치는 장비 뒷부분의 미니 챔버(Mini chamber)인 토치(Torch)용 전원 스위치이다.

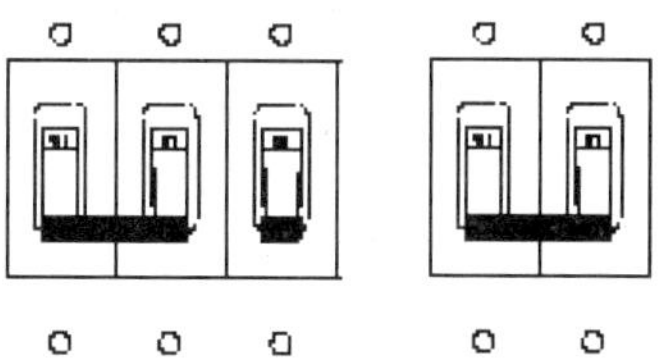

그림 2-30 제어 차단기

4) 오류/메시지 종류와 장비 상태 및 조치사항

(1) 메시지 1- "A NORMAL STATE.."

장비상태가 양호 할 때(이상 상황이 없을 때)

(2) 메시지 2- "Water flow 센서 경보"

냉각 센서가 동작한 경우로 유압이 설정치 이하로 떨어 졌거나 물 공급이 원활하지 않을 때, 유압의 불균형이 10초 범위이상 벗어날 경우에 나타나므로 밸브가 Close 상태인지 확인하고 그래도 이상이 있으면 유압 이상이다. 관련 부처에 연락해야 한다.

- 장비상태 : 히터 차단기가 떨어지고, 제어기 리셋, 부저 경보, 경보는 ⑤-리셋 스위치로 리셋한다. 공정에 따라 질소를 제거한다.

(2) 메시지 3- "The SCR is overheated"

SCR 방열판의 과열방지 센서가 동작한 경우로 온도가 80℃ 이상 상승했을 때 나타나며 이는 과전류가 오래 흐르는 경우 발생하므로 레시피(Recipe) 온도상승폭과 시간설정이 적절치 못하거나(분당 15℃이상일 경우), T/C의 불량일 경우 온도를 낮게 읽을 때에 과출력 현상일 수 있으므로 T/C에 불순물이 묻어 있는지 확인해야 한다(SCR 단락상태 일 경우도 있으나 SCR 불량일 경우는 드문 편임). SCR이 불량이 나기 전에 차단기쪽에서 먼저 트립(Trip)된다.

- 장비상태 : Heater Breaker trip, 제어기 리셋, 부저 경보, 경보는 ⑤-리셋 스위치로 리셋 한다. 공정에 따라 N2 purge 한다.

(4) 메시지 4- "The transformer is overheated"

변압기내의 과열방지 센서가 동작한 경우로 온도가 80℃ 이상 상승했을 때 나타나지만 변압기는 H종 변압기로써 120℃ 범위까지 사용 가능한 변압기 이다. 온도 상승원인은 메시지 3의 내용과 같으며 변압기 소음은 다소 있으나 평소 소음보다 크고 송진 타는 냄새나 진동이 생기면 이상이 생길 수 있다.

- 장비상태 : 메시지 3의 내용과 동일

(5) 메시지 5- "The FRAME is over heated"

히터 룸내의 온도 센서가 동작한 경우로 온도가 120℃이상 상승했을 때 나타나는데 이는 룸내의 환풍용 모터가 불량일 경우 공기 순환이 안될 때 나타날 수 있다.

아래 그림 2-33 상단에 위치한 온도 감지 센서/오른쪽-확대 사진은 히터 프레임의 Door를 열어 윗면에 위치한 2개의 팬이 있는데 이는 Boat loader 프레임 왼쪽 하단의 토글 스위치(EX-팬)로 구동한다. 전원 인가 시 구동하므로 눈으로 확일 할 수 있다.

- 장비상태 : 메시지 3의 내용과 동일

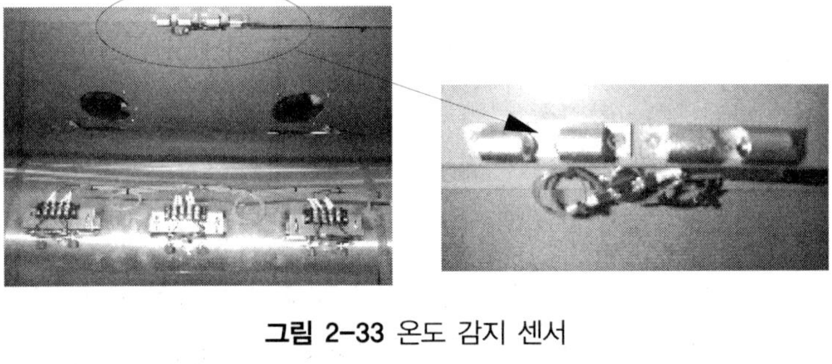

그림 2-33 온도 감지 센서

(6) 메시지 6- "The 팬(모터) is trouble"

메시지 5의 팬의 이상을 나타내는 것으로 장비 운전 시 모터의 단선 고장을 자동으로 감지한다. 그림 2-34는 EUCR(부족전류 계전기)로써 모터의 단선을 감지한다.

- 장비상태 : 부저 경보

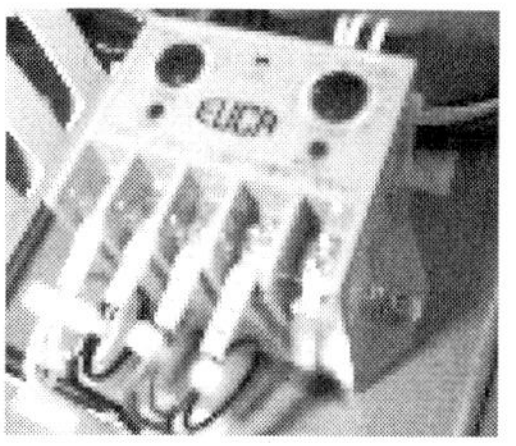

그림 2-34 EUCR

> **Tip**
> 전자식 부족 전류 계전기(Electronic UnderCurrent Relay : EUCR)
> 계전기를 통하는 전류값이 그 설정값과 같거나 또는 그 이하가 되었을 때 동작하는 계전기

(7) 메시지 7- "OVER TEMP"

과온도 제어기(Over temp controller)가 동작한 경우이며 Euro-2704의 제어 오류 일 때, 동작하는 것이 원칙이나 대개의 경우 입력 보정치가 맞지 않을 경우가 있으며 감지 레인지 범위가 소폭일 경우에 발생한다. 기본 온도 설정은 공정 최고 온도 보다 50~100℃ 정도 높게 설정한다.

- 장비상태 : 메시지 3의 내용과 동일

(8) 메시지 8- "An extraordinary step(EMC)"

사용자가 비상 스위치를 누른 경우 이 메시지가 나타나는데 일반적으로 이 스위치만을 눌렀을 때 나타나며 장비 이상 시, 예를 들어 메시지 5의 이상이 들어와서 비상 스위치를 누른 경우 일차적인 문제의 메시지 5의 내용이 표시된다.

(9) 메시지 9- "Boat loader-over limit 센서"

boat loader 정지 위치를 벗어날 경우 오류 메시지이다. 이 경우 부저가 울리며 모터는 정지 하는데 이때 모터를 수동 역 방향으로 진행시키고자할 경우 리셋 스위치를 누른 상태에서 Boat IN/OUT 스위치를 조작하여 원하는 방향으로 움직인다.

(10) 메시지 10- "BOAT LOADING"

boat loader를 수동 또는 자동으로 공정 튜브 안으로 이동시킬 때 나타난다.

(11) 메시지 11- "BOAT UNLOADING"

boat loader를 수동 또는 자동으로 공정 튜브 밖으로 이동시킬 때 나타난다.

(12) 메시지 12- "DCS 가스-LEAK", "PH3 가스-LEAK"

가스 감지기(Gas detector)에서 감지한 신호 입력 시 나타나며 이때 각 밸브 인터락(Valve interlock)이 동작하며 부저가 동작한다.

(13) 메시지 13- "LEAK CHECK-경보"

입력 설정치(Hi limit-2와 Low limit2)를 벗어난 경우 발생하는 메시지로 이는 압력 제어기에서 감지된 출력 신호이다. 기본 압력(Base pressure) 설정은 MT-2000 매개 변수 설정치에서 한다.

- 장비상태 : 부저 경보와 함께 밸브 인터락이 동작하며 아이들(idle)상태 또는 레시피(Recipe) 마지막 스텝으로 이동한다.

5) 사용전 점검

① 각 가스 스위치는 눌러져 있는 것이 없는가 확인하고 눌러진 버튼은 리셋 상태(원래 초기위치)로 한다.

② Over Temp 및 각종 알람 리셋 버튼은 정 위치에 있는지 확인한다.

③ 가스 밸브는 정 위치에 있는지 확인한다(시동시 : Open, 종료시 : Close).

④ 주 차단기를 올리기 전 요소 및 제어 차단기가 내려져 있는지 확인한다.

⑤ 제어 차단기 ON : 각 제어기의 전원 상태(ON)를 확인한다.

⑥ 온도 제어기의 출력이 수동으로 되어져 있는지 확인하고 출력 값이 있을 경우 수동 출력을 0%로 설정한다.

⑦ MFC 제어기는 설정 값은 유지하나 이때는 Flow전 이므로 PV값은 영(Zero)을 표시해야 한다(단, Zero 상태라도 1%정도의 표시 오차는 나타난다.).

⑧ 냉각수 Line이 열려 있는지 확인한다(이때 흐르지 않을 때는 알람이 울리므로 확인 할 것).

⑨ 가스 유량은 충분한지 확인한다.

⑩ 온도 제어기의 Recipe를 작성하고 Heater Power Breaker를 올리고 동작을 진행시킨다.

⑪ 이때 Recipe가 작성되어 있다면 프로그램 번호(Program NO.)를 확인하여 처리과정이 맞는지 확인한다.

⑫ 처리 과정정 중 알람이 울리면 각 제어 표시를 살펴보고 다음과 같이 조치한다.

- Over Temp 경보 시 온도 범위가 낮지 않나 확인하고 적당 하면 Recipe 온도 상승폭이 급격하여 일어나는 현상이므로 10℃min가 적당하다.
- 압력 제어기에서의 알람일 경우 Leak으로 인한 Interlock일 경우 이므로 더 이상의 프로그램 진행이 되지 않는다(Leak감지 시간조정 가능).
- Thermistor 스위치의 Interlock은 Frame내의 과열 시 알람 동작이므로 설정 온도 이하로 온도를 떨어뜨리거나 배기팬의 이상이 있는지 확인한다.
- 냉각수가 흐르지 않을 때의 알람동작 : 냉각수 Line Open한다.

요 약

- 산화(oxidation) 공정은 고온의 전기로 속에 실리콘 기판을 위치시키고 산소를 불어넣어 실리콘 표면과의 반응에 의해 실리콘 산화막(SiO2)를 형성하는 공정이다.
- 산화공정은 그 방법에 따라서, 습식과 건식산화로 구분할 수 있다.
- 습식산화는 건조한 산소가 아닌 수증기를 heating mantle을 활용하여 물을 끓여 bubbling 시킴으로써 공급하거나 산소와 수소를 불꽃반응시켜 수증기화해서 전기로에 주입함으로써 실리콘 산화막을 성장시키는 방식이다. 산화막의 성장속도는 빠르나, 건식산화법에 의해서 성장된 산화막보다는 막의 질이 나쁘다. 또한, 산화막 두께를 제어하는데 건식산화에 비해 어려움이 있다.
- 건식산화는 건소한 산소를 고온의 전기로에 넣어 실리콘 표면에 산화막을 성장시키는 방식이다. 산화막의 성장 속도는 느리나 막의 질이 좋아서 전자소자의 주요한 역할을 하는 gate 산화막 등의 성장에 활용된다.
- 산화공정시의 산화막 성장 속도는 다양한 요인에 의해서 영향을 받는다. 대표적인 요인으로는 온도, 전기로내의 압력, 불순물의 농도, 결정방향 등이 있다.
- 산화막의 성장은 반드시 실리콘 기판의 소모를 야기한다. 이로 인한 실리콘 표면에서의 불순물의 재분포가 일어나게 된다. 일반적으로 붕소는 고갈되고 인의 경우는 축적된다.
- 산화막은 용도는 기판의 외부환경으로부터의 보호를 기본으로 하여, 금속배선간 층간 절연물, 전자소자간 절연, gate 산화막, capacitor의 재료, 불순물 주입시의 장벽 등 다양한 분야에 활용이 되고 있다.
- 실리콘 산화막에는 다양한 결함이 존재한다. 실리콘과 실리콘 산화막의 경계면에서 두 물질의 구조적 차이에 의해 결합하지 못한 실리콘 원자에 의한 interface trap, 두 물질의 계면근처에서 실리콘 산화막 부분에 양전하를 띤 실리콘 이온의 발생에 의한 fixed charge, 제조된 실리콘 산화막내에 여러 가지 이유로 발생될 수 있는 내부 결함(oxide trap) 및 수분에 포함되어 있는 양전하의 이온들은 실리콘 산화막내에 존재하게 되는 mobile 이온이 있다.
- 산화공정에 사용되는 전기로는 수평형과 수직형이 있다.
- 소자간 분리를 위한 산화막 성장을 위해서 LOCOS 공정을 활용한다. LOCOS 공정은 국부산화를 의미하며 소자와 소자 사이에 두꺼운 산화막층을 선택적으로 산화시키는 기술을 의미한다. 현재의 미세한 반도체 공정에서는 STI 공정을 이용한다.

연습문제

01 〈100〉 실리콘 웨이퍼를 1100℃에서 건식 산화에 의해서 0.1㎛를 성장 시켰다. 이후에 이를 꺼내어 1000℃에서 다시 0.3㎛의 산화막을 습식 산화법으로 더 성장시키려고 한다면 이에 소요되는 시간은 얼마일까? 그림 2-4와 그림 2-5를 이용하라.

02 고압 건식 산화법은 다른 방법에 비해서 아주 뛰어난 몇 가지 특성을 가지고 있다. 이에 대해서 기술하시오.

03 여러 가지 산화막 성장 기법에 대해서 간략히 기술하시오.

04 산화막의 두께 측정하는 다양한 방법이 있다. 이에 대해서 설명하시오.

05 산화막내에 존재하는 전하들의 종류를 적고, 각각에 대해서 설명하라.

06 습식 산화가 건식산화에 비해서 산화막의 성장 속도가 빠른 이유를 설명하시오.

07 1100℃에서 4시간동안의 붕소의 확산을 방지하기 위해서 필요한 산화막의 두께는 얼마인가?

08 〈100〉 실리콘 기판에 1㎛ 두께의 산화막을 성장시키려고 한다. 1000℃에서 산화막을 성장시키는 경우 얼마의 시간이 필요한가? 건식산화와 습식산화의 경우로 나누어서 구하여라.

사진공정

(Photolithography)

03

Chapter

03
Chapter

사진공정 (Photolithography)

학습포인트 사진공정의 세부 공정 과정별 역할 및 기능에 대한 기본적인 이해와 사진공정에서 사용되는 다양한 용어 및 사진공정을 정상적으로 수행하기 위한 고려 사항들에 대해서 이해하고, 사진공정에 사용되는 PR track과 노광장지에 대한 유지 및 보수 관리 대한 내용을 이해하고 활용할 수 있는 능력을 키워야 한다.

- 사진공정 전반에 대해서 이해한다.
- PP track의 구성 및 사용방법을 이해해야 한다.
- 노광기의 구성 및 사용방법을 이해해야 한다.

1. 사진공정이란

1) 사진공정의 개요

사진공정은 마스크(마스크 : 회로 기판)의 패턴을 실리콘 기판으로 전사(傳寫) 시키는 전 과정을 의미한다.

사진 공정은 집적회로(IC) 제조공정에서 가장 중요한 단위 공정으로 전체 웨이퍼 제조공정 비용의 35% 정도 차지하고 있으며, 통상 웨이퍼에 패턴된 포토리지스터를 이용하여 후속 식각공정을 포함한다. 포토 room의 청정도는 칩(chip)의 수율에 매우 주요한 역할을 하며, 아주 깨끗한 청정실을 유지하기 위해 수직 라미나(laminar) flow 후드를 사용하고 사진공정이 수행되는 노광기는 또 다시 별도의 공조기에 설치되어 특별 관리 된다.

사진공정은 PR(Photo Resist : 감광제)을 도포하고 건조하는 soft bake 과정에서 시작해, 마스크를 정렬하고 노광하는 과정, 현상 및 하드베이크 하는 과정 및 사진공정으로 형성된 창을 통하여 아래의 막을 제거하거나 불순물은 주입하는 과정, 최종적으로 PR을 제거하는 일련의 과정을 말한다. 그림 3-1에 사진공정의 전 과정을 나타내었다.

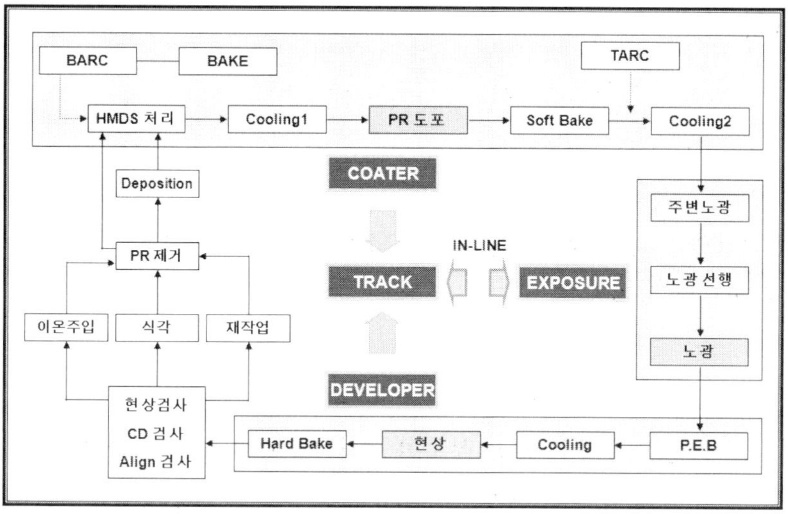

그림 3-1 사진 공정 흐름도

2) PR의 특성

PR은 용해 가능한 고분자와 빛 에너지에 의해 분해 또는 가교 등의 화학적인 반응을 일으킬 수 있는 물질을 용매에 의해 용해시킨 혼합 조성물로 주로 3가지 성분으로 구성된다.

빛에 반응하지 않는 수지(resin)와 빛에 반응하는 화합물(PAC : Photo Active Compound) 및 점도(Viscosity)를 조절하기 위한 솔벤트(solvent)로 구성된다. PR 코팅 및 베이크 과정을 거친 후, PAC와 수지의 비는 1 : 1이며, 기본수지는 2 메틸(methyl)기와 1 OH 기를 가진 탄화수소(hydrocarbon) 으로 구성된 긴 폴리머 체인으로 되어 있다. 그림 3-2에 PR을 구성하는 기본수지의 화학구조를 나타내었다.

Tip

수지(Resin)
유기화합물 및 그 유도체로 이루어진 비결정성 고체 또는 반고체

점도(Viscosity)
유체의 흐름에서 어려움의 크기를 나타내는 양. 즉 끈적거림의 정도를 표시

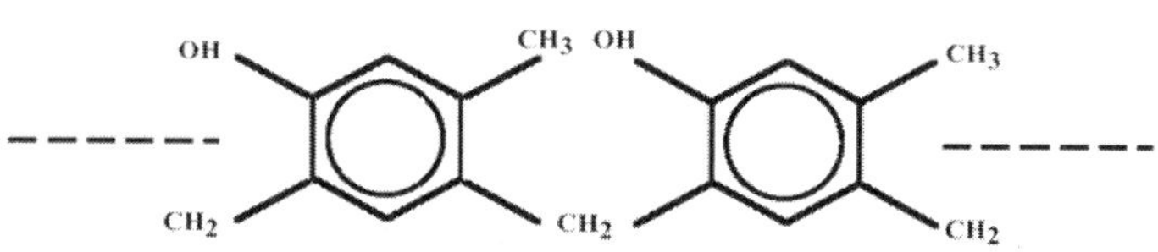

그림 3-2 PR을 구성하는 기본 수지의 구조

3) PR의 종류

PR은 현상되는 형태에 따라서 두가지로 분류된다.

(1) Positive PR(양성 감광액)

양성 감광액은 빛을 받은 부분(노광된 부분)이 현상되는 PR로, 해상도가 좋아서 현재 반도체 공정에서 사용되고 있다.

(2) Negative PR(음성 감광액)

음성 감광액은 빛을 받지 않은 부분이 현상되는 PR이다. 음성감광액의 경우는 핀홀(pin hole)과 좋지 못한 해상도로 인해서 반도체 공정에서는 활용이 되지 않고 있다. 하지만, 소자의 크기가 반도체에 비해서 많이 큰 디스플레이 공정에서는 음성 감광액을 이용한 공정을 많이 활용하고 있다.

그림 3-3에 음성 감광액과 양성감광액의 빛에 노출후의 현상 형태에 대해서 나타내었다.

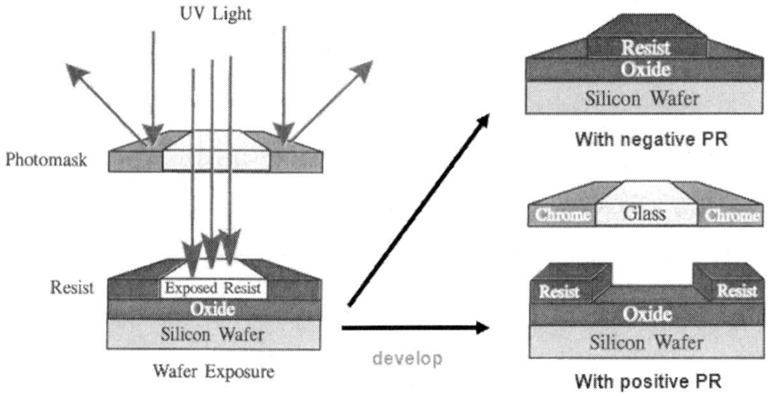

그림 3-3 Positive PR과 Negative PR

(3) Image Reverse PR(AZ 5214)

Tip

반도체 공정 중 Etching(식각) 공정 중에 일반적인 etching을 사용하지 않고 패터닝(patterning)하는 경우가 있는데, 대표적인 것이 lift off 공정이다.

이미지 반전 PR은 일반적인 사진공정 순서대로 수행하면 양성 PR처럼 현상이 되지만, 사진공정과정을 달리 하면 빛 받은 부분이 현상과정에서 남게 되는 음성 PR의 특성을 띄게 된다. lift-off 공정을 위한 전용 PR로 주로 사용된다.

4) 마스크

컴퓨터(설계 도구)를 통하여 설계한 반도체 회로가 반도체 웨이퍼 위에 전사되기 전에 최초로 구현되는 반도체 부품의 하나로 일반적으로 석영(quartz) 기판에 크롬(Cr)으로 설계한 패턴이 구성된다. 일반적으로 만들려고 하는 소자의 크기보다 크게 만들어진 마스크를 레티클(reticle)이라고 구분하여 부르기도 한다. 반면 만들려고 하는 소자의 크기와 동일한 크기로 만들어진 것은 마스크라고 부른다.

그리고, 레티클을 보호하기 위해서 레티클 표면에 펠리클(pellicle)을 사용한다. 펠리클은 비닐과 같은 아주 얇은 막으로 외부 오염원(입자 등)으로부터 마스크를 보호하기 위해서 사용된다.

그림 3−4에 마스크의 사진을 나타내었다.

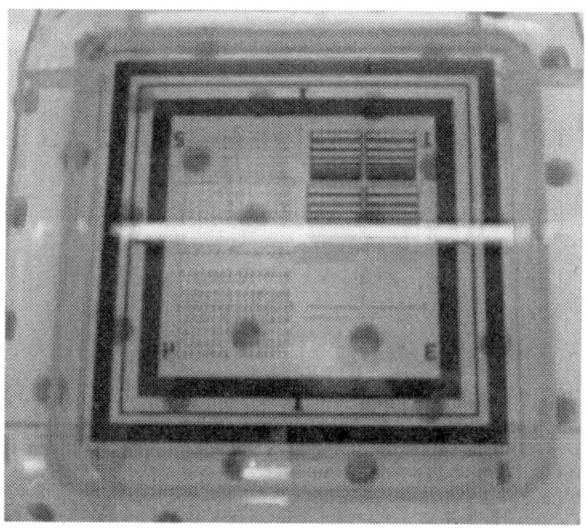

그림 3-4 마스크

페리클(pellicle)의 역할은 마스크 표면에 부착된 파티클(particle)이 웨이퍼 노광 공정에서 웨이퍼 위에 패턴으로 전사되는 것을 막는 역할을 한다. 마스크 패턴에 파티클이 있을 경우 파티클이 웨이퍼에 focusing 되지만, pellicle이 있을 경우 페리클 표면에 부착된 파티클은 웨이퍼 표면에 패턴으로 focusing 되지 않는다. 일반적으로 페리클의 두께는 $1\mu m$ 내외의 투명한 막을 사용한다. 그림 3−5에 펠리클이 씌워진 마스크와 펠리클에 의한 파티클 영향 배제를 보여주고 있다.

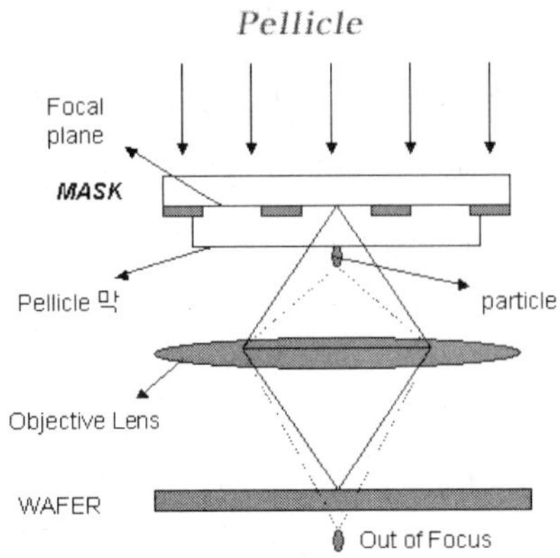

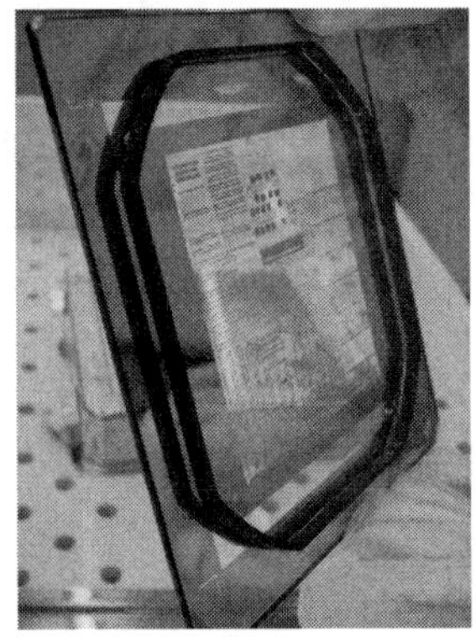

펠리클

그림 3-5 펠리클과 필리클에 의한 파티클 영향 배제

(1) binary 마스크

Binary 마스크는 quartz 위에 Cr에 의하여 패턴이 형성되어 있는데, Cr 층이 있는 부분은 빛을 통과시키지 않지만 Cr이 없는 부분은 빛이 통과되어 웨이퍼위의 photoresist에 노광이 된다. 하지만, 패턴이 아주 미세하게 될 경우에는 크롬 패턴 양쪽의 투과부에서 입사한 빛이 상호 간섭하여 크롬이 완전한 차광부로서의 역할을 하지 못하며, 웨이퍼 상에 노광되는 빛이 보강관섭을 하게 되어 Cr 층에 의하여 차광이 되어야 할 부분까지 노광이 된다.

즉, 마스크를 지난 전계가 웨이퍼에 도달했을 때 회절과 보강 간섭에 의해 그 최저 광도가 0에 도달하지 못하여서 원하는 패턴을 형성하지 못하는 결과를 가져온다. 따라서 웨이퍼상의 감광제는 한도 이상의 빛에 노출되어 현상시 일부가 깎여 나가게 된다. 결국 크롬이 충분히 넓지 않으면 차광부로서의 역할을 할 수 없게 되며 이것은 해상력 한계의 원인이 된다. 그림 3-6에 binary 마스크의 노광 후 현상 특성을 나타내었다.

따라서 패턴의 디자인이 미세해지면 binary 마스크로는 한계가 있어서 PSM (phase shift 마스크)을 사용하게 된다. 일반적으로 0.18um 이하의 패턴을 형성하는 마스크의 경우 일부 layer는 binary 마스크로서 웨이퍼 상에 패턴 형성에 문제가 생기기 때문에 PSM을 사용하게 된다.

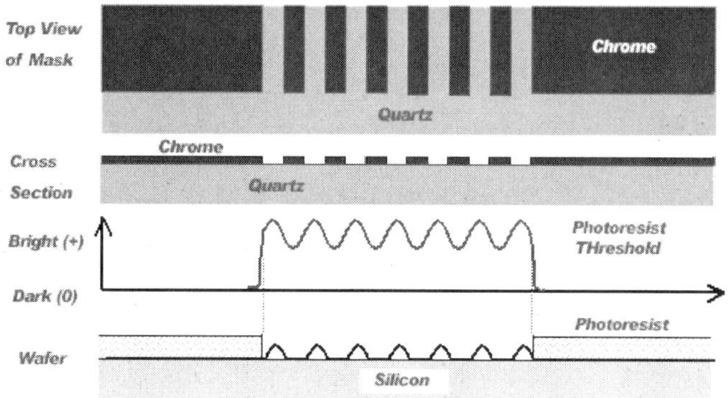

그림 3-6 binary 마스크에서의 패턴 형성

(2) PSM(Phase Shift 마스크)

위상반전마스크(PSM)는 기존의 일반마스크 기판에 위상반전층을 형성하여 이 부분을 투과한 빛의 위상(phase)을 반전 혹은 변이시킴으로써 해상력을 높이고자 만든 것이다.

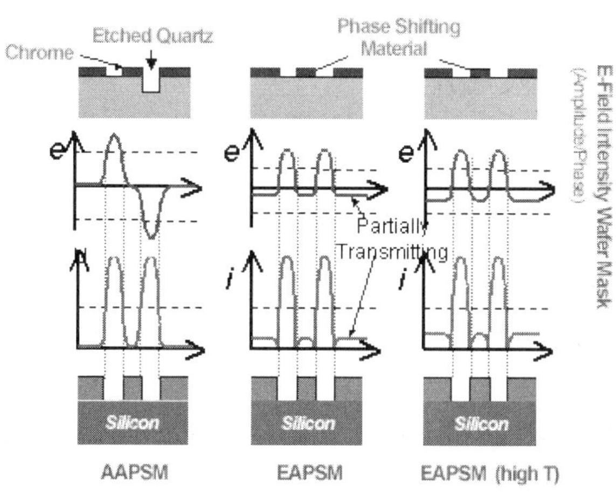

그림 3-7 다양한 PSM에 의한 패턴 형성 특성

이 마스크를 통과할 때 위상반전층을 투과한 빛과 위상반전층이 없는 부위를 투과한 빛은 서로 다른 광학 경로(optical path)를 거치게 됨에 따라 두 빛 사이에 위상 차가 발생하게 된다. PSM의 경우는 이러한 binary 마스크의 단점을 극복할 수 있는 구조를 가지고 있어서 웨이퍼 상에 미세 패턴을 형성시킬 수 있지만, 제조공정이 다소 복잡하고 불량율이 binary 마스크에 비하여 높은 단점이 있다.

2. 사진공정의 과정

1) HMDS 코팅

실리콘 기판과 PR간의 접착력을 증대시키기 위해서 사진공정을 하려고 하는 기판위에 HMDS(Hexa Methylene DiSilazane) 화학물질로 처리하여 기판을 소수성(hydrophobic)으로 만드는 과정을 말하며, 기판이 소수성이 되면 기판 표면에 수분이 흡착할 수 없으므로 PR과의 접착성을 좋게 하게 된다. 아래 그림에서처럼 접촉각(contact angle)을 보면 친수성의 경우는 물이 넓게 퍼져서 접촉각이 작으며, 소수성의 경우는 기판과의 반발력에 의해서 물기가 모이게 되고 접촉각은 커진다. 그림 3-8에 HMDS 처리에 의한 표면의 성질 변화를 나타내었다.

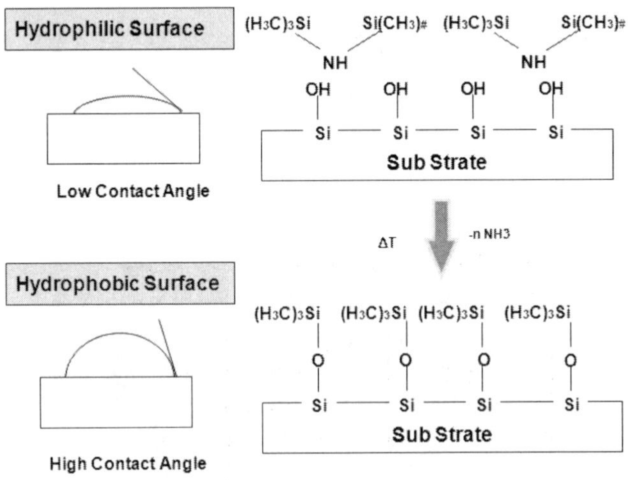

그림 3-8 HMDS 처리에 따른 기판 표면의 성질 변화

> **Tip** 액체 속을 가스체가 기포상이 되어 상승하는 것을 버블링(Bubbling)이라고 한다.

HMDS는 액체 상태인데 N2 가압으로 버블링 시스템(Bubbling System)을 이용하여, 증기(Vapor) 상태로 만들어 진공상태의 방(Chamber)에서 처리함. hot plate의 온도는 130℃ 정도에서 실행된다. 그림 3-9에 HMDS를 bubbling 시키는 시스템이 장치도를 나타내었다.

HMDS 코팅 후에, 냉각(cooling) 과정을 거치게 된다. baking으로 인해 웨이퍼가 팽창하여 PR 도포시 감광액의 균일도를 저하시키므로 웨이퍼의 온도를 조절하여 도포 균일도를 향상시켜야 한다. 설정온도는 PR의 종류 및 두께에 따라서 달라질 수 있으며, 대략 20℃ 정도에서 수행된다.

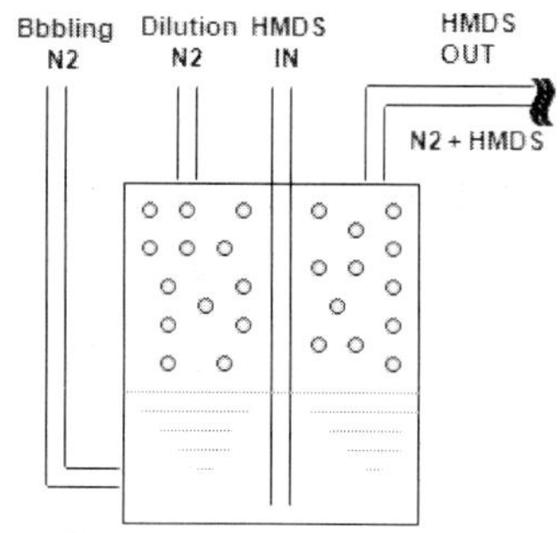

그림 3-9 Bubbling 시스템

2) PR 코팅

실리콘 기판(웨이퍼)을 spin chuck 위에 올려놓고 웨이퍼를 회전 또는 정시시킨 상태에서 PR을 떨어 떠린 후, spin chuck을 고속으로 회전시켜 웨이퍼 전체에 균일한 두께로 도포하는 과정을 말한다.

도포방식에는 정적(static) 도포 방식과 동적(dynamic) 도포 방식으로 나눌 수 있으며, 정적 도포는 웨이퍼가 정지 상태에서 PR을 떨어뜨린 후 스핀 척(spin chuck)을 회전시켜 도포하는 경우이고, 동적 도포는 웨이퍼가 회전하는 상태에서 PR을 떨어뜨린 후 스핀 척(spin chuck)을 회전시켜 도포하는 방식이다.

① PR의 도포 단계는 기본적으로 아래의 3단계 과정을 거친다.

- Dispense : 펌핑 시스템(pumping system)을 이용하여 PR을 기판에 정해진 양을 분사시키는 과정
- Spread cycle : 회전 또는 정지 상태에서 시간적인 여유를 주어 PR이 고르게 퍼지게 하는 과정
- Ramp-up : 웨이퍼 끝부분까지 PR이 고루 퍼지게 웨이퍼를 가속시켜 고속회전 하는 과정

그림 3-10에 PR 도포 3단계를 나타내었다.

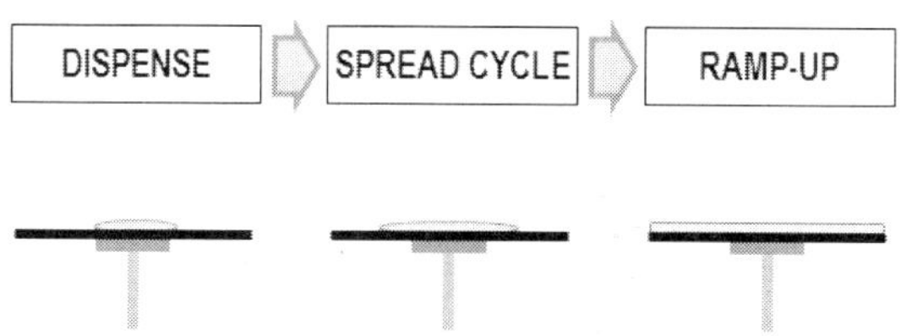

그림 3-10 PR 도포 3단계

② PR 도포 싸이클(cycle)

그림 3-11은 PR을 기판에 도포시의 상세한 도포 싸이클을 나타내었다. 기판이 초기 일정 속도에 도달하면 t1의 시간 동안 PR를 dispense하고 r2의 기울기로 기판의 회전을 가속시켜서 t2시간 동안 **ω**2의 속도로 회전시켜 PR 내의 용매(solvent)를 날려보내고 PR의 두께가 고르게 형성될 수 있도록 유지한다. 이때 t2에서의 회전 속도(rpm)가 PR 코팅의 두께를 결정하는 가장 주요한 요소이다.

ω3로 속도를 낮춘 후 t3 동안 Edge Bead를 제거(EBR : Edge Bead Remove)하기 위해 용매를 실리콘 기판의 가장자리에 dispense하고 이 용매가 증발되도록 t4시간 동안 r5의 기울기로 회전속도를 낮춘다.

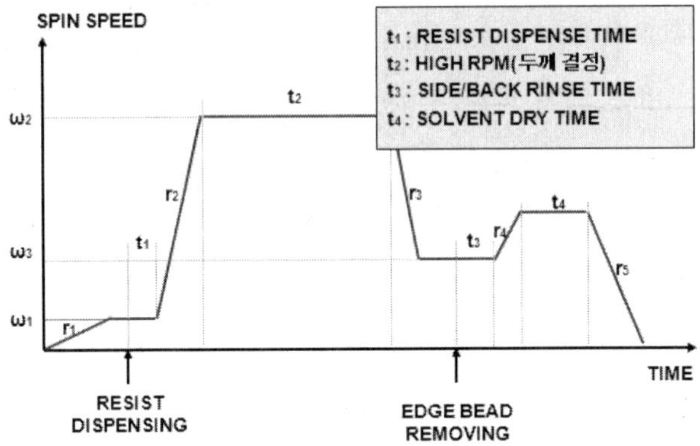

그림 3-11 PR 도포 싸이클

③ 도포 과정에서 작용하는 힘

그림 3-12는 도포 공정 중 4가지의 힘을 나타낸 것이다. F(원심력), R(웨이퍼 Edge부 표면 장력), S(Solvent의 기화력), A(RESIST 접착력)의 힘이 고루 균형을 이룰 때 PR의 유체 운동이 정지 상태가 된다.

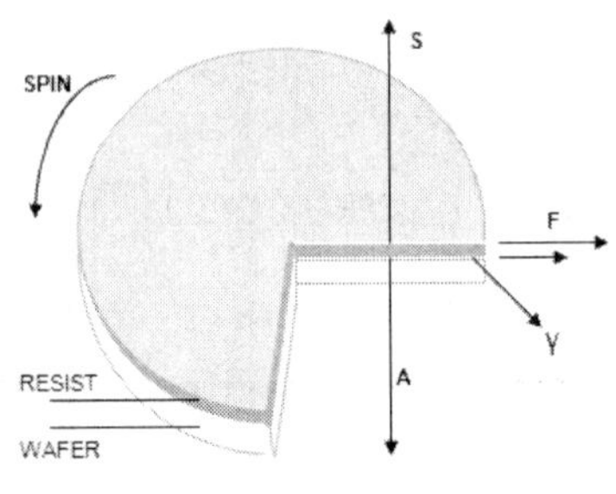

그림 3-12 도포과정에서 작용하는 힘

④ 코팅 매개변수(Coating parameter)들

PR의 두께에 가장 큰 영향을 주는 것은 PR 자체의 점도와 최고점으로 회전할 때의 RPM이며 PR 코팅의 균일도 조절은 웨이퍼의 온도 및 주변 환경의 온 습도 등이다. 이들에 대한 적절한 조절이 있어야만 균일한 PR 막을 얻을 수 있다. 표 3-1에 다양한 코팅시의 매개변수 별 PR 고팅 후의 분포 특성을 나타내었다. 그림 3-13에는 PR의 온도와 두께와의 관계를 나타내었고, 그림 3-14에는 냉각 온도와 두께와의 관계를 나타내었다.

표 3-1 매개변수 별 PR의 도포 형태

Parameter	WF Range		WF 上 Coating Thickness
	Center	Edge	
냉각 TEMP High	⇩	⇧	
PR TEMP High	⇧	⇩	
Exhaust Many High	변화 무	⇧	
Chamber Humidity	⇩	⇩	
Chamber TEMP High	⇧	⇧	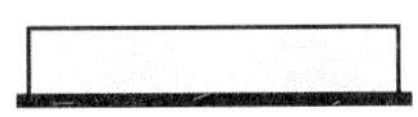
모터 Flange TEMP High	Chuck Size Edge High		

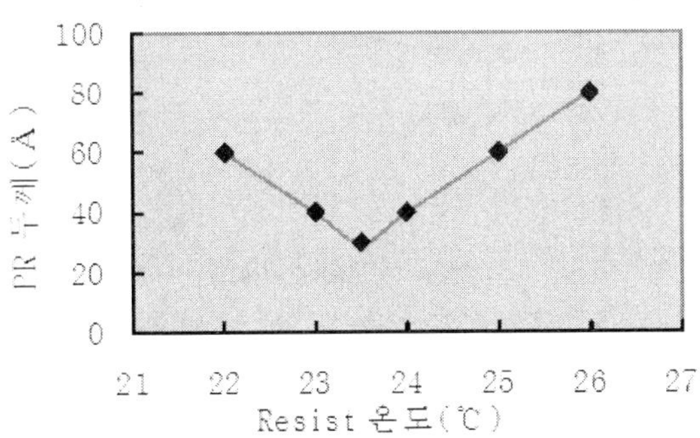

그림 3-13 PR 온도와 두께

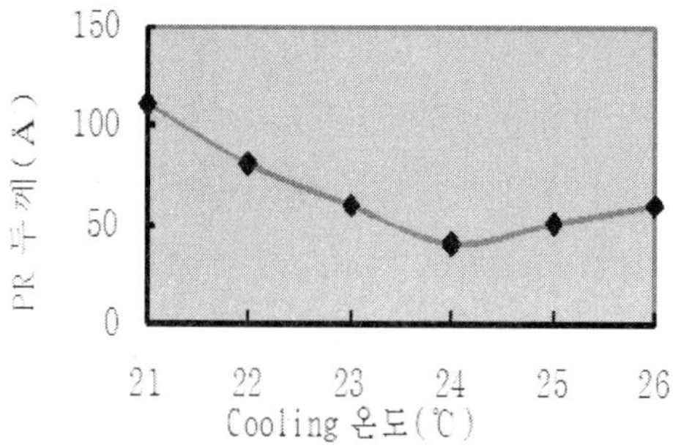

그림 3-14 냉각 온도와 두께

⑤ EBR(Edge Bead Remove)

PR 코팅 과정에서 고속으로 척을 회전시키면 PR은 웨이퍼의 가장자리로 밀려나가고, 그곳에서부터는 공기중으로 날아가야 하므로 약간 두껍게 형성된다. 이렇게 가장자리가 중앙보다 두껍게 PR이 코팅된 것을 에지 비드(edge bead)라고 하며, 이 에지 비드는 후속 공정에서 문제가 될 수 있으므로 제거해야 한다. 아래 그림에서와 같이, PR을 녹일 수 있는 솔벤트를 웨이퍼의 가장자리에 뿌리면서 회전시키면 쉽게 에지 비드를 제거할 수 있다. 그림 3-15에 PR 코팅시의 에지 비드(edge bead)가 발생되는 위치와 솔벤트를 이용하여 EBR이 생성된 기판의 가장자리 위아래를 제거하는 모습을 나타내었다.

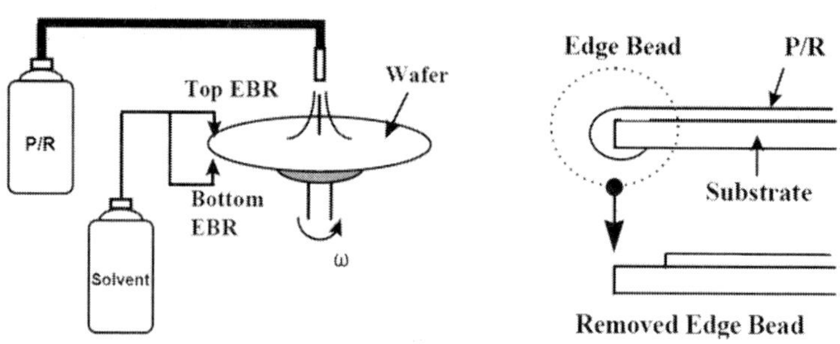

그림 5-15 EBR의 제거

3) soft bake

PR 속에 있는 액체(대부분 solvent) 성분 제거를 위해서 사용되며, 이때 solvent가 제거된 만큼 PR의 체적이 감소된다. 또한, 웨이퍼 표면에 PR의 접착도가 일부 개선되며 PR 성분 중 빛에 감응하는 PAC(Photo Active Compound)를 초기화 시킨다. 또한, 원심력에 의한 stress를 완화시킨다. 일반적으로 90℃ 이상의 열판(hot plate)에서 수 분간 열처리하게 된다. 열처리 온도나 시간은 사용하는 PR의 종류 및 성분, 사용하는 회사의 주변 환경 등에 따라서 달라질 수 있다.

4) 노광

PR이 도포된 실리콘 웨이퍼와 마스크를 노광기(aligner, stepper 및 scanner)를 이용하여 정렬한 후, 노광기에 설치되어 있는 광원으로부터 빛을 조사(조사)하는 과정이다.

반도체 공정에서 사용되고 있는 광원에 대해서 나타내었다. 광원은 g-line(436nm), I-line(365nm), KrF(248nm), ArF(193nm) 등이 있다. 그림 3−16에 광원과 구현 선폭의 제한에 대해서 나타내었다.

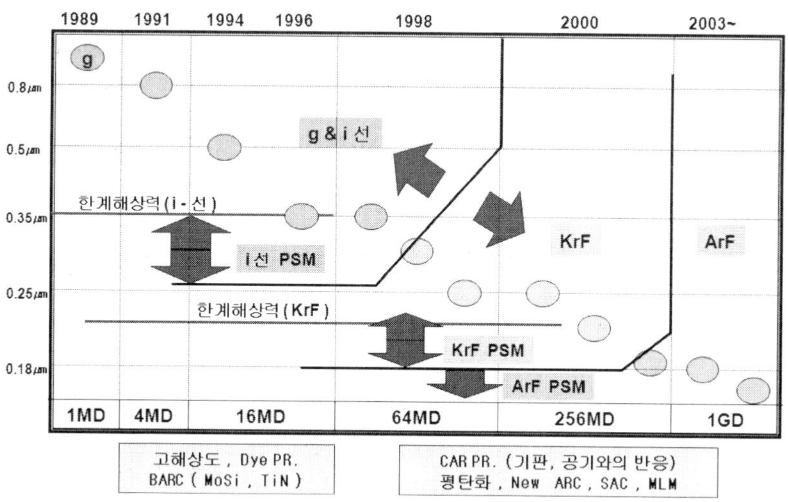

그림 3−16 광원과 구현 선폭과의 관계

노광기는 현재까지 마스크와 제작하고자 하는 소자의 크기가 1×인 마스크 얼라이너(마스크 aligner)와 5×의 마스크를 사용하는 stepper, 4×의 마스크를 사용하는 스캐너(scanner) 등이 있다. 그림 3−17에 노광기, 광원, 마스크의 확대비 등의 관계를 나타내었다.

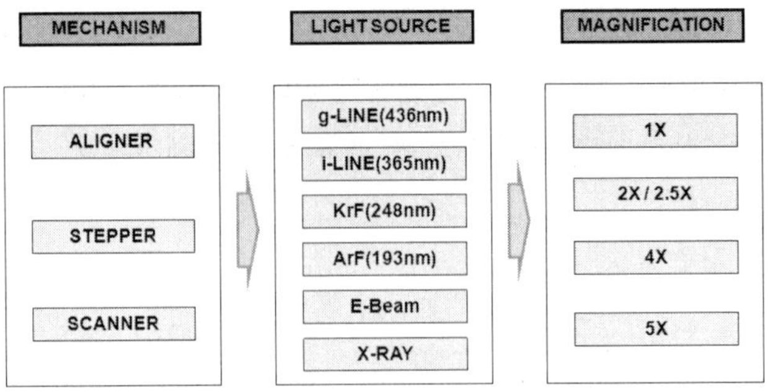

그림 3-17 노광기, 광원 및 마스크의 확대비

그림 3-18에 스텝퍼(stepper)와 스캐너(scanner)의 기능에 대해서 비교 분석하였다. 가장 큰 차이는 스텝퍼(stepper)는 렌즈 전체를 사용하여 수차가 크다는 단점이 있는 반면에 스캐너는 렌즈의 중심부만을 사용하여 수차를 최소화했다는 장점이 있다.

항 목	구 분	STEPPER	SCANNAR
노광 방식	방식	STEP & REPEAT	STEP & SCAN
	Stage	Wafer Stage Moving	Reticle / Wafer Stage Moving
	Mag	5 : 1	4 : 1
Image Field	Field Size	22 x 22mm	26(25) x 33mm
		Effetive Image Area	노광 경로상에 Slit을 위치 시켜 Reticle의 허용영역까지 Scan하여 Image Field로 사용
	Image Field	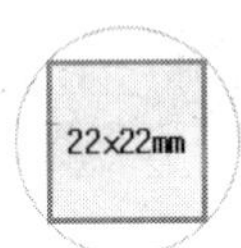 	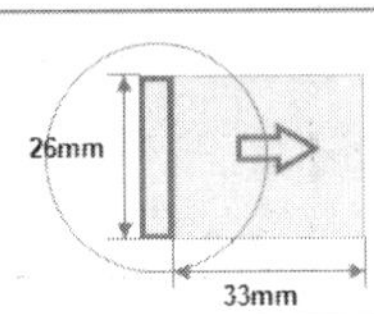
Distortion		Lens를 Full 사용하므로 수차 큼	Lens 중심부만 사용하므로 수차 최소화
필요성		• CHIP SIZE 대형화 – Image Field Size 확대 • Device 고집적화 – 투영 광학계 성능 향상 • Distortion의 최소화 – Mix & Matching(Overlay Tight)	

그림 3-18 스텝퍼와 스캐터의 기능 비교

5) PEB(Post Exposure Bake)

> **Tip** 정재파(Standing Wave) 한 시점에서의 파형이 다음 순간에 좌우로 진행하지 않고 정지되어 있는 파

PEB는 노광시 광원의 정재화(standing wave)에 의한 프로파일(profile)의 변형을 제거하기 위해서 수행하는 열처리 과정이다. 정재화는 노광시 PR 성분 중 PAC의 온도의 차이로 인해 프로파일이 굽어(wave)지는 현상으로, 열을 가해

PAC의 농도를 확산시켜 profile을 좋게 한다.

온도 설정은 PAC 분해 온도(130℃) 이하에서 수행되며, 수분간 진행된다. 그림 3-19에 정재화에 의한 프로파일의 변형을 나타내었다.

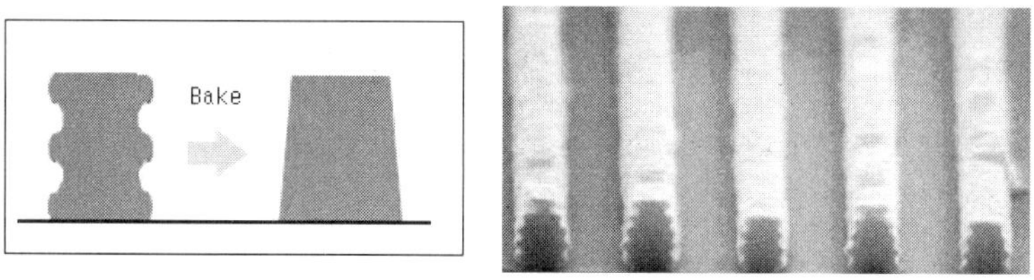

그림 3-19 standing wave에 의한 profile의 변형

정현과 현상을 줄이기 위한 방법으로는 반사방지코팅(ARC : Anti Reflective Coating)을 할 수 있고 또는 앞에서 설명한 것처럼 노광 후 베이킹을 수행하여 PAC 성분의 확산에 의해서 측면을 깨끗하게 형성 할 수도 있다.

6) 현상(Develop)

현상은 일반적으로 2.38% TMAH(현상액) 용액을 이용하여 실시되며, 노즐(nozzle)을 이용하여 분사하고 일정 시간 동안 웨이퍼에 정체 시킨 후, 초순수(DI water)로 웨이퍼의 전면과 후면을 세정하여야 한다. 현상액의 온도는 20℃ 정도이다.

Tip

TMAH
Tetramethyl
Ammounium Hydroxide

현상을 하는 방법은 현상액을 분사하는 방법에 따라서 두가지로 분류될 수 있다. 현상액을 웨이퍼에 노즐을 통하여 계속적으로 분사하면서 현상하는 방법과 현상액을 웨이퍼에 떨어뜨리고 일정시간동안 정지상태로 유지함으로써 현상을 하는 방법이 있다. 그림 3-20에 노즐 분사를 통한 현상방법과 정적 모드의 현상 방식을 나타내었다.

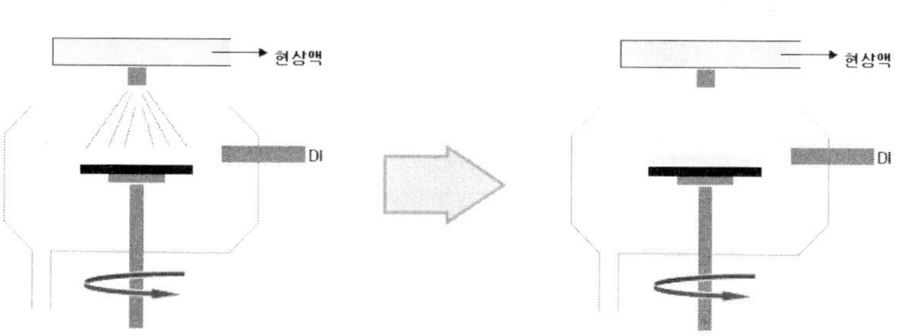

그림 3-20 현상 공정의 형태 비교

현상액을 웨이퍼 정지상태에서 현상하는 방법은 현상액이 소량 소모되고 현상 균일도도 우수하며 현상 종료 시 스페리 사이클(Spary Cycle)을 수초 간 거침으로써 골이 깊은 패턴이나 컨택트 홀(contact hole) 부분에 거품(Scum)이 남을 가능성이 적어 현재 범용적으로 사용하는 방법이다.

스프레이 노즐 방식은 여러 형태로 개발되어 현상 균일도의 향상을 도모하고 있으며 그 종류로는 spray, puddle, stream 등으로 장비회사에서 자체 개발하고 있다. 그림 3-21에 스프레이 노즐 방식의 발전사를 나타내었다.

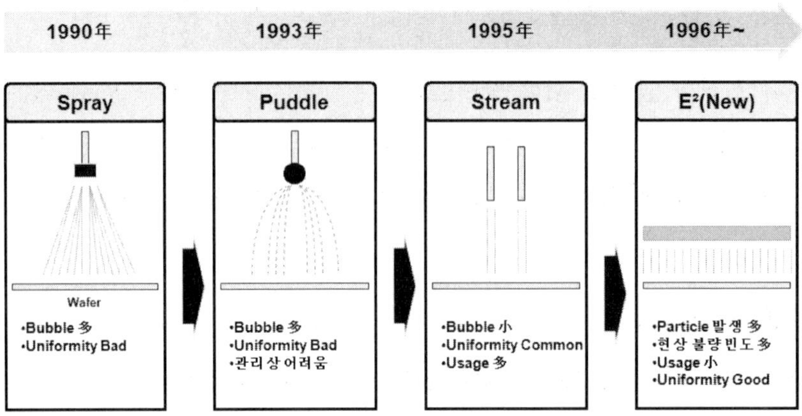

그림 3-21 스프레이 노즐 방식의 변천사

7) Top rinse

현상이 완료된 후, 현상액과 현상과정에 발생된 반응물들을 씻어내는 과정으로, 초순수(DI water)를 사용한다.

8) 하드베이크(Hard bake)

PR을 이미드(imide)화 시키는 과정으로, 잔여 용매(solvent)와 물기를 제거하게 되며 설정온도는 PAC의 분해 온도인 130℃ 이하에서 수분 간 진행된다.

3. 노광 장치의 인쇄기법

1) contact printing(접촉 인쇄)

이 방식은 가장 오랫동안 사용되어 온 방식으로, 마스크와 웨이퍼가 접촉을 하고 있기 때문에 해상도가 아주 우수하다. 하지만, 마스크와 웨이퍼가 상호 접촉된 상태에서 인쇄가 되므로 웨이퍼 표면뿐만 아니라 마스크에 흠집을 발생시킬 수 있다. 현재의 대기업에서 사용하고 있는 사진공정에서는 사용되지 않는다. 학교에서 연구수준으로 사용이 되고 있다. 그림 3-22에 접촉 인쇄(contact printing)방식을 나타내었다.

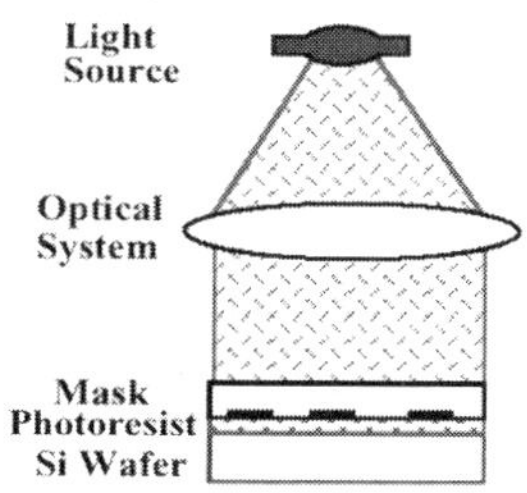

그림 3-22 contact printing

2) proximity printing(근접 인쇄)

이 방식은 웨이퍼와 마스크가 직접적으로 접촉하지 않고 일정한 간격을 가지고 있으므로, 접촉 인쇄의 단점인 웨이퍼 표면이나 마스크에 흠집을 발생시키지는 않지만 광원의 회절이나 산란 등, 즉 근접효과(proximity effect)가 발생하여 해상도가 떨어지는 단점을 가지고 있다. 그림 3-23에 근접 인쇄방식을 나타내었다.

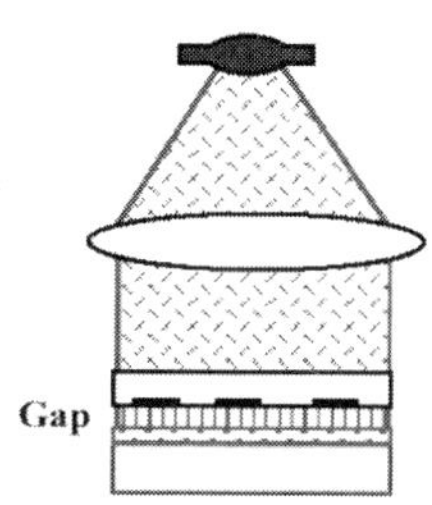

그림 3-23 contact printing

3) projection printing(투영 인쇄)

이 방식은 접촉 인쇄와 근접 인쇄에서 발생되어지는 문제점을 해결하기 위해서 마스크와 웨이퍼 사이의 간격을 멀리하고 그 사이에 축소 렌즈(reduction lens)와 거울(mirror)을 넣어 사용한다. 광학 기술을 사용하여 마스크의 패턴을 웨이퍼로 전사시킨다. 그림 3-24에 투영 인쇄방식을 나타내었다.

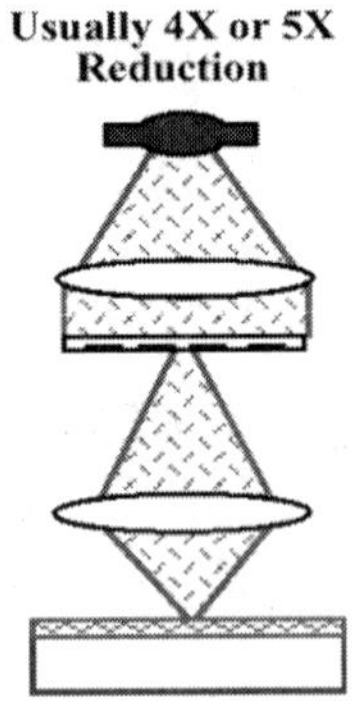

그림 3-24 projection printing

투영 인쇄방식을 적용한 노광계를 좀 더 자세하게 I-line 노광계를 이용하여 살펴보면 다음과 같다. 수은 램프에서 나온 광은 필터를 거쳐 단파장이 되고 콘덴서 렌즈와 미러 등을 거쳐 콜리메이터 렌즈로 들어오게 된다. 콜리메이터 렌즈는 빛을 구성하는 광 웨이브의 위상을 모두 같게 즉, 평행광으로 만들어 주는 역할을 수행한다. 단색의 평행광은 결국 마스크 또는 레티클을 지나 프로젝션 렌즈 또는 축소 렌즈를 통하게 된다. 레티클을 사용할 경우 레티클의 패턴은 웨이퍼에 형성되는 패턴의 크기에 비해 4배 내지 5배 정도 더 크게 형성되어 있으므로, 이를 4배 내지 5배 줄여서 웨이퍼에 있는 PR에 패턴을 형성하여야 한다. 그 역할을 프로젝션 렌즈가 수행한다. 프로젝션 렌즈는 레티클을 지나 회절되는 광을 모아서 집속하는 역할도 수행한다. 그림 3-25에 I-line 스탭퍼의 노광계의 구조를 나타내었다.

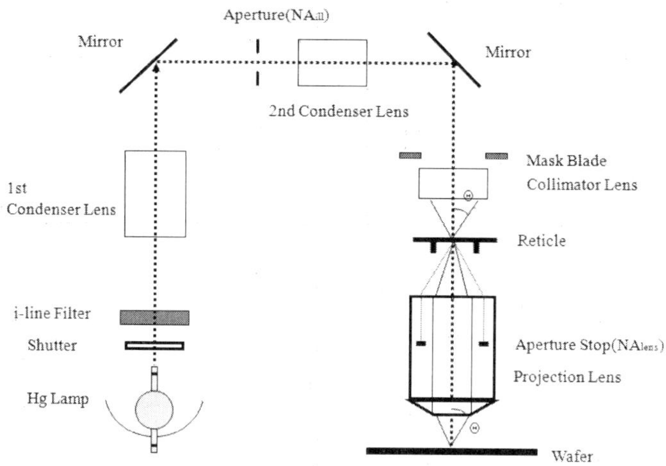

그림 3-25 i-line 조명계(노광계)의 구성도

4. 트랙 장치의 구성

1) 모듈 구성의 역사

PR track은 초기에는 line 형태를 사용하였다. 그림에서 보는 것처럼 컨베이어 시스템처럼 C/S(cassette station)로부터 웨이퍼가 이송되면, AD(adhesion, HMDS 코팅)를 거쳐서 오븐에서 구워지고 PR을 스핀(Spin) 코팅한 후 오븐(oven)에서 soft bake를 실시하고 맞은편에 있는 C/S(cassette station)으로 이송되도록 되어 있다.

이후에 stand alone 형태의 PR track이 개발되어 로봇이 사용된다. 산화공정에서는 batch(다량의 웨이퍼에 대해서 동시 공정 수행)로 수행이 되지만 사진공정은 특성상 한 장씩 공정이 이루어지므로 여러개의 동일한 주요 파트들(oven, spin coater)을 여러개 두어 생산량을 늘리도록 구성하기 시작하였다.

또한, I/F(interface)를 두어서 노광기와 연결하여 작업이 in-line으로 이루어지도록 자동화를 하였다. 여기서 WEE(웨이퍼 Edge Exposure)는 PR 도포후 웨이퍼 edge부의 PR을 노광하여 제거하는 공정으로 적층된 필름의 lifting 방지 및 c램프의 의한 파티클 source를 억제하기 위한 역할을 수행하는 공정 과정을 추가하게 되었다. 그림 3-26에 PR track의 변천 과정을 나타내었다.

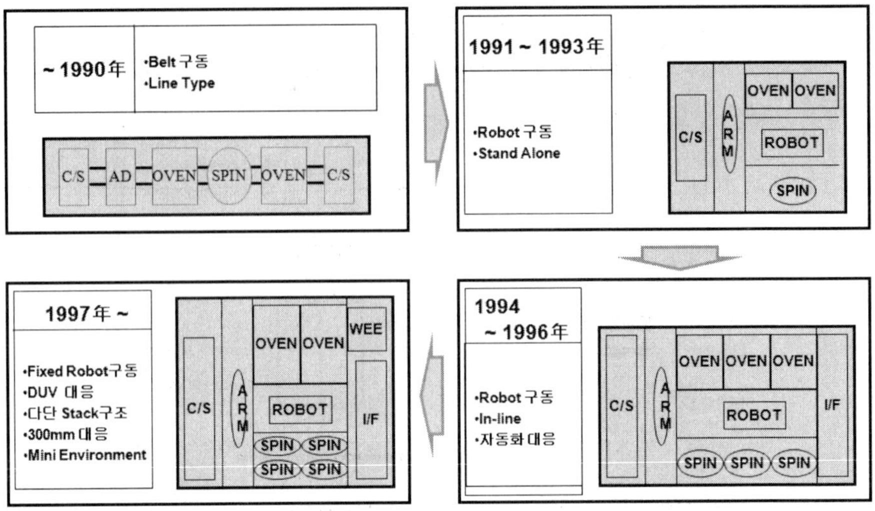

그림 3-26 PR track의 변천사

3개의 센서가 면적을 계산하여 노광 폭에 맞게 웨이퍼 척이 이동 후 chuck이 회전하면서 노광을 실시한다. EBR이 비정밀 제거라면 WEE는 PR의 정밀 제거이고, 웨이퍼 flat zone에 있는 laser marking 부분의 PR를 제거할 때는 반드시 필요한 공정이다. 그림 3-27에 WEE 과정의 계략도를 나타내었다.

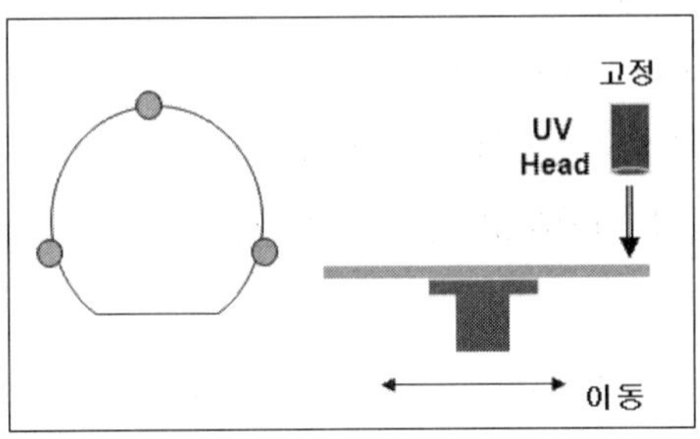

그림 3-27 WEE 과정의 계략도

그림 3-28에 최근에 사용되고 있는 PR track의 구성도를 나타내었다. 그림에서 알 수 있듯이 많은 웨이퍼에 대해서 동시 공정이 이루어질 수 있도록 장비의 구성품을 다량 배치하여 제작되고 있다.

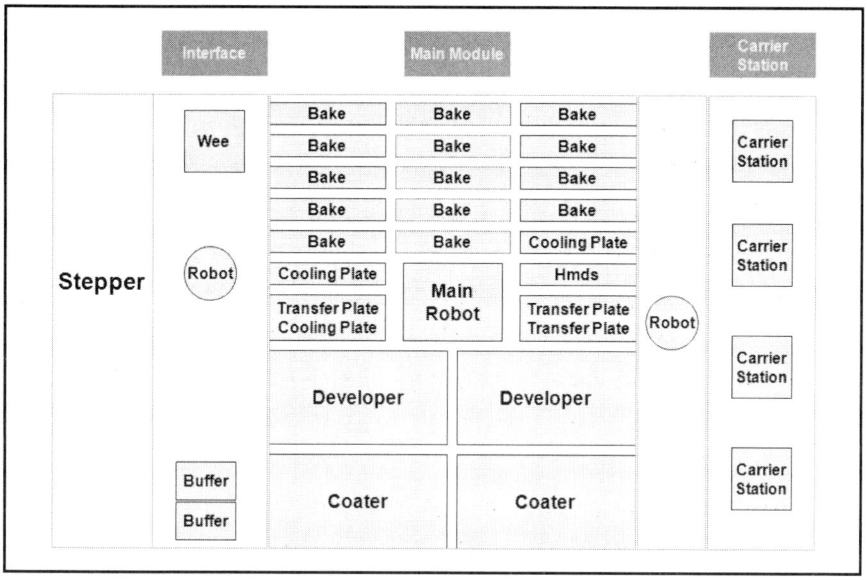

그림 3-28 TEL사의 ACT-8(12) 장치의 구성도

요 약

- 사진공정은 반도체 제조 공정에서 가장 주요한 단위공정 중의 하나로 미세 패턴 형성의 성공여부는 이 과정에 의해서 결정된다. 사진공정은 제조하고자 하는 소자의 설계된 패턴을 가진 마스크의 패턴을 기판으로 전사시키는 전 과정을 의미한다.
- 사진공정의 과정은 가장 기본적으로 PR의 코팅, soft bake, 마스크 align과 exposure (노광), develop(현상) 및 hard bake 과정으로 나눌 수 있다.
- PR은 양성 PR과 음성 PR로 나누어지며, 양성 PR은 빛을 받은 부분이 현상되는 PR이고 음성 PR은 빛을 받은 부분이 남는 PR이다.
- PR은 이미지 형성에 관여하는 PAC, 현상시의 식각장벽(etch barrier)의 역할을 하는 resin(수지)와 coating을 원활하게 할 수 있도록 용액화 하는데 필요한 solvent (용제)로 구성되어 있다.
- HMDS 처리는 기판 표면을 소수성으로 만들어 즉, 기판으로부터 물을 배척하게 만들어 PR이 표면에 잘 붙도록 하는 과정을 의미한다.
- 마스크는 설계된 패턴이 만들어진 유리나 석영 기판을 의미하며, 기판 표면을 보호하기 위해서 펠리클을 사용하여 보호한다.
- 마스크의 종류는 여러 가지가 있으나, 현재의 반도체 공정에서는 일반적으로 PSM (phase shift 마스크)를 사용하여, 패턴의 재현성을 향상 시키고 있다.
- PR의 도포단계는 dispense, spread cycle 및 ramp up의 3단계로 나누어져 실행된다.
- PR 코팅의 균일도에 영향을 주는 요소는 도포단계에서의 정확도도 필요하지만, 냉각 온도, PR 온도, exhaust의 정도, chamber내의 습도, chamber내의 온도 등 다양한 요소가 작용한다.
- EBR은 기판의 가장자리에 두껍게 코팅된 PR을 제거하는 과정으로 solvent를 분사하여 기판의 앞 뒤 가장 자리에 있는 PR을 제거한다. 이 외에도 WEE를 통하여 추가적인 가장자리 PR을 제거하는 과정을 수행한다.
- 노광장치의 인쇄 방식은 contact, proximity, projection 방식이 있다.
- 광원은 그 파장에 따라서 구분되며, g-line(426nm), I-line(365nm), KrF(248nm), ArF(193nm)가 대표적이다.
- 현재 나노크기의 소자를 제조하는데 사용되고 있는 노광기는 ArF scanner이며. lens의 전부를 사용하여 lens의 수차가 큰 stepper와는 달리 내부에 구성된 lens의 중앙부만을 노광과정에서 사용하여 lens에 의한 수차를 최대한 줄였다.

연습문제

01 spin coater의 고속회전수와 그 시간에 따른 PR의 두께 변화와의 관계식을 구하시오.

02 노광 시간을 많이 늘린다면 어떤 현상이 발생 하는지 설명하라.

03 감광막을 제거하기 위한 방법들에 대해서 생각해 보자.

04 양성 PR과 음성 PR의 특징 및 장단점에 대해서 설명하라.

05 양성 PR과 음성 PR을 사용한 패턴 형성과정을 그리고 설명하라.

06 MOS 공정을 위해서 사용될 마스크에 대해서 살펴보자.

07 lift-off 법에 대해서 설명하시오.

08 lithography의 종류에 대해서 설명하시오.

09 reticle이란 무엇인가? 어디에 사용이 되는가?

10 아래에 pndiode를 만들기 위한 마스크 set을 나타내었다. 최악의 경우에 misalign이 x, y 양방향으로 3㎛가 발생할 수 있다고 가정하고 아래에 답하라.

ⓐ diffusion level에 contact과 metal level이 정렬된 경우

ⓑ contact level은 diffusion level에, metal level은 contact level에 정렬된 경우

식각공정

(Etch)

04 Chapter

04
Chapter

식각공정(Etch)

학습포인트 습식 식각의 기능과 역할 및 건식 식각의 기능과 역할에 대해서 이해하고, 건식식각에서 사용되고 있는 플라스마 발생 장치에 대한 원리를 정확히 이해하고, 습식 식각에 사용되는 wet station 및 건식식각에서 사용되는 플라스마 장치에 대한 유지 및 보수 관리 대한 내용을 이해하고 활용할 수 있는 능력을 키워야 한다.

- 습식 식각 공정 전반에 대해서 이해한다.
- 건식 식각 공정에 사용되는 플라스마 발생원과 그 기능 및 역할에 대해서 이해한다.
- wet station과 건식식각장치의 구성 및 사용방법을 이해해야 한다.

1. 식각공정

1) 식각의 정의

식각(Etching)이란 반도체 기판 즉, 실리콘 기판위에 형성된 박막을 사진공정을 통하여 형성된 패턴 모양대로 화학적 반응 또는 물리적 반응을 통하여 선택적으로 두께를 얇게 하거나 불필요한 부분을 완전히 제거하는 작업을 의미한다. 경우에 따라서 사진공정과 관계없이 불필요한 박막을 제거하는 것을 의미하기도 한다.

2) 식각의 목적

반도체 소자 제조에 필요한 다양한 영역을 정의하기 위해서 실리콘 기판 표면상에 패턴을 형성하기 위한 것이 가장 큰 목적이라 할 수 있다. 예를 들면 MOSFET 제조시에 게이트 영역을 사진공정으로 정의하고 식각을 수행하게 되면 게이트 영역이 정의가 되고 이후 이온 주입법에 의한 불순물 공정을 진행하게 되면 소스와 드레인 영역이 자동으로 정의되게 된다.

3) Etching의 종류

식각공정은 식각하는 방식에 따라서서 습식식각과 건식식각으로, 식각 반응의 종류에 따라서는 물리적 식각과 화학적 식각으로 나눌 수 있으며, 식각되는 형태에 따라서는 등방성(isotropic) 식각과 이방성(anisotropic) 식각으로 분류할 수 있다. 그림 4-1에 등방성과 이방성 식각의 형태를 나타내었다.

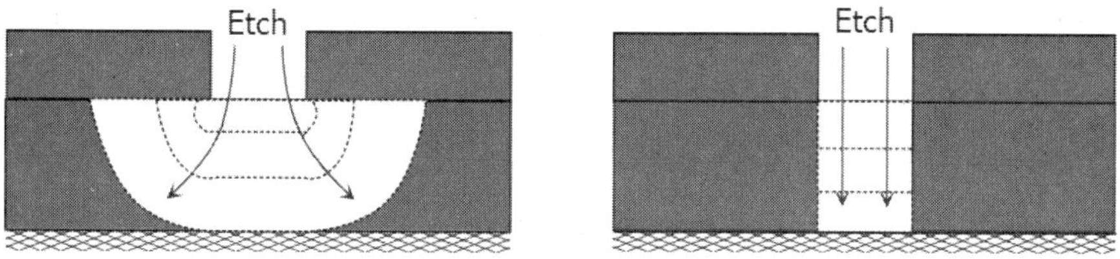

그림 4-1 등방성 식각과 이방성 식각의 형태

반도체 공정에서 식각은 기본적으로 두 가지로 분류한다. 화학약품을 사용하는 습식 식각과 반응성 가스와 플라스마를 이용하는 건식 식각이다. 각 식각 공정의 특징을 알아보도록 한다.

습식식각의 경우는 식각하고자 하는 물질을 식각할 수 있는 화학용액을 사용하여 화학적인 반응을 통한 식각을 말한다. 그 방식은 수조(wet bath)에 식각액(etchant)을 넣고 사진공정이 이루어진 기판을 넣어서 식각하고자 하는 물질을 식각하게 되며, 식각 용액속에서 식각이 이루어지게 되므로, 식각이 등방성 식각이 이루어지게 된다. 여기서 등방성 식각이란 수직방향과 수평방향 등 모든 방향으로 식각이 이루어지는 것을 의미한다. 따라서 사진공정에 의해서 정의된 식각 패턴의 크기에 변화(CD bias)가 생기게 된다. 습식식각의 이런 특성으로 인해서 패턴을 형성하여야 하는 반도체 공정에서는 현재 사용되지 않는 식각법이라고 할 수 있다.

하지만, 습식식각은 좋은 장점을 하나 가지고 있다. 습식 식각은 이후에 설명할 건식식각과 비교해서 선택성(selectivity)이 아주 탁월하다는 장점을 가진다. 선택성은 식각하고자 하는 물질만 식각하는 특성으로, 이런 장점을 이용해서 반도체 공정상에서 패턴 형성과 무관하게 불필요한 박막을 제거하는데에는 습식식각을 행함으로써 불필요한 박막만을 제거할 수 있다. 물론 이런 선택성을 가지기 위해서는 식각대상 물질만 식각하고 다른 물질들을 전혀 식각하지 않는 식각액의 선택이 반드시 수반되어야 한다.

건식식각의 경우는 식각하고자 하는 대상물질과 반응하는 반응성 가스를 주입하고, 전기적인 에너지로 분해하여 플라즈마 상태로 여기한 후 이때 생성되는 이온과, 중성입자 등을 이용하여 물리적, 화학적 반응을 통해 박막을 식각하는 공정이다. 이온의 직진성을 이용하기 때문에 이방성 식각이 이루어진다. 이방성식각은 한 방향, 즉 반도체 공정에서는 수직방향으로만 식각이 이루어지는 것을 의미하며, 이런 특성으로 인하여 사진공정에서 형성된 패턴의 크기와 같은 패턴이 식각을 통해서 형성된다. 이러한 특성이 건식 식각의 가장 큰 장점이라고 할 수 있다. 따라서, 미세한 소자를 제조하는 현재의 반도체 공정에서는 패턴 형성과 관련된 모든 식각은 건식 식각을 통해서 이루어진다.

하지만, 건식 식각은 많은 장점에도 불구하고 단점을 가지고 있다. 습식 식각에 비해서 선택성이 좋지 않다. 반도체 공정에서 건식 식각 공정은 반드시 식각 대상 물질이외에도 그 대상 물질 하부에 있는 물질도 반드시 식각이 이루어지게 된다. 이 과정은 종말점 검출기(End Point Detector)를 통하여 제어할 수 있으나, 하부 식각이 전혀 이루어지지 않게 할 수는 없어 식각시에 하부 물질 식각이 가능한 한 적게 발생할 수 있는 공정 조건의 확립이 필요하다.

2. 습식 식각

1) 종말점(End Point)

습식 식각은 앞에서 설명한 것처럼 식각액(etchant)을 이용하여 식각이 이루어진다. 식각의 경우 식각이 끝나는 시점(시기)를 알아야할 필요가 있다. 식각이 이루어진 이후에도 기판을 식각액 속에 두면 계속적인 식각이 이루어지게 되므로 식각이 완료된 것을 확인하면 식각을 중지해야 한다.

식각이 다 이루어졌다는 것을 알 수 있는 방법이 종말점으로 확인하는 것이다.

식각의 종말점이란 식각이 끝나는 점을 말하며, 그 확인 방법은 식각되는 물질과 그 하부에 있는 물질, 즉 다른 막이나 기판의 특수한 성질을 알아야 가능하다.

실리콘 기판위에 형성된 실리콘 산화막(SiO_2)을 식각하는 경우에는 불산 혼합액(BOE : Buffered Oxide Etcher)을 이용하여 식각을 하게 되는데, 산화막의 식각이 완료되기 전에는 식각액이 그 기판 표면과의 친수성 성질 때문에 식각액이 기판 표면 전체에 골고루 발려져 있다. 하지만 산화막의 식각이 완료되면, 실리콘 표면이 들어나게 되고 실리콘 표면은 식각액이나 혹은 세정에서 사용되는 물과는 소수성의 성질을 띠게 되므로 식각액이나 물을 표면으로부터 밀어내게 된다. 이 시점이 산화막 식각의 종말점이 된다고 할 수 있다. 즉 물이 기판 표면으로부터 밀려나는 현상(sheet-off) 관찰로 실리콘 산화막의 식각 종료 시점을 확인할 수 있다.

- 친수성(hydrophilic) : 물과 아주 친숙한 성질로 반도체 소자 제조에 사용되는 많은 박막 물질들은 친수성을 띠고 있다. 실리콘 산화막이 가장 대표적이다.
- 소수성(hydrophobic) : 물을 배척하는 성질로 실리콘 기판이 가장 대표적이다.

하지만, 모든 식각물질이 이런 특이한 종말점을 가지고 있는 것은 아니다. 대부분은 그 종말점을 색상의 변화로부터 알 수 있다. 예를 들면 금(Au)의 경우는 그 식각이 종료되면 그 아래의 막이 들어나면서 금의 고유한 색상이 사라진다. 물론 이 경우도 금 아래가 실리콘 기판이라면 물을 밀어내는 종말점 현상을 나타내게 된다.

실리콘 질화막(Si_3N_4)의 경우는 더욱 그 종말점 관찰이 어렵다. 다른 것들은 식각이 되면서 색상의 차이가 분명히 나서 그 종말점 관찰이 상대적으로 용의하지만, 이것은 색상의 변화로도 구분하기가 어렵다. 하지만 이 경우도 그 하부에 실리콘이 있다면 물을 밀어내는 소수성의 성질을 이용한다면 쉽게 구분할 수 있다. 그러나, 반도체 소자 제조 공정에서 실리콘 질화막을 습식 식각하는 경우는 대부분의 경우 그 아래에 실리콘 산화막이 있어 물과의 소수성 성질로부터 그 식각이 완료된 시점인 종말점을 확인하기란 쉽지 않다. 따라서 이런 경우는 많은 실험을 통하여 식각이 종료 되는 시간을 확인하여 두는 것이 필요하다.

따라서, 습식 식각의 경우는 식각하고자 하는 박막의 특성은 물론 그 아래에 있는 기판이나 또 다른 박막의 성질에 따른 종말점 관찰을 달리해야 한다고 할 수 있다. 그림 4-2에 습식 식각의 모습을 나타내었다.

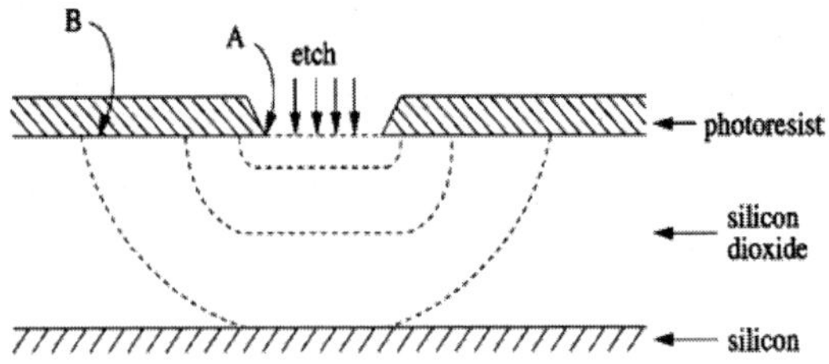

그림 4-2 습식 식각의 모습

앞에서 언급했듯이 반도체 공정에 사용되는 다양한 막들에 대한 패턴형성을 목적으로 하는 식각은 반드시 건식 식각을 통해서 이루어지고 있다. 하지만, 큰 패턴의 소자 제조에서는 습식 식각을 패턴 형성 공정에서도 사용하므로 다양한 막에 대한 습식 식각에 대해서 살펴보도록 한다.

2) 열산화(Oxidation : SiO_2)막 식각

Tip
불화수소(HF)
자극적인 냄새가 있는 기체로서 독성이 강하다

열산화를 통하여 생성된 막인 SiO_2를 식각하는 방법은 HF와 NH4F의 혼합 용액으로 식각이 가능하며 반응식은 아래와 같다. 이때 사용되는 식각액을 일반적으로 BOE(Buffered Oxide Etcher)라 부른다.

이때 식각액(etchant)은 HF이고, 완충제(Buffering agent : 산이나 알칼리에 의한 pH의 변화를 최소화 시키는 중화성 물질)는 NH4F이다.

$$SiO_2 + 4HF \rightarrow SiF_4 + 2H_2O$$

사진공정 수행 후, PR이 없는 영역의 산화막을 제거할때는 위의 식각액을 사용한다. 하지만, 사진공정 없이 식각을 할때는 물에 일부 희석한 HF를 사용하여 식각을 하기도 하는데, 세정공정에서 많이 사용된다.

패턴 형성을 하여야 하는 SiO_2 식각에 물에 희석한 HF 용액을 사용하면 안된다. 이 경우 식각액인 HF가 산화막과 PR의 계면으로 파고 들어 PR을 lift off 하게 된다. 즉 수직 방향의 식각이 아닌 측면 식각이 빨리 이루어져서 패턴 형성을 할 수 없게 된다.

식각율은 두 식각 용액의 비로 결정될 수 있다. 일반적으로 NH4F : HF=6 : 1~10 : 1로 혼합된 용액을 사용한다. 일반 상온에서 800~1000Å/min의 식각율을 가지고 있다.

산화막의 식각율은 항상 같지 않다. 식각액이 사용되면서 그 식각액의 상태가 변화되기 때문이다. 이에 대한 정확한 모니터링이 있어야 하며, 일반적으로 소자 생산 현장에서는 그 시간이나 사용횟수 등을 정하여 새로운 용액으로 교환하여 그 식각률이 거의 일정하도록 유지한다.

산화막의 식각 종말점은 앞에서 이야기한 것처럼 식각이 이루어진 부분의 water sheet off 현상을 확인함으로써 가능하다. 하지만, 그 산화막 아래에 실리콘 기판 표면이 들어나지 않는다면 이런 방법으로 산화막의 제거 여부를 정확히 판단하기는 쉽지 않다. 따라서, 식각 공정이 이루어진 후 식각의 정도를 확인할 수 있는 모니터링 패턴들을 설계시에 넣게 된다. 이 영역을 두께 측정 장치를 이용하여 남은 막의 여부를 확인하게 된다.

3) 화학기상증착(CVD)막 & PSG

열분해에 의해 증착된 산화막은 열산화막에 비해 박막의 조밀도가 낮아서 식각률이 산화막에 비해서 상당히 빠르게 나타나는 경향이 있다. 이는 박막 증착시 온도 또는 방법에 따라 달라질 수 있으며, 실제 식각공정진행과정에서는 중요한 식각률의 변수로 작용할 수 있기 때문에 사전 확인을 꼭 거쳐서 식각률을 확인하여야 한다.

PSG(Phospor Silica Glass)는 낮은 온도에서 인을 도핑한 산화막으로써 보통 반도체 소자 공정에서 금속 전극간 절연층과 금속막 보호층으로 사용되고 있다. 이때 도핑되어 있는 인의 양에 따라 식각률이 다르게 적용되게 된다. 즉, 인의 농도가 많아지면 많아질수록 식각률이 증가하게 된다.

습식식각은 전형적인 등방성 식각의 형태를 나타내며, 특히 증착법으로 형성된 산화막의 경우 열산화막에 비하여 수평식각이 크게 나타나는 현상을 보이기도 한다. 1㎛ 수직 식각에 대해서 수평방향으로 1~2㎛의 식각이 발생하기도 한다.

절연층으로 사용된 산화막의 경우 식각은 7 : 1 불산 용액 사용 하며, 용액의 비율은 NH4F : HF=7 : 1 정도이다.

보호막의 용도로 사용된 산화막의 경우 산화막 아래층의 알루미늄을 보호하기 위해 완충 용액 사용하여 진행하며, 용액의 비율은 H_2O : CH_3COOH : NH_4F=6 : 5 : 1 정도가 사용된다.

종말점은 절연층에서는 아래가 실리콘 또는 다결정 실리콘(Poly-silicon) 이므로 물과 산화막, 그리고 실리콘과의 성질을 이용하여 sheet-off 현상을 통하여 확인 가능하다.

보호막의 아래는 Al 등의 금속으로 이루어져 있으므로 물에 의한 성질을 이용하여 종말점을 확인 할 수 없으며, 이로 인하여 오버 에치(Over etch)를 적용하여 시간을 조금 더 길게 적용한다.

Tip

Over Etch
식각 종료점(End Point)이 나타난 후에도 웨이퍼 전면의 박막두께 균일성과 식각 균일성을 고려하여 어느 정도의 식각을 더해주는 것

4) 질화 실리콘(Si_3N_4)

실리콘 질화막 식각의 경우는 150℃ 이상의 인산(H_3PO_4)용액을 사용한다. 인산은 웨이퍼를 오염시키고 점성이 높아 세척할 때 어려움이 많기 때문에 일반적인 용액과 대비하여 조금더 긴 세정시간을 가지는 게 안전하다.

오염방지를 위해서 습식 식각시의 도구는 Teflon 캐리어와 Quartz 용기를 사용한다.

인산용액을 이용하여 질화막을 식각할 때 PR을 마스크로 사용하게 되면 PR이 고온의 인산용액에서 들뜨게 되며, 또한 부풀어 지므로 대부분 열이나 CVD 방법을 이용하여 SiO_2를 얇게 올리고 이 후 PR을 도포하여 라오그래피(lithography)로 SiO_2 마스크를 만들어 SiO_2 마스크로 식각하게 된다.

Tip

리소그래피(Lithography)
극히 미세하고 복잡한 전자회로를 반도체 기판에 그려 집적회로를 만드는 기술

고온의 인산에서 질화막(Si_3N_4)의 실각율은 100Å/min이고, 산화막(SiO_2)는 10~20Å/min이며, 실리콘(Si)은 3Å/min의 식각율을 가지고 있다.

실제 질화막의 식각속도에 가장 큰 기여를 하는 용액은 H_2O이며, 장시간 사용시 반응에 의해서 H_2O의 소모가 발생하며 이로 인하여 질화막의 식각속도가 느려지며, 산화막은 식각속도가 빨라지는 경향을 가진다. 이런 이유로 실제 사용시 인산 용액과 물을 섞어서 사용하게 된다(사용 예 : 2000*ml* 인산에 200*ml*/day 물 첨가 → 155℃에서 40Å/min의 식각률).

인산 식각시 특별한 종말점이 없으므로(산화막 위에 질화막 증착) over etch가 필요하다. 그 이유는 질화막의 경우 박막 자체가 가지는 스트레스로 인하여 증착시 실리콘 기판의 변형을 야기하기 때문에 아래쪽에 얇은 산화막을 보호층으로 사용하는 경우가 많다. 따라서 식각을 진행할 때 오버 에치(over etch) 하더라도 선택성이 높은 산화막 보호층이 실리콘 기판을 보면서 공정하기 때문에 큰 문제가 따르지 않는다.

5) 다결정 실리콘(Poly-Si)

질화막의 경우처럼 PR이 표면에 잘 붙지 않기 때문에 500~1000Å의 산화막을 만들어 식각 마스크로 사용한다. 식각 용액은 일반적으로 불산(HF), 초산($CH_2H_3O_2$)과 질산(HNO_3) 혼합액을 사용하여 식각을 하게 된다. 이들 혼합액의 조성비에 따라서 식각률이 결정된다. 아래에 반응식을 나타내었다.

$$Si + HNO_3 + CH_2H_3O_2 + HF \rightarrow H_2SiF_6 + HNO_2 + H_2 + H_2O$$

질산은 다결정 실리콘과 반응하여 실리콘을 SiO2를 만드는 역할을 하고, 불산은 SiO_2와 작용하여 물과 H_2SiF_6를 생성하게 된다. 이때 생성된 H_2SiF_6는 물에 잘 용해되는 성질을 가지고 있다. 불산이 식각율을 결정하는 가장 큰 요소이다. 초산은 희석제로써의 역할 및 산화를 촉진시키는 촉매역할과 HNO_3를 보충해주는 완충제(buffering agent)의 역할을 함께 수행한다. 물(H_2O)로 교체되어 사용되기도 한다.

식각시 발열 반응을 일으킴으로 식각의 속도를 증가 시킬수 있으며, 이때 웨이퍼를 흔들어 주든가 용액을 휘저음으로 대신할 수 있다.

다결정 실리콘의 경우 대표적으로 gate 물질로 사용되며, 다결정 실리콘 아래층은 절연막이 위치하게 된다. 이로 인하여 식각진행시 다양한 색깔의 변화를 일으키는 실리콘 식각이 계속되다가 SiO_2 색이 보이게 되면 식각을 종료하면 된다. 그러나 over etch를 하게 될 경우 혼합용액속의 HF에 의하여 절연막의 손상이 생길 수 있으므로 주의가 필요하다.

또는 다결정 실리콘이 가지는 소수성의 성질과 실리콘이 식각이 되고난 후 나타나는 산화막의 친수성 성질을 이용하여 확인 가능하다.

6) 알루미늄(Al)

Al의 습식식각에도 산화제(Oxidant)로서 질산이 사용되며, 질산이 Al을 산화시켜 Al_2O_3 막을 형성하면 인산이 이를 식각해 가는 과정으로 식각이 진행되므로 식각율을 결정하는 것은 인산이 된다. Al의 습식식각 과정에서는 식각하는 동안 수소가스가 많이 발생하게 되는 특징이 있는데, Al 표면에 맺힌 수소기포에 의해 식각이 방해를 받게 됨으로써 현미경 관찰시 눈덩이(snowball) 같은 식각되지 않은 Al을 남기는 경우가 발생하므로, 이를 방지하기 위하여 계면활성제 등을 사용하여 표면장력을 줄여 용액을 표면에 퍼지게 하거나 웨이퍼를 용액 내에서 흔들어 주는 방법을 사용한다.

습식식각 공정은 낮은 비용, 높은 생산율, 높은 선택비 등의 장점 등으로 인하여 증착전 표면 세정(cleaning)이나, 건식식각에서 발생한 폴리머(polymer)의 제거공정 등 세정 단계에 많이 사용되고 있다.

식각액의 혼합비는 H_3PO_4 : HNO_3 : $HC_2H_3O_2$: H_2O=80 : 5 : 5 : 10 정도이고, 초산($HC_2H_3O_2$)은 질산의 분해를 감소시켜 산화알루미늄의 생성을 조절하고, 물(H_2O)은 식각 용액의 점성을 낮추고 산화알루미늄의 분해를 조절하는 역할을 수행한다. 종말점이 뚜렷하며 Al 두께 균일성도 알 수 있다.

3. 식각 공정 관련 전문용어(terminology)

1) 식각률(etch rate)

단위 시간 당 식각하고자 하는 물질이 어느 정도의 두께로 식각이 이루어지는지에 대한 정도를 나타내는 것으로, 식각 속도의 단위로는 nm/min, Å/min, Å/sec 등이 사용된다. 일반적으로 플라스마를 형성시키는 방법이 진공 상태의 일정 공간(chamber) 내에 반응성 가스를 주입시킨 후, 일정한 에너지(RF Power)를 주입된 가스에 인가시키는 방법을 택하게 된다. 여기서 식각 속도는 인가되는 PF power가 증가하면 증가할수록 식각율은 비례하게 증가된다. 또한, 주입된 가스의 유량에 따라서도 직접적인 영향을 받게 되며, 그 외에도 식각시의 압력, 전극간 간격(gap), 전극의 온도, 자기장의 세기 및 박막의 종류와 장비의 구성 형태 등에 의해서도 식각 속도는 영향을 받게 된다. 그림 4-3에 식각율 도해를 나타내었다. 식각한 깊이가 x이고, 식각시간이 t라면 아래의 식으로 식각율을 계산할 수 있다.

식각 속도의 각 변수들에 대한 의존성을 단순하게 표현하기에는 반응 자체가 복잡한 양상을 나타내기 때문에 실험적인 검증을 반드시 거쳐야 한다.

$$etch\ rate\,(E/R) = \frac{x}{t}$$

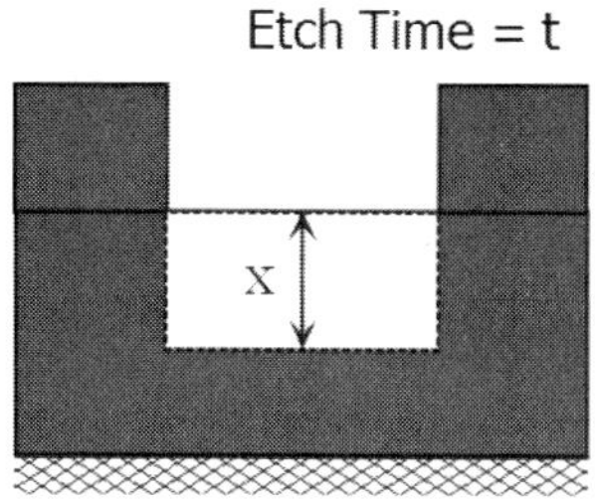

그림 4-3 식각율

2) 식각의 선택성(etch selectivity)

식각의 선택성이란 서로 다른 종류의 박막을 동일한 식각 조건하에서 식각할 때 각각의 박막에 대한 식각율의 상대적인 비를 의미한다. 즉 A라는 박막에 대한 식각속도를 EA라고 하고, B라는 또 다른 박막에 대한 동일한 식각 조건하에서의 식각 속도를 EB라고 할 때 선택비는 아래와 같은 식으로 나타낼 수 있다.

$$S_{A/B} = \frac{E_A}{E_B}$$

선택비는 아주 주요한 의미를 가진다. 일반적으로 건식식각으로 식각을 할 경우 습식에 비해서 선택성이 좋지 못하다. 하지만 식각을 담당하는 엔지니어는 식각율과 관련된 다양한 요소들을 잘 조합하여 식각하고자 하는 물질의 식각비는 높이고, 식각하고자 하는 물질 아래에 있는 물질에 대한 식각비는 가능한 한 낮추어야 한다. 그래야만, over etch를 하더라고 식각 대상물질이 아닌 막의 손상을 최소화할 수 있다.

3) 식각의 균일성(etch uniformity)

공정의 생산성을 결정짓는 식각률도 중요하지만 얼마나 균일하게 식각이 되는냐 하는 균일도(uniformity)또한 중요하다. 식각에 있어서 균일도는 평균 식각률의 두배에 대한 최대 식각률과 최서 식각률의 차이를 백분율로 나타낸 것이다. 아래에 균일성과 관련된 식을 나타내었다.

$$\text{Uniformity}(\%) = \frac{(\max.\,etch\;rate - \min.\,etch\;rate)}{(\max.\,etch\;rate + \min.\,etch\;rate)} \times 100\% \quad \text{or}$$
$$= \frac{(\max.\,etch\;rate - \min.\,etch\;rate)}{(2 \times \text{average etch rate})} \times 100\%$$

한 장의 웨이퍼 내에서 얼마나 균일하냐 하는 것(within 웨이퍼 uniformity)도 중요하지만, 한 장의 웨이퍼와 그 다음 웨이퍼간의 균일도(W/W uniformity : 웨이퍼 to 웨이퍼 uniformity), 앞선 공정과 뒤선 공정간의 균일도(R/R uniformity: run to run uniformity) 또한 아주 중요한 파라메터가 된다.

4) 이방도(Anisotropy)

식각공정에서 사진공정을 통해 형성된 마스크의 패턴에 맞게 얼마나 충실하게 식각이 이루어졌느냐를 판단하는 기준으로 이방도(anisotropy)를 흔히 이야기 한다. 이방도는 언더컷이 전혀 없을 때 1의 값을 가지고 언더컷의 크기와 아래방향으로 식각된 크기가 동일 할 때 그 크기는 0의 값을 가진다. 그림 4-4에 식각 방향성에 따른 비교를 나타내었다.

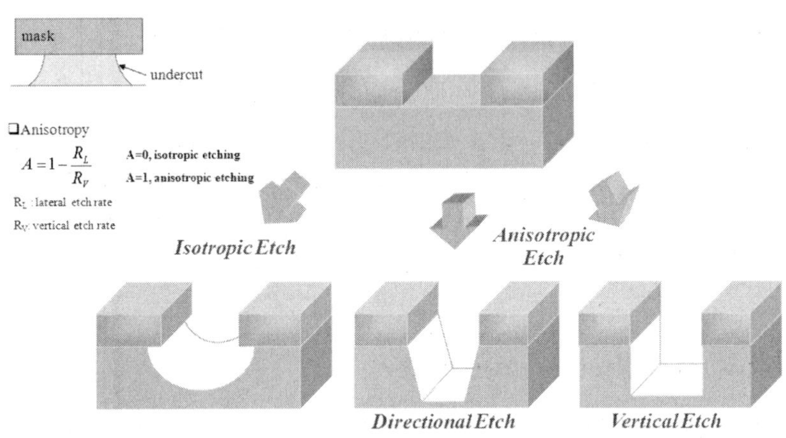

그림 4-4 식각 방향성에 따른 비교

5) 종말점 검출(End Point Detection)

식각공정에서는 통상 필름의 증착 균일성(deposition uniformity) 및 topography와 식각 균일성(etch uniformity)으로 인하여 적절한 식각공정의 진행을 위해 over etching을 실시하고 있으며, 과도한 over etching을 진행하게 되면 underlayer에 대한 attack이 증가하게 되므로, 상부의 박막 또는 일정량의 박막이 식각된 것을 정확히 모니터링하는 것이 요구되며, 이것을 종말점 검출(End Point Detection)이라 한다. 이는 보통 식각 공정이 계속 진행되고 있는 동안에도 웨이퍼의 상태 또는 플라즈마의 상태를 계속 monitoring 하여 변화가 감지되는 시점에서 식각공정의 중지 기준점(Stop Reference)로 활용한다.

그림 4–5에 공정 중 종말점을 확인할 수 있는 현상에 대해서 나타내었다. 그림에서 보면 식각이 끝나면 식각대상물질이 아닌 기판 물질이 검출되고, 에천트(etchant)도 반응에 거의 관여하지 않으므로 밖으로 다 나오게 된다.

Tip

에천트(Etchant)
에칭에 사용하는 액체 및 기체(플라즈마 포함)

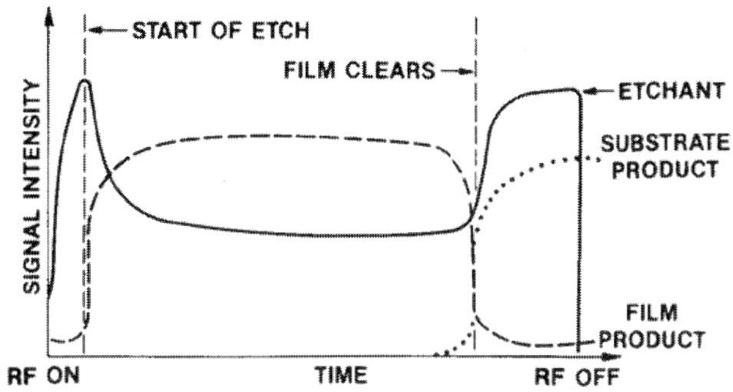

그림 4–5 식각시 장비장비 내부의 요인 변화

최근에 많이 사용되는 Optical Emission Method를 예로서 설명하면, 아래 그림에 나타낸 것과 같이 식각이 진행되면서 에천트(Etchant)는 식각반응에 참여하여 소모되므로 방출되는 빛의 양이 감소하게 되고, 식각층 전부 에칭되는 식각의 끝에서는 다시 원상태로 증가하게 되므로 이때를 종말점으로 검출하게 된다. 또한, 플라즈마가 식각하고자 하는 박막과의 반응에 의해 발생되는 반응 부산물의 광신호(Optical Signal)을 추적하는 것으로도 종말점을 검출하는 것이 가능한데, 즉 식각이 시작되면서 생성된 식각생성물의 광신호가 검출되다가 식각이 끝나게 되면 더 이상 식각생성물이 발생하지 않으므로 신호도 감소하게 되는 것을 이용한다. 이 방법에는 하부층과의 반응에 의해 형성되는 식각생성물의 광신호를 검출하는 방법도 사용된다. 그림 4–6에 optical emission method를 이용한 종말점 검출 원리를 나타내었다.

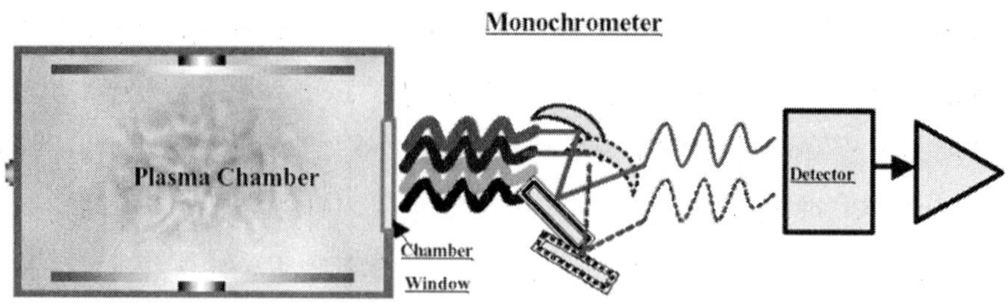

그림 4-6 optical emission method

이러한 EPD method에는 광신호를 사용하는 것 외에도, 웨이퍼의 표면 상태를 추적하여 기준을 잡는 방법인 Laser Interference Method (Laser Interferometry)가 있다. 이 원리는 플라즈마가 켜져 있는 상태에서 식각 공정이 계속 진행되면 초기에 노출되었던 표면의 박막이 식각되어 버리고 하층의 박막이 노출됨으로써 식각이 진행하는 동안 웨이퍼의 표면에 주사된 레이저의 시간에 따른 반사파의 강도를 측정하여 식각되는 박막의 간섭으로 인한 주기적인 함수로부터 강도 함수의 주기, 레이저 빔의 파장 그리고 식각박막의 굴절률 등을 고려하여 식각되는 박막의 식각도를 구하는 것이다. 또한 식각하고자하는 박막이 완전히 식각된 후 under layer의 하층 박막(substrate)이 들어나게 되면 굴절률 및 반사도의 차이로 인하여 intensity 함수의 변화, 즉 기울기의 변화로부터 종말점을 측정한다. 이러한 레이저 간섭 현상을 이용하는 방법은 웨이퍼의 표면에 주사된 레이저의 크기(beam size)에 따라 불필요한 박막까지 추적되는 경우가 생기게 되며, 특히 소자의 집적도의 증가에 따라 불필요한 부위에서 발생한 신호는 보다 정밀한 추적을 방해하게 된다. 또한 이러한 측정 방법은 웨이퍼의 부위에 따라 식각 속도의 차이를 고려하지 않고 레이저 빔의 측정 점을 기준으로 종말점을 검출하게 되는 문제가 있다.

이 밖에도 EPD method에는 pressure change, plasma impedance change, bias change, mass spectrometry를 사용하는 방법 등이 있다.

6) Loading Effect

부하 효과(loading effect)는 식각 공정 시에 발생하는 문제로써, 패턴 밀도(pattern density)의 차이에 따라 식각 속도가 달라지는 현상을 일컫는다. 패턴

밀도가 부위별로 다를 때는 식각해야 하는 면적이 차이가 나게 되어 동일한 플라즈마 밀도(plasma density)로 식각을 하게 되면 부분적으로 공급되는 etchant의 밀도가 반응 면적에 따라 달라지게 됨으로써 식각 속도의 차이를 직접 가져오게 되면 부하 효과(loading effect)가 발생 했다고 표현하게 된다.

Tip

플라즈마내에서는 전자의 평균밀도와 이온의 평균 밀도가 동일한데(중성입자의 밀도는 이들보다 훨씬 크다). 이것을 플라즈마 밀도(Plasma Density)라고 한다.

(1) Macro loading effect

open space에서는 동일한 식각률(etch rate)을 나타내기 위해서 더 많은 양의 etchant가 요구되기 때문에 동일한 플라즈마 밀도(plasma density)에서는 오히려 에천트(etchant)의 부족 현상이 발생하여 식각속도의 차이가 발생하게 되며, 이를 macro loading effect라고 한다. 그림 4−7에 macro loading effect 현상을 나타내었다.

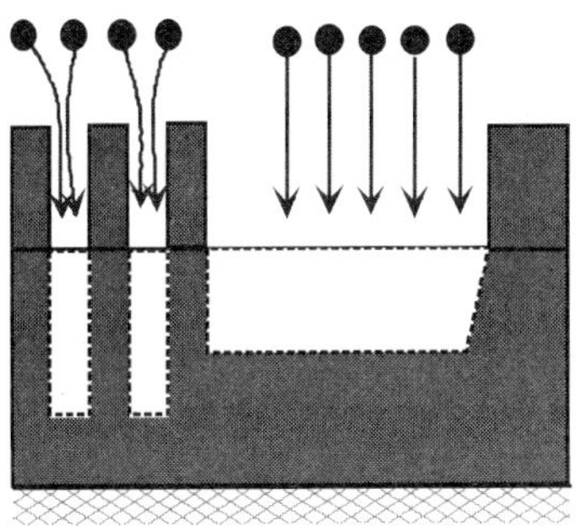

그림 4−7 Macro loading effect

(2) Micro loading effect

패턴이 매우 조밀한 지역과 패턴 밀도가 아주 낮은 지역과의 경계면에서 식각 속도의 차이가 나타나는 경우가 있는데, micro loading effect라고 불리우며 국부적으로 식각 영역의 크기(etching area size)가 다를 때 생기는 현상이다. 원인은 주로 압력이며, 부산물(by-product) 발생 정도에 따라 직접적으로 영향을 받게 된다. open size가 아주 적을 때는 상대적으로 반응 부산물이 웨이퍼의 표면에서 머물게 될 확률이 높아지게 되어 웨이퍼의 표면에 머물게 된 반응 부산물은 식각 공정의 활성도를 저해하게 된다. 따라서, micro loading effect의 특성을 개선하는 방법은 반응 부산물이 적게 생기게 하거나, 발생된 반응 부산물이 웨이퍼의 표면에서 적절히 제거하는 방법이 필요하다. 반응 부산물의 생성을 억제하는 방법은 선택도 저하 등 또 다른 문제점을 초래하기에 통상 후자의 방법을 택하는 바, 압력을 낮게 유지하는 방법을 사용한다. macro loading effect는 웨이퍼의 전체 표면적에서 식각해야 하는 면적의 비에 의해서 크게 영향을 받는 반면, micro loading effect는 식각하는 패턴의 크기에 의해서 직접 영향을 받는 차이가 있다. 또한, 부하 효과(loading effect)는 전체 분석 대상에서의 식각 속도 차이가 10% 이하일 때를 공정 적용 가능 한계로 보는 것이 통상적이다. 그림 4-8에 micro loading effect를 나타내었다.

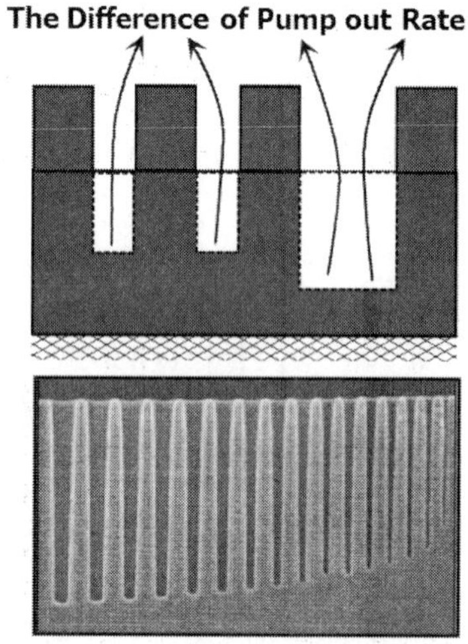

그림 4-8 micro loading effect

7) Etch bias

의미는 photolithography 공정을 거친 후 식각 공정을 행 할 때, 패턴 전사 시의 변화 정도를 뜻한다. 즉, 원하는 패턴을 masking layer를 통해 식각 하고자 하는 박막위로 전이 시킬 때의 변화를 의미하며, 단위는 길이를 사용한다. 원래 마스크 dimension보다 커지는 경우를 이득(gain)으로, 작아지는 경우를 손실(loss)이라 하며, 변화가 없는 경우를 no bias라 한다. etching bias는 식각 공정 시에 얼마나 패턴을 손실 없이 가공할 수 있냐를 판단하는 기준중의 하나이다.

8) Over Etch

over etching은 앞서 설명되었던 종말점 검출의 개념에 추가로 식각 되는 것을 말한다. 즉, 일정 두께의 박막을 식각하고자 할 때, 그 박막 두께만큼의 식각하는 것을 편의상 just-etching이라고 한다. 이때의 point를 종말점이라고 하며, 이에 반해 just-etching 후에도 계속 식각하는 경우를 over-etching이라고 한다. 증착 밀도(deposition uniformity) 및 식각 밀도(etch uniformity)를 고려할 때 over etching은 필수적이다. over Etching을 표현하는 방법에는 크게 percentage mode와 time mode로 나누어진다. 통상 percentage mode는 식각하고자 하는 박막의 두께가 불안정 할 때 주로 사용된다. 그러나, time mode의 경우 식각공정의 특성이 안정되어 있을 때 사용이 가능하다. 상기의 이유에도 불구하고 실제 공정을 사용 할 때는 실험과 검증 과정을 거쳐서 선택하는 것이 보다 효과적이다.

4. 건식 식각

1) 플라스마(Plasma)

플라스마는 물질의 제 4상이라고 불리운다. 우리가 일반적으로 알고 있는 물질의 3상은 고체, 액체 및 기체이다.

기체 상태에서 가열이나 방전에 의해 에너지를 더 가해주면 기체는 더 작은 입자인 원자, 이온, 전자 등으로 해리되고 이러한 입자들이 혼재하는 상태를 말한다. 그림 4-9에 물질의 3상의 상태와 플라스마를 비교하여 나타내었다.

플라즈마 상태는 전기적으로 준 중성상태를 유지하고 있으며, 다수의 전자(−)와 이온(+)들의 집합체이며, 집단운동을 한다.

Solid(1st State)	Liquid(2nd State)	Gas(3rd State)	Plasma(4th State)
Example Ice H_2O	Example Water H_2O	Example Vapor, Steam H_2O	Example Ionized gas: electrons and ions $H_2 \rightarrow 2H^+ + 2e^-$
Molecules fixed in lattice 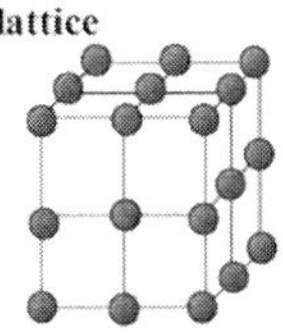	Molecules free to move 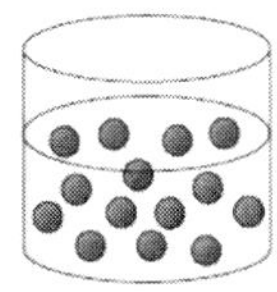	Molecules free to move (large spacing) 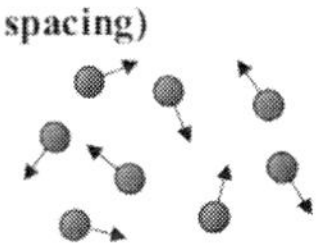	Ions and electrons move independently (large spacing) 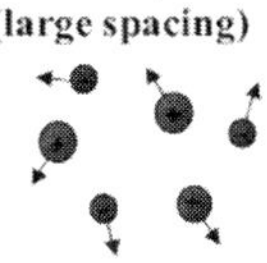
Condensed matter	Fluid systems (Navier-Stokes)	Fluid systems (Navier-Stokes)	Electromagnetic systems

그림 4-9 물질의 3상과 플라스마

일반적으로 플라즈마 내에는 이온, 전자 및 중성입자들이 존재하고 있으며, 일상에서의 관찰될 수 있는 플라즈마로는 형광등, 네온사인, 번개, 오로라 등이 있다. 그림 4-10에 플라스마의 반응성을 나타내었다.

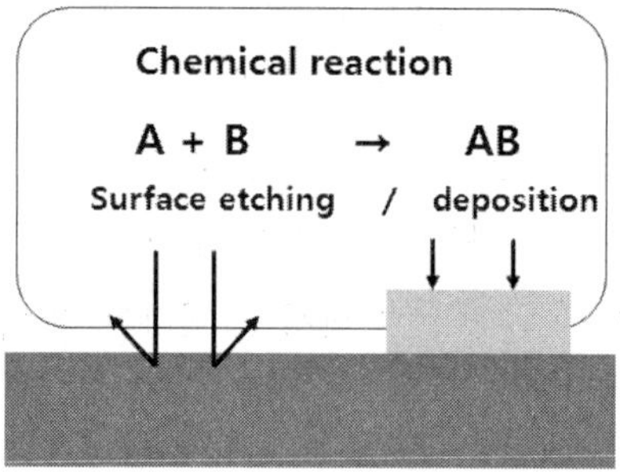

그림 4-10 플라즈마의 반응성

플라즈마는 전기에너지를 갖는 특별한 형태의 가스이다.

이온을 가속시켜 플라즈마와 닿는 매질 표면의 식각(etching), 증착(deposition), 주입(implantation)에 사용가능하다. 식각과 증착의 공정 흐름이 거의 동일하며, 다만 사용되는 가스가 어떠한 역할을 하는가에 따라 구분될 수 있다.

주입(Plasma Immersion Ion Implantation) 경우에도 플라즈마가 사용이 되는데 이는 소자의 크기가 작아지면서 게이트 길이가 좁아져 얕은 불순물 주입공정이 필요하게 됨에 따라 적용 되었다. 일반적은 implant 공정의 경우 이온을 가속화 시켜서 기판표면을 뚫고 주입되며, 이때 가해지는 에너지에 따라 깊이가 결정되는 형태이다. 또한 주입 후 확산 공정진행시 게이트 영역으로 침범하여 short-channel 효과를 발생시켜 소자의 특성에 영향을 주게 된다. 이로 인해 고안된 플라즈마 방식을 이온주입은 DC bias를 이용하여 플라즈마 상태에서의 양이온만을 당겨 기판표면 가까이 주입할 수 있어 쇼트 채널 효과(short-channel Effect)를 줄일 수 있다는 장점을 가진다.

TIP

짧은 채널 효과
(Short Channel Effect)
MOS 트랜지스터의 채널 길이가 3㎛ 미만일 때 생기는 현상으로, 임계 전압이 변화하고 큰 전기장이 걸리며 펀치 스루(punch through) 현상을 일으키기도 한다.

2) 건식 식각의 정의

건식 식각이란 플라스마와 반응성 가스를 이용하여 진행하게 된다. 먼저 식각에 필요한 반응성 가스를 챔버 내부에 주입하고 난 후 전기적 에너지를 가하여 기체상태의 가스를 제4의 물질상태인 플라즈마 상태로 만들게 된다. 이때 발생하는 이온과 중성입자를 이용하여 이온에 의한 물리적 반응과, 중성입자에 의한 화학적 반응을 통하여 내가 원하는 구조물의 형상 또는 패턴을 제작하는 것이 건식 식각이다. 그림 4-11에 건식 식각의 흐름을 나타내었다.

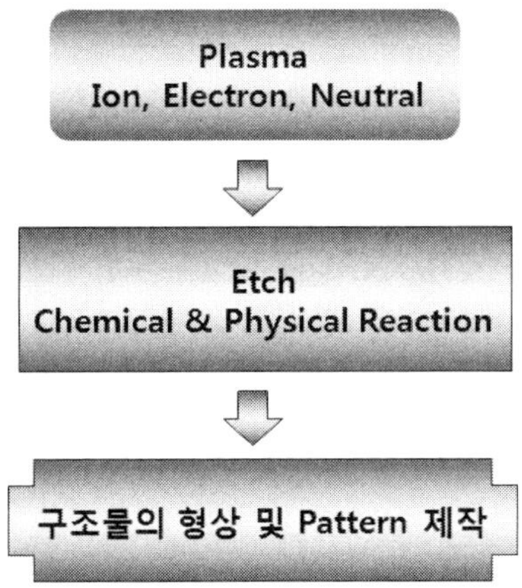

그림 4-11 건식 식각의 흐름

(1) 장점

이방성(anisotropic) 식각이 이루어져서 CD bias가 없으며, 화학약품을 식각에 사용하지 않으므로 화학약품 등의 폐기물 처리가 필요 없다. 또한, 공정의 재현성 또한 우수하다.

(2) 단점

앞에서 설명된 것처럼, RF power, 전극간 간격, 전극의 온도, 압력, 가스의 유량 등 여러개의 공정 변수가 복합적으로 작용하고, 복잡한 물리 화학적 반응이 관여하고 있으며, 이온충격이나 라디칼에 의한 기판 손상이 발생할 수 있다. 또한, 건식 식각이 어려운 물질이 존재(Fe, Ni, Co, Cu, Al_2O_3, …)하고 있다.

3) 건식 식각의 원리

건식식각은 챔버 내에 반응성 가스들을 주입한 후 RF를 이용하여 플라즈마를 생성 시킨다. 이때 발생한 이온과 neutral 을 이용하여 화학적, 물리적 반응을 일으키게 된다. 이때 물리적 반응은 이온에 의해서 주로 일어나고 이온의 전압차에 의한 가속으로 매질 표면을 때리게 하여 표면을 식각한다. 화학적 반응은 중성입자들이 매직표면과 화학적으로 반응하여 분해하는 방법으로 일어나게 된다. 따라서 식각 단면이 비등방성과 등방성의 식각을 모두 가능하게 할 수 있다. 이러한 반응을 그림 4-12에 나타내었다.

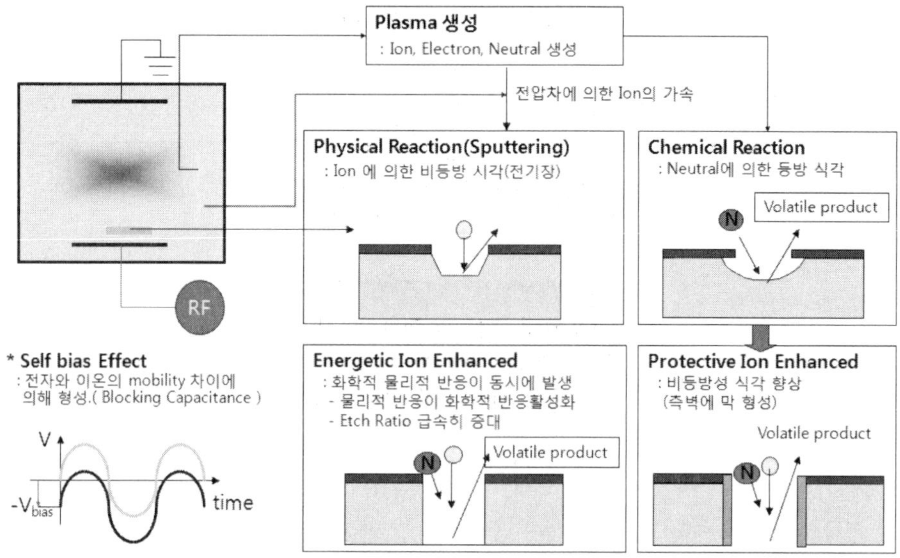

그림 4-12 건식식각의 원리

이러한 단일 반응에서 더 나아가 식각의 속도를 개선하고 수직식각단면을 만들기 위하여 물리적, 화학적 반응을 동시에 사용하기도 한다. 두 반응이 서로 상호보완 작용을 하기 때문에 식각의 속도를 높일 수 있고, 측벽에 폴리머 보호막이 형성되기 때문에 수식식각단면이 더욱 개선된 결과를 얻을 수 있다. 이러한 반응을 그림 4-13에 나타내었다.

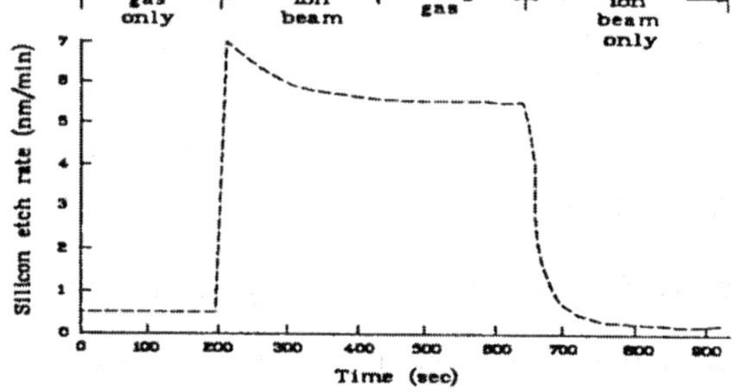

그림 4-13 반응성에 따른 식각률의 변화

4) 건식 식각 공정 관리

• CD(Critical Dimension)

식각공정에서 무엇보다 관리되어야 할 부분은 패턴의 크기이다. 반도체 공정에서 패턴의 크기에 유념해야 되는 공정은 포토리소그라피 공정과 식각공정이며, 포토리소그라피 공정의 경우 잘못된 부분을 수정 가능하지만 식각공정의 경우 수정이 불가능하기 때문에 더욱더 CD 관리가 필요하다. CD 불량인 샘플은 폐기밖에 방법이 없다. 이외에도 전문용어에서 거론된 식각율, 균일도, 선택비 등에 대한 관리 또한 필요하다. 그림 4-14에 건식식각 공정관리 항목을 나타내었다.

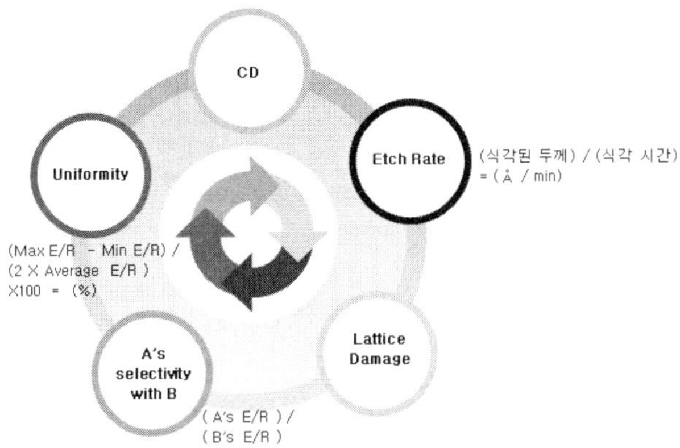

그림 4-14 건식 식각 공정 관리 항목

5) 건식 식각 장비의 종류

플라스마를 이용하는 다양한 건식 장치의 특징을 살펴보면 다음과 같다.

(1) Barrel Type

가장 단순한 구조의 플라즈마 식각 장치로 barrel type의 plasma reactor가 있다. barrel etcher에서 웨이퍼는 어느 전극(electrode)에도 놓이지 않고 원통형의 dielectric vessel(주로 Quartz)에 수십장씩 놓이게 되며, 플라즈마는 양단에 위치한 금속 전극(metal electrode)에 가해지는 RF power에 의해 형성된다. 이 때, etch tunnel이라는 cylindrical mesh에 의해 플라즈마 내의 energetic ion과 전자들이 차단되고, 오로지 웨이퍼 표면으로 migration한 neutral radical에 의한

chemical reaction에 의해 식각이 진행되기 때문에 습식식각과 마찬가지로 등방성 식각특성을 나타낸다. 현재 barrel Etcher는 앞서 설명한 등방성 식각에서의 undercutting현상 때문에 패턴ing을 위한 식각공정에서는 사용되지 않고 있으며, 한번에 많은 웨이퍼를 식각할 수 있음으로 높은 throughput을 가진다는 장점으로 식각공정 후 감광제(photo-resist)의 에싱(ashing) 공정 등에 주로 사용되고 있다. 그림 4-5에 barrel type을 나타내었다.

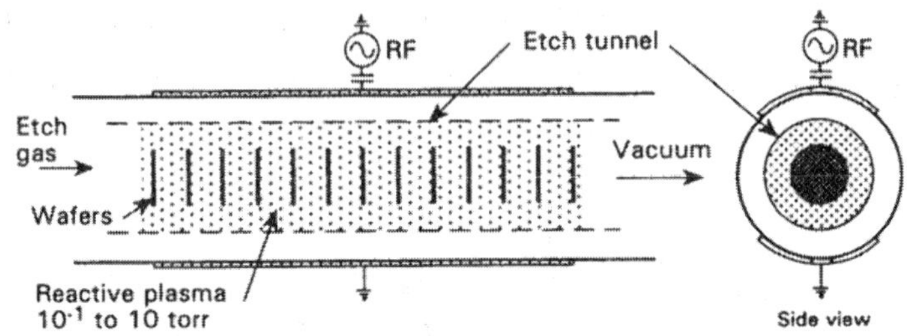

그림 4-15 Barrel type

(2) Plasma Type

평행 평판 구조의 애노드(anode)와 캐소드(cathode) 사이에 가스를 공급하고 고주파 전원을 가하여 글로방전(Glow Discharge)에 의해 가스를 이온화 시켜 플라즈마를 형성 시킨다. 사용 주파수는 글로 방전이 1 cycle 동안 유지될 수 있도록 충전 시간(10 ㎲)보다 작게 될 수 있는 최소의 주파수인 100KHz~13.56KHz 범위에서 chamber 구조에 따라 최대 이온화(maximum ionization)를 얻을 수 있는 주파수를 사용하나 일반적으로 400KHz, 2MHz, 13.56MHz 등이 주로 사용된다. 그림 4-16에 plasma type을 나타내었다.

> **Tip**
> 극히 낮은 압력인 0.5 mmHg 정도에서 기체를 수 cm 채운 방전관에 전극을 놓고 높은 전압을 가하면 전류가 흐름에 따라 글로(희미한 빛)가 발생한다.
> 이러한 현상을 글로방전이라 하며, 각 기체에 따라 특유한 색이 부드럽게 발광한다.

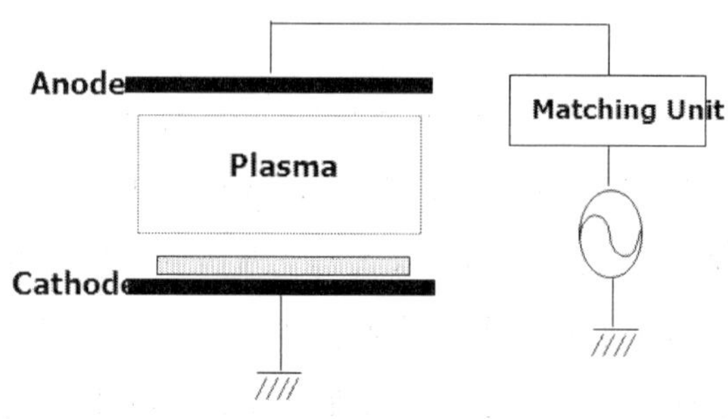

그림 4-16 plasma type

구조가 간단하고 식각 및 주로 라디칼(radical)에 의해 이루어지므로 기판의 물리적인 손상이 적다. 애노드와 캐소드 간의 큰 전압차로 빈번한 아크(arcing)가 발생하고 플라즈마 균일성(plasma uniformity)이 나쁘다. radical-induced 식각으로 식각률(etch rate) 및 해상도(resolution)이 낮고 등방성(isotropic) 식각 특성을 나타낸다.

Tip
라디칼(Radical)
화학변화가 일어날 때 분해되지 않고 다른 분자로 이동하는 원자의 무리이다.

(3) RIE Type

웨이퍼가 놓이는 전극에 주로 13.56MHz의 RF 전압을 인가하여 plasma중의 양이온이 plasma sheath를 통해 가속되게 함으로써 이방성(anisotropic) 식각 특성을 향상 시킨 구조이다. 특히 애노드와 캐소드의 면적비에 따라 기판 위에서 이온의 에너지및 plasma potential값이 조절된다. 또한 blocking capacitor를 설치하여 Self Bias에 의해 캐소드에 축적된 양전하기 고주파 전력 발생기(RF power generator)쪽으로 유입되는 것을 방지한다. 그림 4-17에 RIE type을 나타내었다.

Tip
도체 면 멀리서 플라즈마 이온에 의해서 형성된 전위를 plasma potential이라 한다.

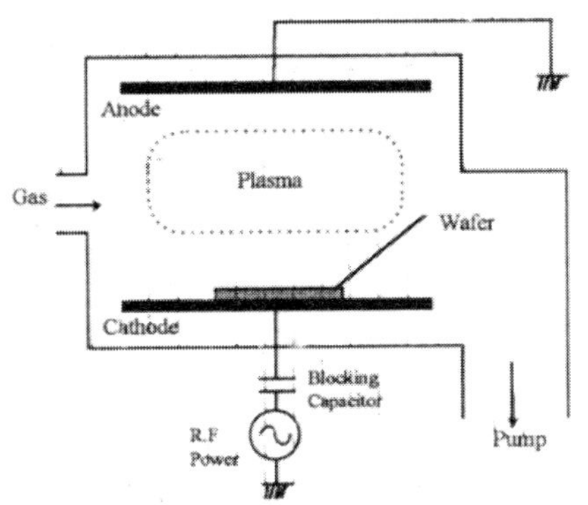

그림 4-17 RIE type

장치의 구조가 간단하고 비등방성 식각과 고 식각 해상도(resolution)가 가능하다. 가속된 Ion에 의해 웨이퍼 손상이 심하고, Wall 표면 손상및 polymer 누적 등의 문제가 있다. 파티클(particle) 발생 정도가 많아 chamber cleaning을 자주 실시해야 한다.

(5) MERIE Type

RIE 방식의 개량형으로 캐소드 측면에 자석(magnet)을 설치, 전기장(electrical

field)과 직교하는 자기장(magnetic field)을 형성함으로써 전자의 운동을 cycloidal하게 변화 시킴에 따라 가스 분자와 원자와의 충돌 회수가 크게 증가 플라즈마 밀도($10^{10}/cm^3$)가 증가 한다. 또한 이에 따라 사용 압력을 낮출 수 있고 이온도 충분한 에너지를 얻어 식각 특성이 크게 향상 된다. 그림 4-18에 MERIE type을 나타내었다.

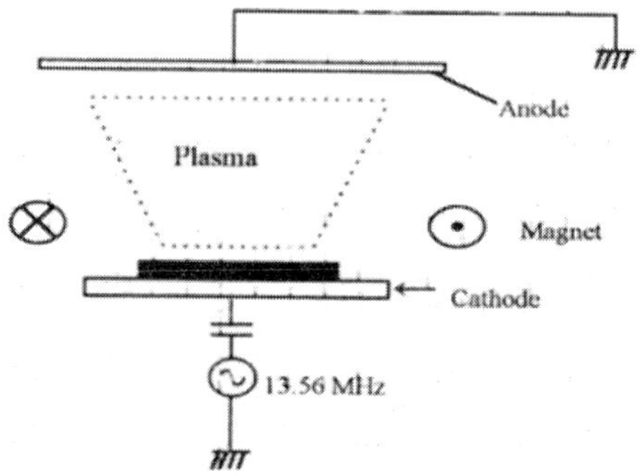

그림 4-18 MERIE

효과적인 이온화와 높은 이온 에너지로 식각률 및 profile anisotropy가 개선되었다. 자석 설치 등에 따라 장비가 복잡하고 대형화되었다. ion sputtering으로 인한 metal 파티클발생이 많고 chamber내부 부품의 life cycle이 짧다.

(5) ECR Type

chamber 외벽에 설치된 자석(875 Gauss)에 의해 플라즈마 내의 전자는 자기장에 따라 cyclotron 운동을 하게 되고 여기에 전자가 resonance 할 수 있는 micro-wave(2.45 GHz)가 인가됨으로써 전자의 에너지를 극대화 시켜 입자와의 충돌 횟수가 증가함으로써 고밀도 plasma를 형성 시키는 방식이다. 그림 4-19에 ECR type을 나타내었다. 저압에서 고밀도 플라즈마를 형성함으로 식각률 및 이온 방향성이 우수하고 낮은 전자 온도로 웨이퍼 손상 측면에서 유리하다. 자장 형성을 위해 장치가 복잡하고 크다. 전자의 electric field에 의한 제한된 확산 운동으로 대 구경 웨이퍼에서 균일성이 저하된다. 전자의 cyclotron motion으로 미세 패턴에서 측면 식각이 심해져 Profile 특성이 저하된다. 현재는 profile 개선을 위해 pulse ECR에 관한 연구가 활발히 진행되고 있다.

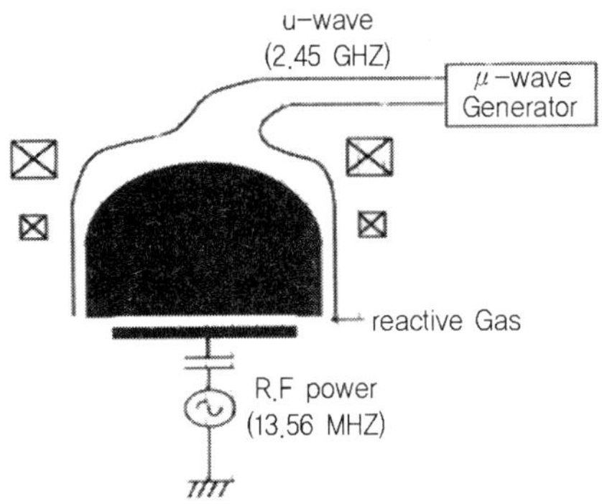

그림 4-19 ECR

(6) ICP Type

chamber 상부에 원형 또는 나선형으로 코일을 구성하거나(TCP) chamber 측면에 cylinder형태로 코일을 구성한(Helical) 시스템이다. 코일을 흐르는 전류에 의해 플라즈마 내에 induction성분이 유기되며 플레밍의 왼손 법칙에 따라 수직 방향의 magnetic field와 수평 방향의 전기장가 형성되고 skin depth외부에 형성된 전기장에 따라 전자가 회전 운동을 함으로써 가속되어 에너지를 얻어 플라즈마내로 유입되면서 가스 입자와 충돌, 고밀도 플라즈마를 형성한다. 그림 4-20에 ICP를 나타내었다.

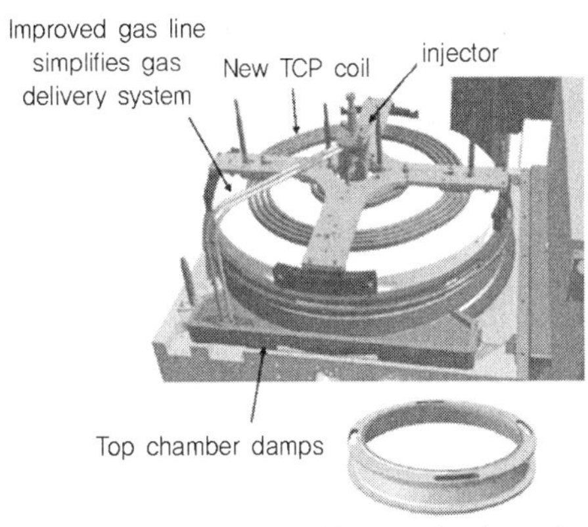

그림 4-20 ICP

Low Pressure에서 고밀도 플라즈마 형성으로 식각률이 높고 이온 밀도와 에너지를 별도 조절(손상 측면 유리)이 가능하다. Chamber 구조 간단 Compact하며 플라즈마가 넓고 균일하게 형성, 대구경화에 적절하다.

코일에 의해 Wall쪽으로 끌리는 이온과 전자의 영향으로 Wall에 Product가 축적되고 이것이 플라즈마 특성을 변화 시킬 수 있다(공정 재현성 저하).

(7) DSP Type

기존의 helical 플라즈마의 변형으로 gamma source라고도 부른다. 반구형 모양의 upper chamber에 코일을 구성한 시스템으로 기존 ICP에 비해 capacitive coupling 특성이 월등히 배제된 장치로 이온 에너지와 밀도의 독립적 조절 특성이 뛰어나다. upper chamber의 구형 정도에 따라 웨이퍼 상에서 플라즈마 밀도 균일도가 조절 될 수 있다. 그림 4-21에 DSP type을 나타내었다.

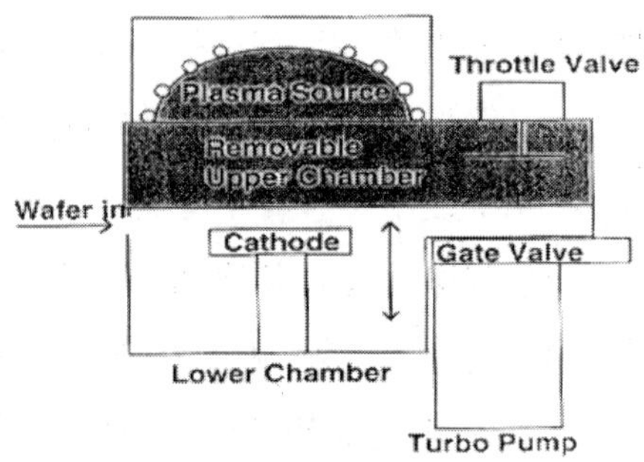

그림 4-21 DSP

이온 밀도와 에너지를 별도 조절 할 수 있다(손상 측면에서도 유리). chamber 구조 간단, 플라즈마가 넓고 균일하게 형성, 대구경화에 적절하며, 기존의 ICP 장비와 같이 벽에 product가 축적되고 이것이 플라즈마 특성을 변화 시킬 수 있어 공정 재현성 저하가 유발될 수 있다.

6) 건식 식각 조건

(1) Si, Poly-Si Etch

건식 식각의 조건 중 실리콘과 다결정 실리콘의 식각은 염소 가스의 사용으로 이루어진다. 염소가스가 박막과 화학적인 반응을 통하여 분해하게 되고 이로 인하여 박막이 식각되는 방법이다. 이때 불소계열의 가스를 함께 사용하는 경우가 있는데 이는 식각양이 많은 공정(예 : STI 공정에서 Si trench 를 형성하는 공정)

에 사용하고 있다. 또한 첨가 가스로 산소를 넣어줄 수 있으며, 이때 산소의 역할은 산소가 불포화종과 반응하여 할로겐 원소를 release 시키고 불포화종을 억제할 수 있으며, 산소가 중성 radical과 반응하여 할로겐 원소를 release 시킴으로 식각률을 개선 할 수 있다. 그림 4−22에 검식 식각에 사용되는 가스류를 나타내었다.

그림 4-22 건식 식각에 사용되는 가스류

식각에서의 반응식은 아래와 같다.

$$Si + 4F \rightarrow SiF_4$$

$$Si + 2Cl_2 \rightarrow SiCl_4$$

표 4-1 Poly Si etch recipe

Step	Press (mT)	Power (W)	Mag. Field (G)	CF_4 (sccm)	HBr (sccm)	Cl_2 (sccm)	Time (sec)
ST-BT	100	0	0	35	0	0	10
BT	100	250	0	35	0	0	5
STB	100	0	40	0	15	30	30
ME	100	300	40	0	15	30	60
Pump	0	0	0	0	0	0	30

- 초기 1번과 2번 스텝은 실리콘 위에 있을 수 있는 자연산화막의 제거용으로 사용되는 조건이며, 3~5 번이 실재 메인 실리콘을 식각하는 조건임
- 자연 사화막을 제거하는 공정 스텝이 없을시 원하는 실리콘을 식각하는데 변수로 작용할 수 있기 때문에, 꼭 필요한 스텝중의 한 가지임
- 메인 식각 공정에서 첨가되는 HBr 이라는 가스는 옥사이드와의 선택비를 증가시키는 목적의 가스임

(2) SEM image

그림 4-23은 식각 후 소자의 불량을 보여주고 있다 전반적으로 CD의 크기가 일정하지 않기 때문에 나타나는 불량들이며, 이를 개선하기 위하여 위 레시피(recipe)를 적절하게 조절하여 공정을 설정하게 된다.

그림 4-23 Poly-Si 식각 후 SEM image

(3) SiO_2 & Si_3N_4 Etch

산화막과 질화막은 불소계열의 가스를 사용하고 있다. 이때 첨가 가스로는 수소와 산소 등을 사용할 수 있으며, 수소는 실리콘과의 선택비를 개선하며, 산소는 식각율을 개선할 수 있는 장점을 가진다. 그러나 산소의 경우 너무 많은 양의 첨가는 자칫 PR의 부식이나 기판의 산화 등의 부작용을 일으킬 수 있음을 유념해야 한다. 그림 4-24에 식각에 사용되는 가스류를 나타내었다.

그림 4-24 식각에 사용되는 가스류

식각에서의 반응식은 아래와 같다.

$$SiO_2 + 4F \rightarrow SiF_4 + O_2$$

$$SiO_2 + CFx \rightarrow SiF_4 + CO_2$$

$$Si + C \rightarrow SiC$$

(4) 첨가 가스의 반응

① H_2(CxF$_2$x(불포화종)의 증가로 polymer 촉진에 의해 Si과의 선택비 개선)

$$H + F \rightarrow HF$$

$$CF_4 + H_2 \rightarrow HF + C_2F_4$$

② O_2(polymer를 억제하여 E/R 개선)

$$C + 2O \rightarrow CO_2$$

$$O, O_2 + CxF_2x \rightarrow COF_2, CO, CO_2 + F, F_2$$

③ PR 부식, 기판 산화 등의 부작용이 발생 할 수 있음

(5) Oxide Etch Recipe

Step	Press (mT)	Power (W)	Mag. Field (G)	CHF_3 (sccm)	CF_4 (sccm)	Ar (sccm)	Time (sec)
STB	30	0	50	30	5	90	15
ME	30	600	50	30	5	90	60
Pump	0	0	0	0	0	0	15

산화막과 질화막의 경우는 불소 계열의 가스를 사용하게 된다. 이때 불활성 가스로 Ar 또는 He 등을 사용할 수 있다. 불소 계열의 가스는 이때 화학적인 반응을 통하여 박막을 분해하게 되고, 불활성 가스들은 양이온화 되어 DC bias에 의해 가속되어 박막을 물리적으로 때려서 뜯어내는 작용을 하게 된다.

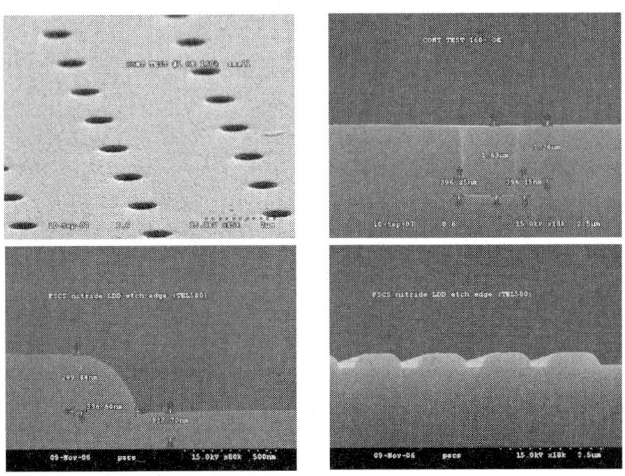

그림 4-25 oxide 식각후 SEM 사진

그림 4-25는 일반적인 산화막 식각공정 후의 SEM 영상들이다. 위쪽은 금속 증착을 위한 contact hole을 형성한 공정이며, 이 공정은 나중에 contact 저항과도 관계가 있기 때문에 각별히 주의해야 되는 공정이다. 그림 4-25의 아래 영상들은 LDD(Lightly Doped Drain)를 형성한 모습이다.

TIP
LDD(lightly doped drain)이라는 구조를 사용하여 불순물 도핑 농도를 국부적으로 줄여서 전계를 조금이나마 줄일 수 있다.

표 4-3 Si_3N_4 etch recipe

Step	Press (mT)	Power (W)	Mag. Field (G)	CHF_3 (sccm)	O_2 (sccm)	Ar (sccm)	Time (sec)
STB	30	0	30	25	5	70	15
ME	30	600	300	25	5	70	60
Pump	0	0	0	0	0	0	15

일반적으로 산화막과 질화막은 공정시 조건이 거의 유사하다. 그래서 두 박막은 식각도중 선택성이 아주 낮게 나타나게 된다. 그러나 질화막의 경우 산화막과 한 가지 차이점이 있으며, 이는 산소의 첨가이다. 질화막의 경우 식각 중 부산물로서 발생하는 탄소의 배기가 어려워 샘플 표면에 남아 있게 되고, 이로 인하여 식각을 방해하는 요소로 작용하게 된다. 따라서 미량의 산소를 첨가하여 탄소를 제거 하고, 이로 인해 식각율을 일정하게 유지 할 수 있다. 그러나 너무 많은 양의 산소첨가는 가령 PR의 분해, 또는 기판의 산화를 초래할 수 있기 때문에 적절한 양을 조절 하여야 한다.

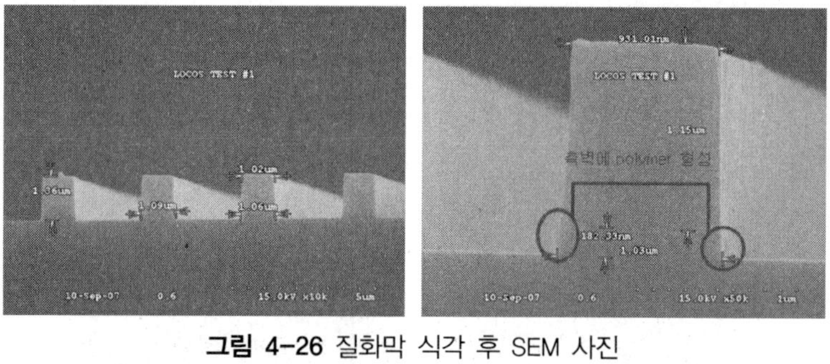

그림 4-26 질화막 식각 후 SEM 사진

그림 4-26은 질화막을 식각한 후의 SEM 영상들이다. 공정으로는 LOCOS를 형성하기 위한 초기단계이다. 영상을 자세히 보면 오른쪽 영상의 경우 측벽에 polymer가 쌓여 식각의 단면이 깨끗하지 못한 것을 볼 수 있다. 이를 해결하기

위하여 위에서 언급했듯이 미량의 산소를 첨가하여 공정개선이 가능하다.

7) Oxygen Plasma Etching of PR(PR Ashing)

건식 식각공정에서 PR을 마스크로 사용하여 식각을 진행하게 되면 기판의 온도 상승, 이온 충격, Etch product에 의한 PR 변질될 수 있다. 이로 인해 PR이 일반적인 화학약품에 쉽게 제거되지 않는 경우가 발생하게 된다. 이때 사용하는 공정이 PR ashing 공정이다. 이 공정은 그림 4-27에서 확인할 수 있듯이 산소 플라즈마를 사용하는 공정이며, 산소가 탄소 간 결합을 random하게 절단함으로써 PR을 분해하게 된다. 이때 산소의 압력에 대략 비례하는 PR etch rate가 결정되게 된다. 그러나 역시 산소를 사용한 공정이기 때문에 기판의 산화, 또는 금속의 산화를 초래 할 수 있기 때문에 주의가 필요하다. 사용의 예로 PR ashing 공정과 화학약품을 이용한 PR 제거 공정을 병행하여 사용하기도 한다.

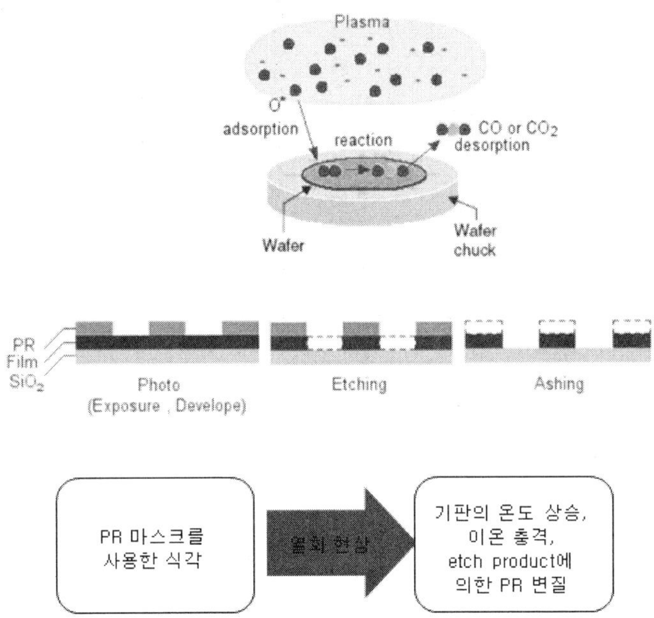

그림 4-28 플라스마를 PR ashing과 PR의 변형 원인

7) Deep Si etcher

플라즈마를 이용한 건식식각법에서, 이온을 가속시켜 식각을 행하므로 이온의 방향성에 의해 보통 이방성 식각결과가 얻어지지만 미세한 패턴이나 종횡비(aspect ratio)가 높은 구조체를 식각할 때는 가속되는 이온과 반응생성물 등의 충돌로 인해, 또는 라디칼의 측벽에의 흡착에 의해 원하지 않는 언더컷(under cut: 마스크 아랫부분이 식각되는 현상) 등이 발생할 수 있다. 이러한 것을 방지하기 위하여 식각에 필요한 가스 이외에 부가적으로 식각측벽에 보호막을 생성할 수 있는 가스를 동시에 유입함으로써 좀 더 완전한 이방성 식각이 가능해지도록 할 수 있다. 식각된 기판의 측벽뿐만 아니라 하부면에도 동시에 보호막이 형성되지만 아랫방향으로의 방향성을 가지고 때리는 이온에 의해 아랫방향으로는 계속 식각이 진행되지만 측벽은 보호막에 의해 보호 될 수 있는 것이다. 장치의 특징을 살펴보면 다음과 같다.

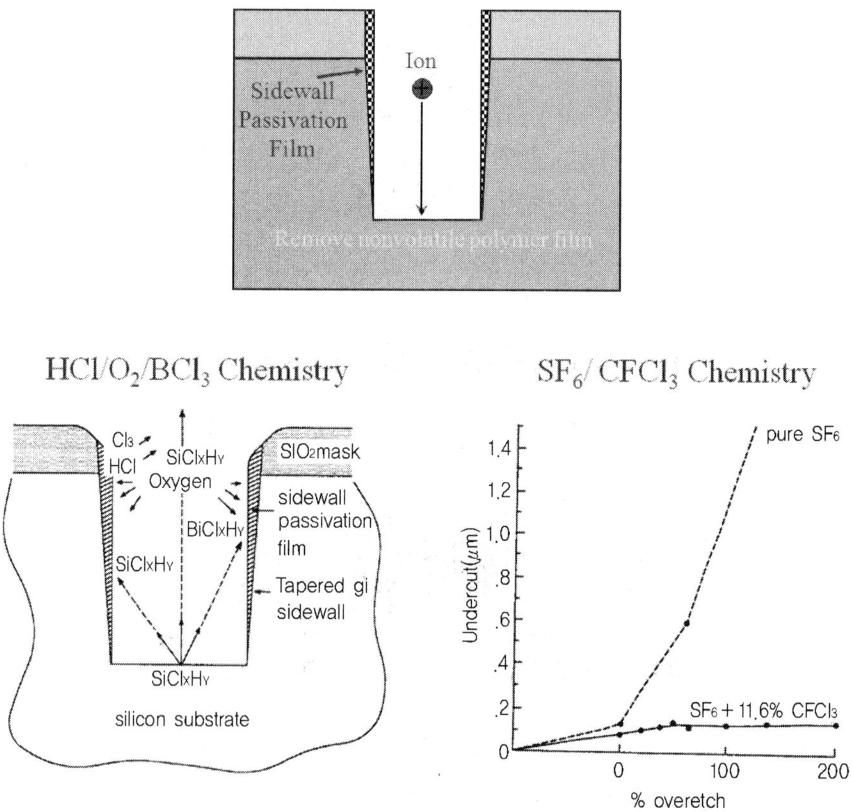

그림 4-29 측벽 보호막 생성 가스 사용 및 비사용시 관계

그림 4-29는 식각가스만 유입했을 때와 측벽 보호막 생성 가스를 동시에 주입했을 때의 언더컷 발생 정도를 비교하고 있다. 실리콘 식각 가스인 SF6만 주입했을 때는 식각시간이 길어질수록 언더컷 발생이 현저해짐(점선)을 볼 수 있는 반면 보호막 형성가스인 CFCl3 가스를 동시에 넣었을 때는 장시간 식각을 진행하더라도 언더컷이 어느 정도 이상은 진행되지 않음을 실선 영역으로 관찰 할 수 있다.

• 보슈법(Bosch Process)

식각 가스와 보호막 증착 가스를 동시에 주입하는 방법 이외에 두 종류의 가스를 정해진 싸이클로 번갈아가면서 주입해 주는 방법이 최근에 많이 사용되고 있는데, 이러한 공정을 보슈법이라고 한다. 식각가스가 정해진 시간동안 주입되는 동안에는 왼쪽 하단 그림과 같이 식각만이 일어나고 보호막 형성 가스를 주입하는 동안에는 기 식각된 표면에 보호막이 형성된다. 다음 싸이클에서 다시 식각 가스가 들어오면 식각부 하단 부분에서만 식각이 일어나서 식각이 계속적으로 진행이 된다. 이 공정의 장점은 식각가스, 보호막 가스를 동시에 주입해 주는 공정에 비해 식각속도가 빨라 생산성이 높고 고 종횡비의 구조물 제작이 용이하다는 것이다. 단점으로는 식각과 보호막 형성이 번갈아 가면서 일어나는 고유한 특성 때문에 우측 하단 그림/사진과 같이 언더컷이 발생한다는 것과 스캘럽(scallope)이라고 하는 울퉁불퉁한 식각면이 형성이 된다는 것이다. 그림 4-30에 Bosch 공정를 나타내었다.

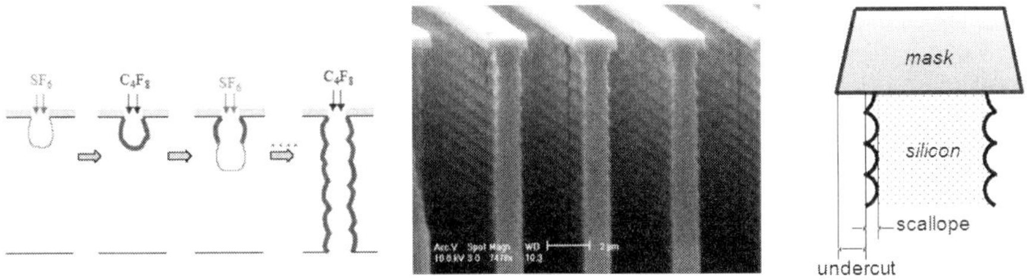

그림 4-30 Bosch 공정

식각가스와 보호막 가스를 번갈아 주입하는 Bosch 공정의 고유한 특성 때문에 스캘럽(scallope)의 형성은 피할 수 없지만 형성되는 스캘럽의 크기를 최소화 해 줄 수 있도록 공정조건을 제어해야 한다.

스캘럽의 크기는 식각 싸이클 타임과 보호막 증착 싸이클 타임의 비(ratio), 그리고 Total cycle time 즉 두 가스주입의 주기에 의해서 결정이 된다.

total cycle time이 짧아질수록 스캘럽 크기는 작아지지만 식각속도 또한 함께 줄어 들게 되므로 응용에 따라 그 공정조건을 최적화 할 필요가 있을 것이다. 또한 스캘럽 크기를 최소화 하기 위해서 가스 주입의 싸이클 타임을 무조건 최소값으로 셋팅 했다 하더라도 장비의 하드웨어가 그 셋팅 값을 따르지 못한다면 오히려 더 나쁜 결과를 초래 할 수 있으니 주의해야 한다.

요 약

- 식각은 습식이나 건식식각을 이용하여 식각함으로써 사진공정으로 형성된 패턴을 기판으로 옮기는 과정이다.
- 식각공정은 건식 식각과 습식 식각이 있다. 습식 식각은 용액으로 식각하는 방식이며, 건식 식각은 반응성 가스와 플라스마를 이용한 식각법이다.
- 습식 식각은 용액을 이용하여 식각을 하기 때문에 등방성 식각을 하여, 식각액 사진공정에 의해서 정의된 패턴 크기대로 식각이 이루어지지 않는다는 단점을 가지고 있다. 하지만 선택성이 뛰어나 패턴 형성이 필요 없는 막의 식각에는 많이 활용이 되고 있다.
- 건식 식각은 반응성 가스와 플라스마를 이용하여 식각을 하며, 이방성 식각을 하기 때문에 사진공정에 의해서 정의된 패턴 크기대로 식각이 이루어진다는 장점이 있다. 하지만, 선택성인 습식보다 좋지 못하다.
- 식각이 끝난 점을 종말점(end point)라고 하며, 이 종말점을 이용하여 식각이 완료되었음을 알 수 있다.
- 식각율은 단위 시간당 식각 되는 정도를 나타내는 단위이다.
- 선택성은 식각 대상 물질과 식각 비대상 물질간의 식각율의 차이를 의미한다. 가능하면 선택성이 큰 것이 좋다.
- 식각의 균일성은 기판내에서의 얼마나 고르게 잘 식각이 동일하게 이루어졌는지의 정도를 나타낸다. 한 장의 기판내, 웨이퍼간, 혹은 공정간 균일도로 나누어 공정이 관리된다.
- 종말점을 검출하는 방법으로는 optical emission method, laser interference method, plasma impedance change, mass spectrometry 등이 있다.
- loading effect는 기판에 형성된 패턴 density의 차이에 따라 식각 속도가 달라지는 현상을 말하며, macro loading effect와 micro loading effect가 있다.
- 건식 식각공정은 반드시 over etch를 수반한다.
- 건식 식각에 사용되는 장비의 내부 구성으로 분류하면, barrel type, RIE, MERIE, ECR, ICP 등이 있다.
- R ashing이란 식각과정에서 변형된 PR을 산소 플라스마를 이용하여 재로 만들어 버리는 과정으로 PR을 마스크 물질로 사용한 이온 주입 후 PR 제거에도 활용된다.

연습문제

01 Plasma의 원리에 대해서 생각해 보자.

02 건식 식각 공정에서 식각률에 영향을 미칠 수 있는 인자들에 대해서 논의해 보자.

03 식각물질별 식각하기 위해서 사용할 수 있는 가스 종류에 대해서 생각해보자.

04 건식 식각 공정시 공정전과 공정후의 PR의 상태를 비교해 보라.

05 습식 산화된 field oxide를 식각하였다. 만약 건식 산화된 막을 같은 조건으로 식각한다면 그 결과는 어떻게 될지 논의하시오.

06 식각 상태를 확인할 수 있는 방법을 설명하시오.

07 건식 식각과 습식 식간의 장단점을 설명하시오.

08 식각 과정에서 CHF_3에 O_2 가스를 추가하면 그 추가되는 양에 따라서 어떤 현상이 일어날지 설명하시오.

09 박막 별로 습식 식각액을 조사해보자.

10 loading effect 별로 이를 개선하기 위한 방법에 대해서 설명하시오.

확 산
(Diffusion)

05 Chapter

05
Chapter

확 산
(Diffusion)

학습포인트 확산에 대한 기본적인 개념과 열확산과정에 대한 이해 및 이온 주입장치에 대한 기술적인 이해를 하여야 하며, 열확산과정에서 발생되는 문제점과 이온주입과정에서 발생될 수 있는 다양한 공정상의 문제점을 인식할 수 있어야 하며, 불순물 확산에 따른 그 결과를 분석 평가할 수 있어야 한다. 또한, 열확산에 사용되는 전기로와 이온 주입장치에 대한 이해 및 이에 대한 유지 및 보수 관리 대한 내용을 이해하고 활용할 수 있는 능력을 키워야 한다.

- 확산과정 전반에 대해서 이해한다.
- 이온 주입과정에 대해서 이해한다.
- 열확산 과정에서 사용되는 전기로와 이온주입장치의 구성 및 사용방법을 이해해야 한다.

1. 불순물 주입

1) 용어 설명

(1) Doping이란?

반도체(Semiconductor)의 전기적 특성을 변화시키기 위해 Thermal diffusion, 또는 Ion implantation에 의해 인위적으로 불순물(dopant)을 주입하는 것을 말한다. 즉, 전기전도도 변화를 위하여 반도체 결정에 의도적으로 원하는 불순물을 첨가하는 공정을 Doping 공정라고 한다.

(2) 불순물(Dopant)

불순물에는 두 가지 종류가 있다. 1장에서 일부 언급되었지만, 실리콘을 대상으로 했을 때에 대해서 설명하면 3족과 5족 원소가 불순물로 사용된다. 아래에 불순물 종류를 정리하여 나타내었다.

① Donor

무엇인가를 준다는 의미를 가지는데, 여기서는 실리콘에 자신이 가지고 있는 잉여 전자를 주는 원소를 통칭하고 있다. 즉, 실리콘에 자유전자(Free electron)를 내어놓아서 n형 반도체(n-type semiconductor)를 형성하게 된다.

아래의 5족 원소 중 인(P)이나 비소(As)는 불순물로 사용이 많이 되지만, 안티몬(Sb)는 BJT 제조시의 콜렉터(Collector)의 직렬 저항을 줄이기 위한 매립층(buried layer) 형성에만 주로 사용된다. 그 이유는 안티몬(Sb)가 확산계수(diffusivity)가 낮아 잘 확산되지 않기 때문이다.

(Si에서 V족 원소 : P, As, Sb, …)

② Acceptor

무엇인가를 받는다는 의미를 가지는데, 정공을 내어 놓는다고 표현 하는 경우가 많이 있지만, 이런 표현보다는 자신의 빈 자리로 실리콘이 가지고 있는 전자를 받아들인다는 의미로 알아 두는 것이 좋겠다. 즉, 전자를 받아서 실리콘에 정공(hole)을 만들어 p형 반도체(p-type semiconductor)를 형성하게 된다. 아래에 3족 원소가 여러개 열거되어 있지만, 일반적으로 붕소(B) 이외에는 잘 사용되지 않는다.

(Si에서 III족 원소 : B, Al, Ga, …)

2) n형 반도체

실리콘에 5족 불순물을 주입(doping)하면 이웃한 4개의 실리콘과 5족 원소가 서로 결합하고 하나의 잉여의 전자가 생기므로 이온화가 용이해 진다. 주입된 불순물(dopant)이 이온화되어 양이온이 되면서 전자가 발생하여 실리콘 결정에 전자를 공여(donor)하게 되며, 이렇게 전기적으로 음성인 전자가 전기 전도에 기여하는 형태를 N(negative)형 반도체(n-type semiconductor)라고 한다. 그렇다고 해서 실리콘이 음의 전하를 띠는 것은 아니다. 양이온과 전자가 같이 공존하고 있으므로 전기적으로는 중성 상태에 있다. P형 반도체의 경우도 마찬가지다.

5가의 원자인 인(P)을 실리콘(Si) 원자에 넣었을 경우 공유결합의 모습과 그 때의 에너지 밴드를 아래 그림에 나타내었다. 인(P)이 들어감으로써 전자 하나가 공유결합을 하지 못하고 과잉이 된다.

에너지 밴드 그림에서 보면 인(P)은 실리콘 결정 속에 첨가됨으로써 '도너 준위(donor level)'라 불리는 에너지 상태가 실리콘(Si)의 금지대 속에 생기며 이 '도너 준위'는 전도대 바로 아래에 생성되므로 상온의 열에 의해서도 쉽게 이온화되고 전자가 전도대로 올라가서 자유전자가 됨으로 실리콘이 전기를 잘 흘릴 수 있다. 즉 전기전도도가 상승한다. 이와 같이 자유전자를 가하는 물질 즉, '도너(donor)'를 첨가하여 자유전자가 많이 있는 반도체를 N형 반도체(n-type semiconductor)라고 한다. 그림 5-1에 실리콘 격자내로 인이 결합되어 있는 형태와 인(P)에 의해서 형성된 불순물 준위를 나타내었다.

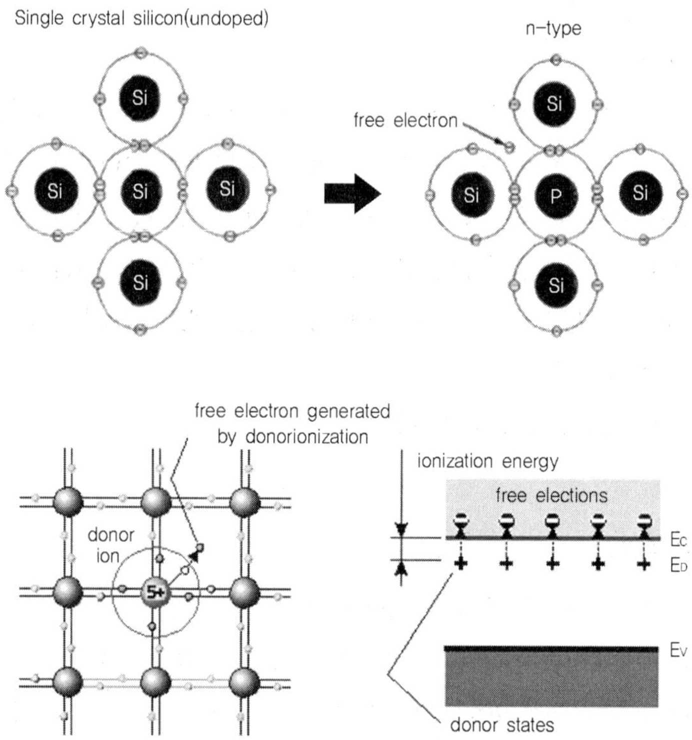

그림 5-1 N형 실리콘의 결합 형태와 에너지 갭내의 불순물 준위

3) p형 반도체

실리콘에 3족 불순물을 주입(doping)하면 이웃한 4개의 실리콘과 공유결합하기에는 전자가 하나 부족하므로 음(−)으로 이온화가 된다. 불순물(dopant)가 이온화되어 음이온이 되고 정공이 발생하여 결정으로부터 전자를 수여(accept)하게 되며, 이렇게 전기적으로 양성인 정공(hole)이 전기 전도에 기여하는 형태를 P형 반도체(n-type semiconductor)라고 한다.

그림 5-2에 실리콘 격자내로 붕소가 결합되어 있는 형태와 붕소(B)에 의해서 형성된 불순물 준위를 나타내었다.

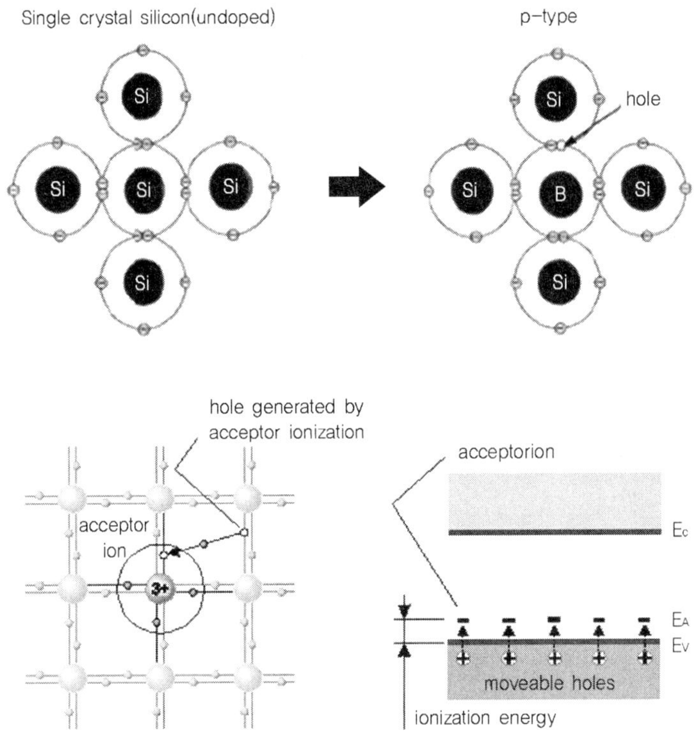

그림 5-2 P형 실리콘의 결합 형태와 에너지 갭내의 불순물 준위

3가의 원자인 붕소(B)를 실리콘(Si) 원자에 넣었을 경우 공유결합의 모습과 그 때의 에너지 밴드를 위에 나타내었다. 붕소를 첨가했을 경우 가장 외곽의 전자는 7개가 되고 1개가 결여된 상태로 된다. 이 빈 궤도에는 실리콘 원자 내에 있는 전자가 쉽게 이동할 수 있으므로 이 빈 곳을 사용하면서 전자가 이동할 수 있게 된다. 이것을 정공(hole)의 관점에서 살펴보면 전자가 움직이고 있는 것이 아니라 양(+)의 전하가 움직이고 있는 것처럼 보이는데 이러한 양 전하를 '정공(hole)'이라 부르며 전자와 마찬가지로 전기 전도를 증가시키는데 기여한다.

에너지 밴드 그림에서 보면 붕소(B)는 실리콘 결정 속에 첨가됨으로써 '억셉터 준위(acceptor level)'라 불리는 에너지 상태가 Si의 금지대 속에 생기며 이 '억셉터 준위'는 가전자대 바로 위에 생성되어 실리콘 원자내의 전자가 가전자대에서 쉽게 이 억셉터 준위로 올라가 정공을 가전자대에 남기게 된다. 이와 같이 자유전자를 받을 수 있는 물질 '억셉터(acceptor)'를 첨가하여 정공이 많이 있는 반도체를 P형 반도체(n-type semiconductor)라고 한다.

2. Diffusion

1) 용어 설명

(1) Diffusion이란?

밀도 차이나 농도 차이에 의해 물질을 이루고 있는 입자들이 액체나 기체 속으로 스스로 운동하여 농도(밀도)가 높은 쪽에서 농도(밀도)가 낮은 쪽으로 분자가 퍼져 나가는 현상을 의미한다. 예를 들면, 물이 담겨져 있는 컵에 잉크를 한 방울 떨어뜨리면 시간이 지남에 따라 잉크가 퍼져 나가 섞이면서 물 전체가 균일한 색을 나타내게 되는데, 이것을 확산이라 하며 액체, 기체, 공기가 없는 진공 속에서 관찰할 수 있다.

물에서 보다는 공기 중에서 확산 속도가 빠르고, 공기보다는 진공 속에서 확산 속도가 빠르다. 또한 물질이 퍼져 나가는 속도, 즉 확산 속도는 분자의 무게가 가벼울수록, 온도가 높을수록 빠르다.

하지만, 반도체공정에서의 불순물의 확산은 다르다. 반도체 내에서의 불순물의 확산이기 때문에 고체내에서의 확산으로 액체나 기체내에서의 확산과는 차이가 있다. 그림 5-3에 일상생활에서의 확산의 예를 나타내었다.

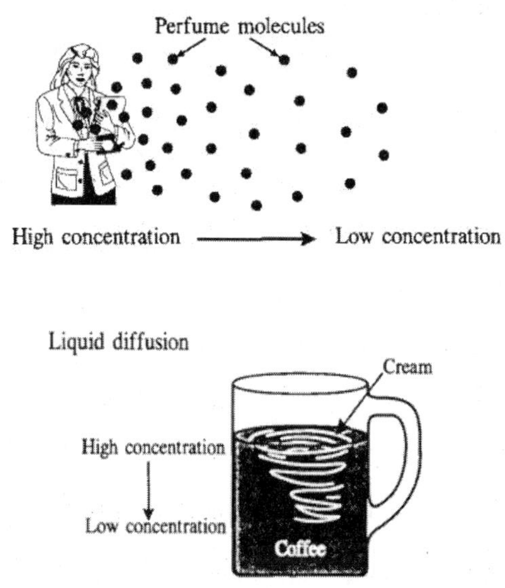

그림 5-3 일상에서의 확산의 예

(2) 확산(Diffusion)의 조건

확산이 이루어지기 위해서는 몇 가지 조건이 있다. 그 첫 번째가 확산되어야할 물질이 농도에 대한 기울기(concentration gradient)가 있어야 한다는 것이다. 확산은 농도가 높은 쪽에서 낮은 쪽으로 확산이 이루어지기 때문에 농도의 편차가 반드시 필요하게 된다.

두 번째로 불순물 확산을 위해서는 에너지(Energy)가 필요하다. 특히 고체내에서의 확산은 농도 편차만으로는 확산이 이루어지지 않는다. 여기서 에너지는 일반적으로 온도를 의미한다. 온도가 높으면 높을수록 확산은 쉽게 일어난다.

마지막으로 시간(time)이 필요하다. 확산에는 시간이 반드시 필요하고, 이 시간을 적절히 조절해서 반도체 공정에서 필요로 하는 불순물의 농도와 불순물이 확산되는 깊이를 조절하게 된다.

불순물(dopant)은 반도체의 전기전도도를 변화시키기 위해서 의도적으로 넣은 것을 의미하며, 불순물(impurity)는 의도되지 않은 불순물을 의미한다.

2) 확산 메카니즘(Diffusion Mechanism)

고체내의 불순물이 확산되는 메카니즘은 대략 3가지 정도로 구분되어 정의 되고 있다. 실리콘의 관점에서 설명하도록 한다.

(1) 빈자리 확산(Vacancy Diffusion)

빈자리(vacancy) 확산은 불순물 원자가 재료 내에서 이동하는 가장 보편적인 방법이다. 실리콘 격자에서 빈자리 주위의 어떤 원자는 비교적 큰 노력 없이 그 자리로 이동할 수 있으며, 그 전 자리에 빈자리를 남기므로 이는 반복될 수 있다.

원자가 위치를 바꿔야 하는 다른 확산기구는 훨씬 더 어렵다. 예를 들어, 모든 좌석을 다 채운 관중이 꽉 찬 홀에서 사람이 움직인다고 가정했을 때 얼마나 어려운 지를 생각해본다면, 소수의 자리가 비워져 있을 경우 사람들이 이들 자리로 옮겨 갈 수 있어 이동은 훨씬 더 쉽게 될 것이다. 따라서 빈자리 확산은 자리를 교환하는 방법보다 훨씬 더 빠르다. 그림 5-4에 빈자리 확산 메커니즘을 나타내었다.

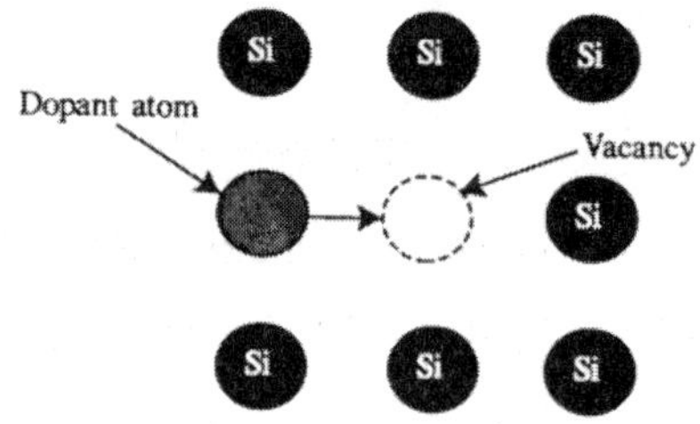

그림 5-4 vacancy diffusion

(2) 침입형 확산(Interstitial Diffusion)

침입형(interstitial) 확산은 규칙 격자들 사이의 틈새 공간으로 작은 원자를 집어넣는 방법이다. 격자 사이에 많은 공간이 있고 불순물 입자가 작다면 비교적 빠르게 이루어지는 확산 방법이나 이동하는 원자를 새로운 자리로 가도록 이웃들 사이에 밀어 넣기 위해서는 에너지를 필요로 한다. 입계(grain boundary)나 표면(surface)을 따라 일어나는 확산은 이동하는 원자보다도 더 많은 자리가 있고 이런 표면 부근에서의 원자 배위가 덜 되어 있어 이동 원자를 더 용이하게 끼워 넣을 수 있으므로 매우 빠르게 확산이 이루어진다. 그림 5-5에 침입형 확산 메커니즘을 나타내었다.

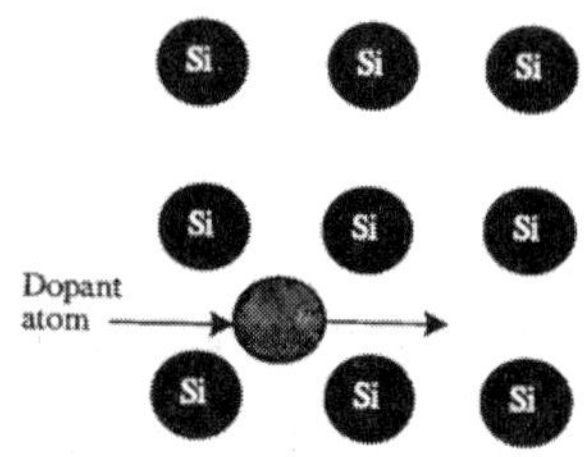

그림 5-5 침입형 확산

만약, 이런 불순물 확산이 이루어진다면, 전기전도도에 문제가 발생될 수 있다. 주입된, 즉 확산된 불순물이 전기전도도에 기여하기 위해서는 실리콘과 공유결합을 하여야 한다. 앞의 예에서처럼 실리콘의 빈자리(vacancy)에 들어가게 되면 이것은 실리콘과 공유결합을 하게 되고, 결국은 전자나 정공을 형성하는데 기여를 하게 된다.

하지만, 격자들 사이에 끼여있다면 이것은 공유결합을 하지 않았으므로 그 원자 자체로 안정된 상태를 유지하면서 전자나 정공 형성에 기여를 하지 못한다.

(3) 치환형 확산(Substitutional Diffusion)

치환형(substitutional) 확산은 확산입자의 크기가 본래 고체원자의 크기와 비슷한 경우에 일어나게 되고, 그보다 훨씬 작은 경우에는 침입형 확산이 일어난다. 치환형 확산의 경우에는 이웃하는 원자배열을 변형시키는 것 이외에도, 이웃하는 원자를 쳐서 빈 공간을 만들어야 하기 때문에 침입형 확산에 비해 확산속도가 느리다. 그림 5-6에 치환형 확산 메커니즘을 나타내었다.

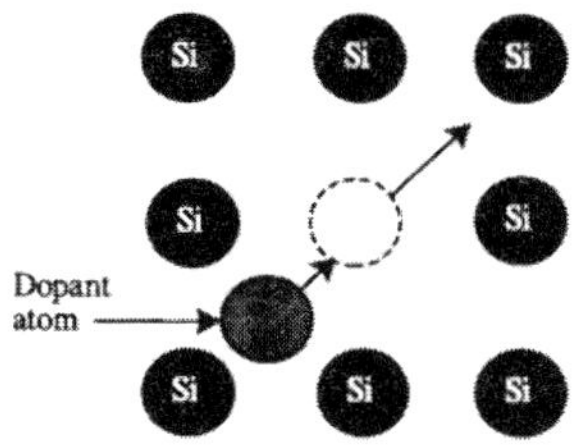

그림 5-6 치환형 확산

3) Diffusion 공정

확산은 일반적으로 두 단계로 나누어 진행된다.

(1) 전치증착(Pre-deposition)

전치증착(Pre-deposition)은 실리콘 내에 주입할 원자의 양만큼을 주입하는 단계하고 할 수 있다. 설탕물을 만드는 과정을 예로 설명하면, 컵에 담겨진 물에 설탕물을 만들고자 하는 농도가 있다면 그 농도에 해당하는 양의 설탕을 넣는 과정이라고 생각하면 이해하기 쉽다. 일반적으로 선확산 과정은 고용한도에 따라서 달라질 수 있지만, 1000~1250℃의 전기로(furnace)에 원하는 불순물을 주입하여 이루어지며, 여기서 사용되는 불순물의 종류는 가스, 액체, 및 고체 상태가 있다. 가스 상태의 불순물은 질소(N_2)나 아르곤(Ar)과 같은 비활성 가스와 혼합되어 전기로에 주입되고 고체 상태의 불순물은 종종 파우더 형태를 띠기도 한다. 웨이퍼는 짧은 시간(약 15분)동안 불순물 가스 속에서 가열되고 가스 분자가 웨이퍼 내로 확산되지만 그 시간이 짧아 불순물의 분포는 대부분 표면 근처에 존재하게 된다. 전치증착(pre-deposition) 단계에서는 dopant source가 계속 공급이 되므로 시간이 지날수록 확산 정도는 깊어지지만 표면에서의 농도는 변함이 없게 된다. 이것을 다른 말로 constant source diffusion(표면에서의 농도가 고용도 값으로 일정)이라고 부른다.

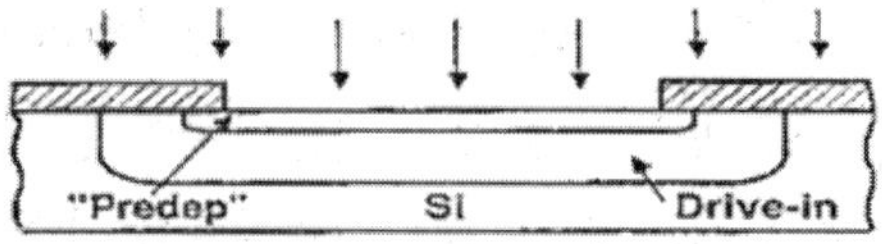

그림 5-7 확산 공정의 단계

(2) Drive-in(드라이브 인 : 후확산)

> **Tip**
> Dopant
> 반도체를 p형 또는 n형으로 하기 위해, 혹은 이미 존재하는 불순물의 효과를 보상하기 위해 첨가하는 불순물

Pre-deposition이 끝난 후 1300℃로 온도를 올리거나 혹은 두 번째 전기로에 웨이퍼가 넣어지면 Dopant들이 '드라이브인(Drive-in)' 된다. 후확산 공정은 앞에서 설명한 설탕물과 관련해서 쉽게 설명한다면, 원하는 양만큼 넣은 설탕을 잘 저어서 설탕물이 고른 농도가 되게 하는 것이다. 반도체 확산에서는 선증착으로 넣은 불순물을 표면 농도는 낮추면서 원하는 깊이까지 고른 농도를 가지도록 확산시키는 단계라고 생각하면 된다. 이 확산은 산화반응에 의해 일어나므로 확산층 위로 SiO_2 보호막이 성장하게 된다. 웨이퍼는 고온에서 장시간 동안 열처리(Annealing) 되고 불순물은 더 깊숙이 들어가게 된다. 후확산(Drive-in) 공정의 시간에 따라 불순물의 밀도가 깊이에 따라 감소됨을 알 수 있다. 후확산을 제한된 소스 확산(Limited source diffusion) 이라고도 부른다. 그 이유는 전치확산(Pre deposition)으로 주입된 불순만을 이용해 재분포 시키기 때문에, 즉 전치확산으로 주입된 불순물로 한정되기 때문에 이렇게 명명되기도 한다. 그림 5-8에 나타난 것처럼 선확산의 경우는 표면 농도는 변화가 없고 시간에 따라서 깊이 방향으로 확산이 계속적으로 이루어진다. 기판 표면에 무한대의 불순물원이 존재하고 그 표면은 확산조건(온도나 불순물 종류)에 따른 고용한도로 최대한의 농도를 가진다. 후확산은 선확산에서 주입된 불순물을 이용하여 확산이 이루어진다. 이때 선확산시의 무한대 불순물원은 제거된다. 선확산에 의해서 주입된 불순물이 전부임으로 시간이 경과함에 따라서 깊이 방향으로 확산이 일어나면 일어날수록 표면 농도는 낮아진다.

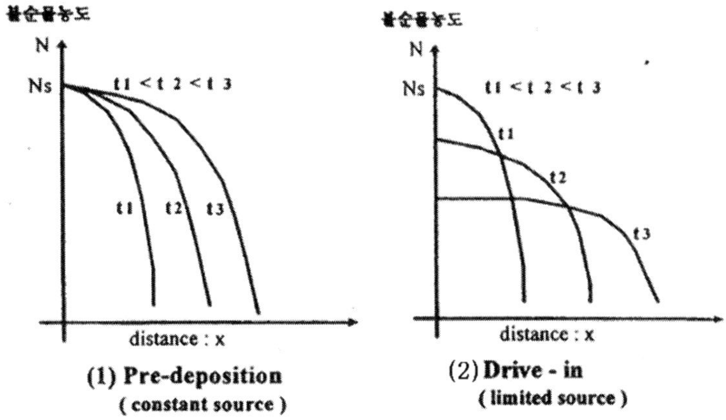

그림 5-8 선확산과 후확산의 시간에 따른 불순물 농도 분포

4) 확산 시스템(Diffusion System)

(1) 전기로를 이용한 불순물 확산

확산처리(Diffusion)는 전기로 시스템(Furnace system)이라고 부르는 고온 확산로에서 이루어진다. 이러한 시스템은 전기로 구조의 형태별로 수평형(Horizontal)과 수직형(Vertical)으로 나뉘며, 소스(Source)의 형태별로 가스/증기 타입, 액체(Liquid) 타입, 고체(Solid) 타입으로 나눠진다.

(2) 구조에 의한 분류

① 수평형(Horizontal type)

전기로가 수평으로 뉘어진 형태의 전기로 시스템을 말하며, 웨이퍼가 수직으로 세워진 형태로 여러 장이 올라가서 공정이 이루어진다. 웨이퍼는 사람이 직접 로딩(Loading)하는 경우가 일반적이며, 카세트 단위의 웨이퍼를 올려놓기만 하면 자동 엘리베이터를 이용하여 자동으로 웨이퍼가 로딩되는 고가의 장비도 있다. 가스 Source를 사용할 경우 가스는 앞에서 뒤로 층류(Laminar flow)의 형태로 흐르게 된다.

② 수직형(Vertical type)

전기로가 수직으로 세워진 형태의 전기로 시스템을 말하며, 웨이퍼가 수평으로 누운 형태로 여러 장이 들어가서 공정이 이루어진다. 수직형의 경우 웨이퍼는 로봇 시스템을 이용하여 자동으로 로딩되는 경우가 일반적이며, 히터가 수직으로 세워져 있으므로 아래위 차이가 나는 온도(열) 구배 때문에 균일성을 확보하기 위한 온도 조절이 까다롭다는 단점이 있지만 장비가 차지하는 면적이 수평에 비해 협소하므로 공간 확보에 유리하다는 장점이 있다.

(3) Source 형태에 따른 분류

① 가스 source type

불순물이 가스의 형태로 주입되는 타입으로, 가스의 흐름 및 유량을 조절하기 위한 장치들이 추가적으로 장착된다. 가스가 들어갈 수 있도록 조절하는 역할을 하는 "밸브(밸브)"와 "MFC(mass flow 제어ler)"라고 하는 유량 조절 장치가 있어 유입되는 가스의 양을 일정하게 유지할 수 있도록 구현되어 있다. 가스 상태의 dopant는 질소(N_2)나 아르곤(Ar)과 같은 비활성 가스를 캐리어로 하여 전기로에 주입되기도 하며, 후확산(drive-in) 시에는 산화공정도 함께 수반되므로 산소(O_2)가 사용되기도 한다. 그림 5-9에 기체 산태의 불순물을 사용한 확산장치에 대해서 나타내었다.

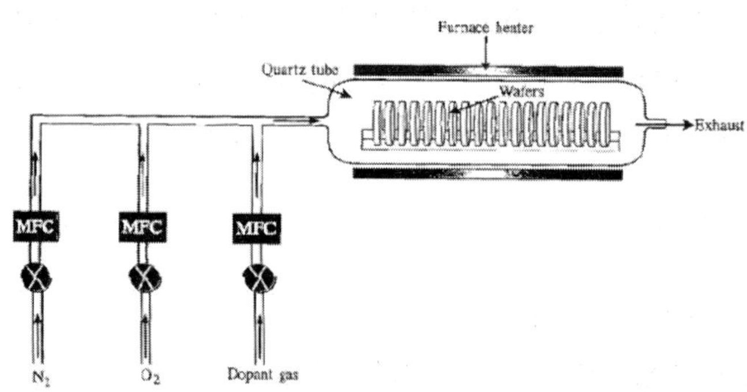

그림 5-9 기체 상태의 불순물 주입 장치

② liquid source type

불순물이 액체인 경우에 사용되는 타입으로, 액체소스를 전기로에 바로 주입하는 것이 아니라 기화 시스템을 이용하여 액체의 source를 버블링(bubbling) 하여 기체의 형태로 바꾸어 주입하는 타입이다. 기화가 된 불순물은 질소(N_2)나 아르곤(Ar)과 같은 비활성 가스를 캐리어로 사용하여 전기로 내부로 밀어 넣게 된다. 가스 소스형(Gas source type)과 마찬가지로 후확산

(drive-in) 시에는 산화공정도 함께 수반되므로 산소(O_2)가 사용되기도 한다.

액체 source의 경우에는 위와 같은 기화 시스템을 사용하지 않고, 액체 소스를 스핀 코팅하여 웨이퍼 전면에 고르게 도포한 후 가열 공정을 거쳐 Doped oxide를 형성하여 주입하는 방법도 있다.

그림 5-10에 액체 산태의 불순물을 사용한 확산장치에 대해서 나타내었다.

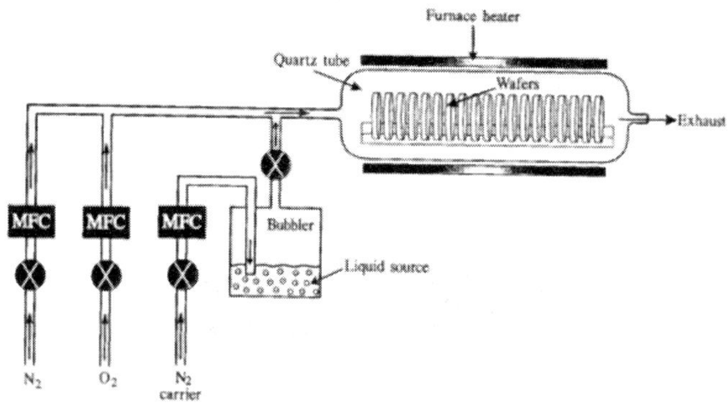

그림 5-10 액체 상태의 불순물 주입 장치

③ Solid source type

불순물이 고체인 경우에는 아래 그림과 같이 디스크(Disc) 형태의 Planar source를 도핑(Doping) 하고자 하는 웨이퍼 옆에 배치하고 열을 가하여 고온에서 고체 Source가 승화하여 된 가스 증기가 웨이퍼로 이동, 확산하는 하는 현상을 이용한다. 혹은 아래 그림에서처럼 CVD(chemical vapor deposition)법에 의해 증착된 Film source(BSG/PSG)로부터 고온에 의한 확산이 이루어져 Doped oxide를 형성하는 방법도 있다. 이러한 방법들 모두 고체 상태의 Source를 이용한 확산 방법이라고 할 수 있다.

그림 5-11에 고체 불순물원 사용시 기판과 불순물원과의 배치 상태를 나타내었다. 그림 5-12는 불순물이 들어있는 박막을 기판위에 증착하여 불순물은 주입하는 형태를 나타내었고, 표 5-1에는 다양한 불순물원의 상태를 나타내었다.

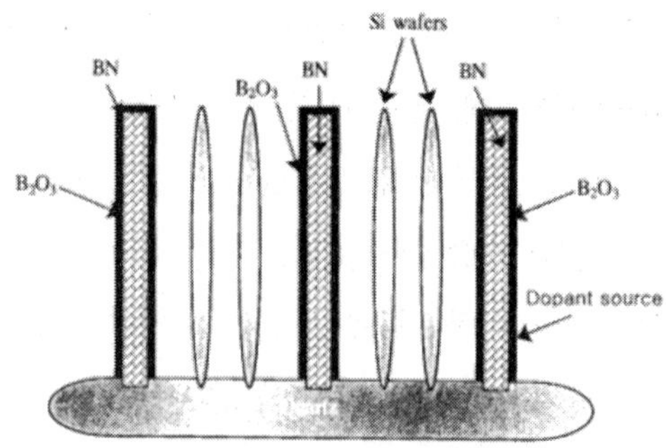

그림 5-11 고체 불순물원과 기판의 배치

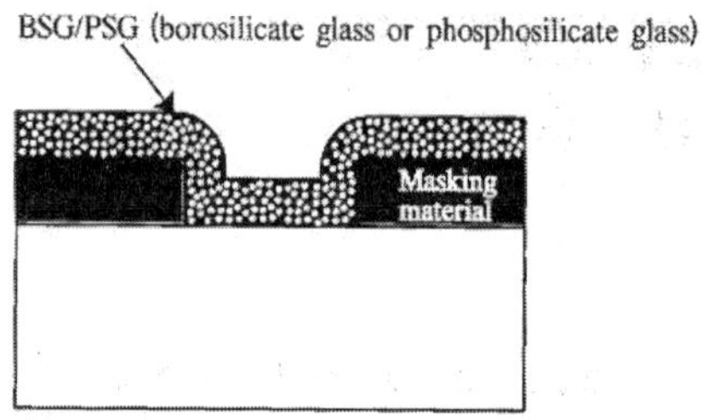

그림 5-12 불순물을 함유하고 있는 박막의 증착

표 5-1 다양한 불순물원의 형태 및 이름

Dopant	State	Compound	Name
B	Gas	B_2H_6	Diborane
B	Liquid	BBr_3	Boron Tribromide
B	Liquid	TMP	Trimethyborate
B	Solid	BN	Boron Nitride
P	Gas	PH_3	Phosphine
P	Liquid	$POCl_3$	Phosphorus Oxychloride
As	Gas	AsH_3	Arsine
As	Solid	As_2O_3	Arsenic Trioxide
Sb	Solid	Sb_2O_3	Antimony Trioxide

5) 열확산(Thermal Diffusion)의 특징

열확산은 등방성(isotropic) 공정이므로 수직(vertical) 방향뿐만 아니라 측면

(lateral) 방향으로도 확산이 일어난다. 측면 침투(lateral penetration)의 정도는 수직 침투(vertical penetration)에 비해서 75~85% 정도 발생하는 것으로 알려져 있다. 이러한 현상이 소자를 만드는데 있어서 CD(critical dimension) bias를 발생시키는 요인이 되므로, 이러한 현상이 열확산의 가장 큰 단점이라고 할 수 있다. 그림 5-13에 열확산에 의한 측면 확산의 예를 나타내었다.

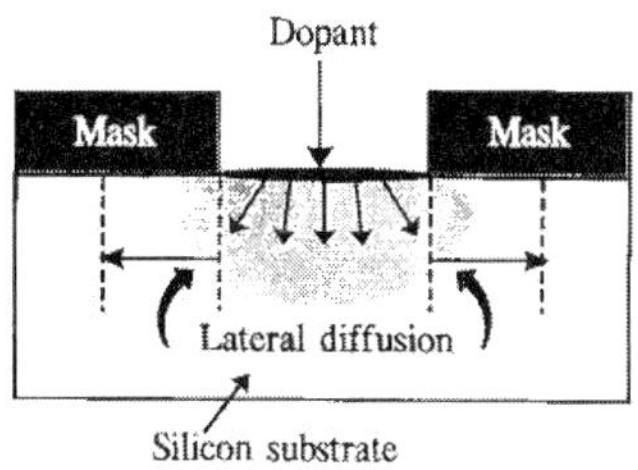

그림 5-13 열확산에 의한 측면 확산

6) 고체내의 용해도(Solid Solubility)

실리콘 내에 불순물 주입시 단위 체적당 불순물이 고용될 수 있는 최대 값을 그 원자의 용해도가 된다. 그림 5-14에 불순물 원소별 실리콘으로의 용해도와 확산되는 정도를 나타내는 확산계수(diffusion coeffieient)를 나타내었다.

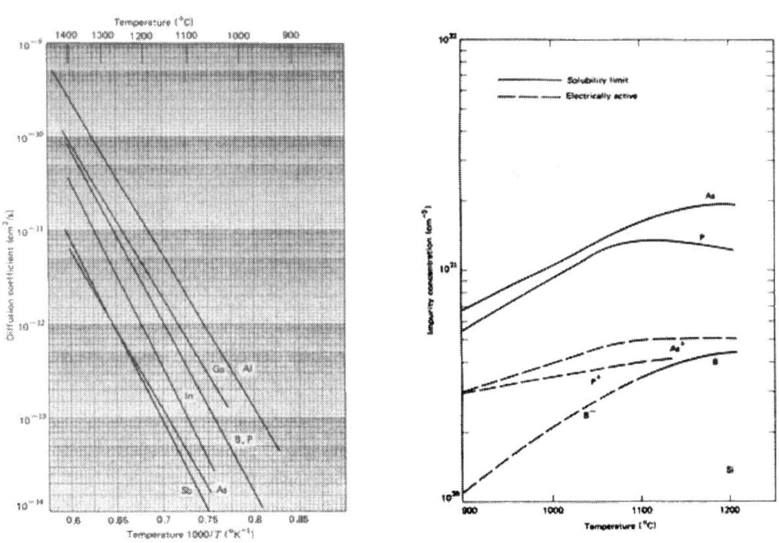

그림 5-14 원소별 확산계수와 고용 한도

그림 5−14에서 살펴보면 인(P)의 경우 1100℃에서 불순물이 주입되고 있다면 그 고용한도는 약 10^{21}atoms/cm^3 임을 알 수 있다. 하지만 실선으로 표시된 것은 고용 한도이고, 점선은 전기적인 활성(electrically active)을 의미하고 있으므로, 인을 1100℃에서 10^{21}atoms/cm^3 주입하더라고 전기적으로 활성화되는 것은 약 3×10^{20}atoms/cm^{3}라는 것을 알 수 있다.

3. Ion Implantation

1) Ion implanter(이온 주입기)의 원리

고진공 상태에서 Arc chamber에 있는 필라멘트(Filament)에 전류를 흘려줌으로써 필라멘트에서 열전자가 발출되고 이 방출된 열전자는 필라멘트와 Arc chamber 간의 전압에 의해 Arc chamber 쪽으로 끌려가는 도중에 내부에 공급된 공정 가스와 충돌하게 됨으로써 가스가 최외각 전자를 잃게 되어 이온화가 된다. 이 때 Arc chamber 주위에 있는 Source magnet에 전류를 흘려주면 필라멘트에서 발생되는 열전자를 나선운동을 시킴으로써 공정 가스와의 충돌 횟수를 증가시켜 이온화 양을 증대시켜 준다. 그림 5−15에 이온주입 장치의 구성을 나타내었다.

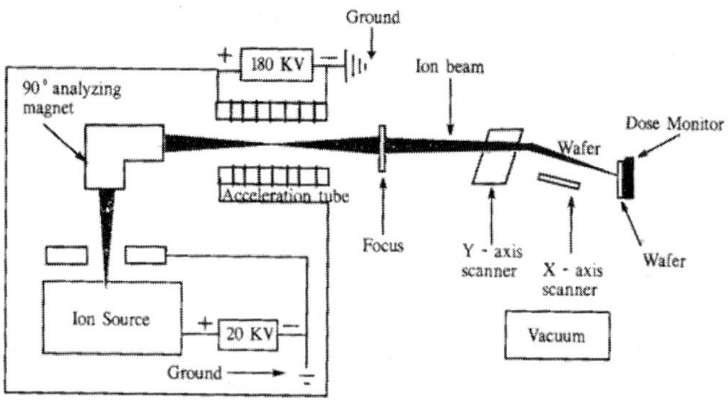

그림 5-15 이온 주입 장치의 구성

이렇게 형성된 이온 빔들을 Arc chamber 앞에 위치한 Extraction electrode에 Negative 전압을 걸어주어 Arc chamber 내부로부터 밖으로 나오게 한다. 방출된 이온 빔들은 Extraction 전압에 의해 높은 에너지를 가지고 Analyzer magnet에 전류를 흘려줌으로써 플레밍의 왼손법칙에 의해 질량이 각기 다른 이온들 중에서 필요한 이온만을 분석하여 웨이퍼가 있는 쪽으로 보내고 장비마다 각각 다른 scan 방식에 따라 웨이퍼에 주입된다. 그리고 고전압 전원(High voltage power supply) 및 dose 제어기를 이용하여 기판에에 주입하고자 하는 불순물 이온의 깊이 및 양을 조절하여 준다.

2) Ion implantation의 개요

(1) Ion implantation(이온 주입)이란?

가스 형태로 존재하는 불순물을 장치내에서 이온화시키고 고전압을 이용하여 이온화 된 이온을 가속시켜 이온 빔의 형태로 기판에 주입하는 방법을 의미한다. 불순물이 주입되는 깊이는 이온의 가속 에너지에 따라 조절되므로 사용 목적에 따라 적당한 깊이를 선택할 수 있다. 그림 5-16에 불순물 원자의 이온화에 대해 나타내었다.

Tip

이온빔(Ion Beam)
이온흐름의 덩어리로 전하를 띈 분자나 원자의 집단

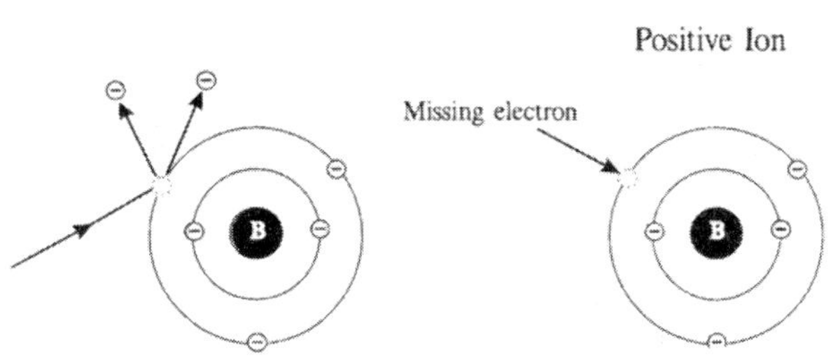

그림 5-16 불순물 원자의 이온화

(2) 이온 주입의 목적 및 활용

이온 빔을 웨이퍼에 주입하여 기판 또는 기판 상의 막에 불순물을 주입하는 시키는 것을 목적으로 하고, MOSFET 및 VLSI 제조공정에서 VT(Threshold Voltage) 조절, Well 형성, 소스(Source) 및 드레인(Drain) 형성, Capacitor 전극형성 등에 활용된다.

(3) 이온 주입의 장점

이온주입 장치의 가장 큰 장점은 원하는 불순물 양을 정확히 조절하여 넣을 수 있다는 것이다. 이온 주입 장치 뒷단(기판이 로딩된 뒤쪽)에 적분기가 달려 있어, 불순물 원자에 의해 형성된 이온 빔에 의해서 발생되는 전류를 주입시간으로 적분하여 적확한 불순물양(전하량)을 계산할 수 있다. 즉, 불순물양을 카운트 하는 장치가 있어서 불순물 주입이 완료되면 다음 기판이 진행될 수 있도록 이온 주입 공정이 중지된다. 이온 주입시 이온이 주입되는 깊이를 정확히 조절 할 수 있다. 이온의 가속 전압을 높이면 높일수록 더 깊이 들어가게 된다. 그림 5-17에 가속 전압에 따른 이온의 주입 깊이 변화를 나타내었다.

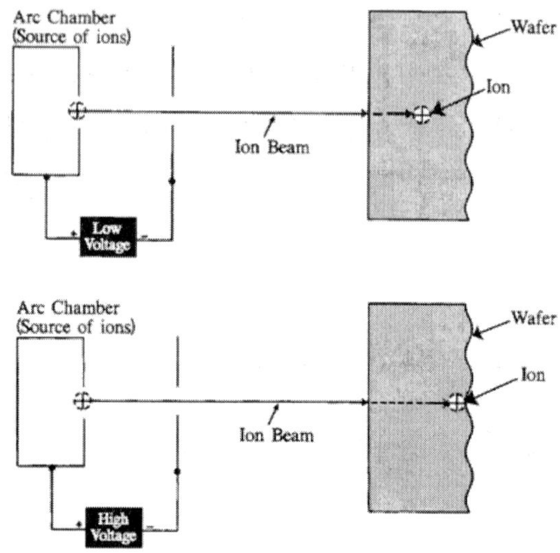

그림 5-17 가속 전압에 따른 이온의 주입 깊이 변화

열확산과는 달리 이온을 가속시켜 수직으로 입사시키기 때문에 측면으로의 이온 주입이 이루어지지 않아서 측면으로의 불순물 퍼짐 현상이 발생하지 않는다.

또한, 열을 이용한 확산이 아니기 때문에 저온 공정이 가능하다. 이로 인하여, 불순물 주입 장벽으로 PR을 사용할 수 있어서 공정 단계를 줄이는데도 영향을 줄 수 있다. 그리고 불순물 분포의 균일성이 뛰어나다.

열확산의 경우는 원하지 않는 불순물이 들어갈 수 있으나, 이온주입은 장치내에서 자기장을 걸어서 원하는 불순물 즉, 원하는 무게에 해당하는 이온만을 가속시켜 주입할 수 있어서 원하지 않는 불순물이 주입되지 않는다는 장점을 가진다.

(4) 이온 주입의 단점

이온주입에 의해 웨이퍼 표면의 단결정 형태에 손상을 줄 수 있다. 그리고 이온 주입 공정에 의해 주입된 대부분의 이온들은 전기적으로 비활성상태에 있다. 따라서 손상된 표면의 복구 및 주입된 이온들을 활성화시키기 위해서 추가적인 어닐링(annealing) 공정을 필요로 한다.

이온주입 장비는 복잡하고 정교하며 장비를 운영하고 관리하기 위해서는 숙달된 기술 조작자가 필요하다.

이온 주입은 채널링(channeling) 현상을 발생시켜 원하지 않는 깊이까지 주입이 이루어지기도 한다. 그리고 이온 가속을 위해서 고전압을 사용하기 때문에 안전 사고에 대한 위험 및 이온 주입에 사용되는 가스들이 아주 맹독성이라 누설시 큰 인명피해를 유발할 수도 있다.

마지막으로 이온이 주입되는 깊이가 열확산에 비해서 얇다.

> Tip
> 어닐링(Annealing)
> 금속 재료를 적당히 가열함으로써 재료의 내부 구조 속에 남아있는 열 이력 및 가공에 의한 영향을 제거하는 것

(5) Projected Range(RP)

투영거리(Projected Range)는 주입된 이온이 실리콘 격자내에서 멈추기까지 지나간 평균거리를 의미한다. 이 지점에 가장 많은 주입이 이루어진다고 생각하면 된다. 아래에 투영거리와 이온주입에 의한 불순물 분포를 나타내었다.

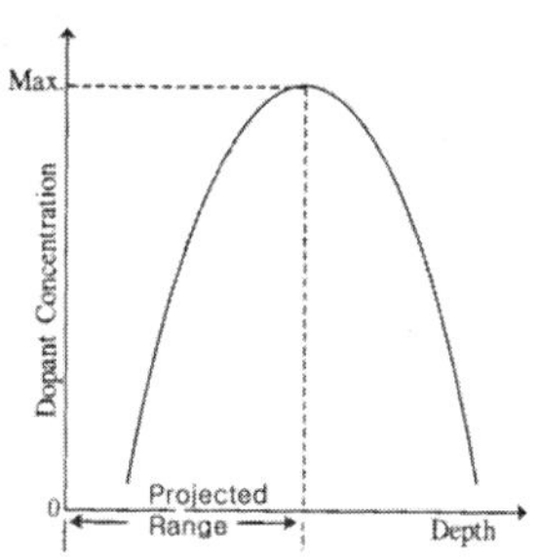

그림 5-18 투영거리

(6) energy loss mechanisms

가속되어 실리콘 격자속으로 주입된 이온은 두가지 메카니즘에 의해서 에너지를 잃고 정지하게 된다. 그 첫 번째가 전자적 정지(electronic stopping)이고 두 번째가 핵과의 충돌에 의한 정지(nuclear stopping)이다.

전자적 정지(electronic stopping)는 불순물 이온의 전자와 기판의 실리콘 핵의 전자사이의 전하 상호작용으로 인하여 이온이 에너지를 잃게 되는 것으로 이온의 진행 방향에는 큰 변화가 없다. 그림 5-19에 전자적 정지 시의 주입된 이온의 거동을 나타내었다.

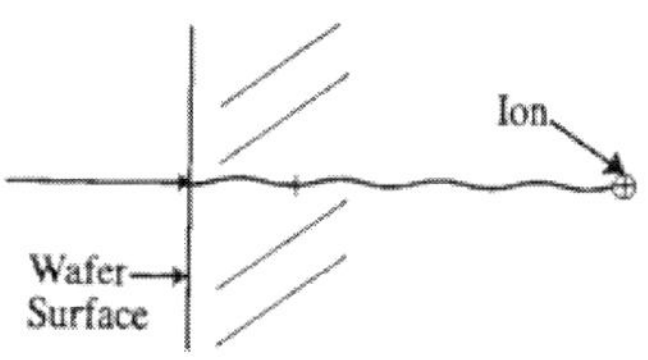

그림 5-19 electronic stopping

nuclear stopping은 불순물 이온이 기판의 핵과 충돌하여 이온이 에너지를 잃게 되며, 이 경우에는 electronic stopping과는 달리 이온의 진행 방향도 변화하게 되고, 핵과의 직접적인 충돌이 있으므로 결정 격자에도 손상이 발생하게 된다. 그림 5-20에 nuclear stopping시의 주입된 이온의 거동을 나타내었다.

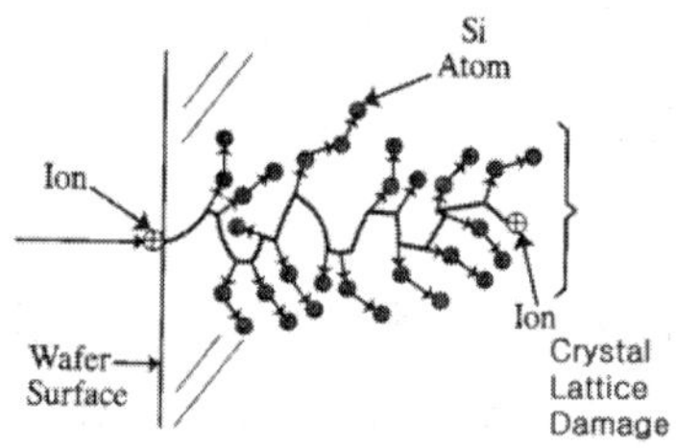

그림 5-20 nuclear stopping

아래 그림 5-21에 다양한 주입 에너지에 대한 불순물 원소별 투영거리를 나타내었다.

Range Data for Common Dopants into Silicon(range values in microns)								
Energy	Boron		Phosphorus		Arsenic		Antimony	
(KeV)	R_P	$\triangle R_P$	R_P	$\triangle R_P$	R_P	$\triangle R_P$	R_P	$\triangle R_P$
10	0.034	0.021	0.015	0.009	0.010	0.004	0.009	0.003
20	0.062	0.034	0.026	0.016	0.016	0.007	0.014	0.005
30	0.100	0.043	0.038	0.022	0.022	0.009	0.019	0.007
40	0.131	0.051	0.050	0.028	0.027	0.012	0.023	0.008
50	0.162	0.057	0.062	0.033	0.032	0.014	0.027	0.010
60	0.191	0.062	0.074	0.039	0.037	0.016	0.031	0.011
70	0.220	0.066	0.087	0.044	0.043	0.018	0.035	0.012
80	0.248	0.070	0.099	0.050	0.048	0.020	0.038	0.013
90	0.274	0.073	0.112	0.055	0.053	0.022	0.042	0.015
100	0.299	0.076	0.125	0.059	0.058	0.024	0.046	0.016
120	0.348	0.081	0.151	0.069	0.068	0.028	0.053	0.018
140	0.394	0.085	0.177	0.078	0.078	0.032	0.060	0.021
160	0.438	0.088	0.204	0.086	0.088	0.036	0.067	0.023
180	0.479	0.091	0.230	0.094	0.099	0.039	0.074	0.025
200	0.519	0.093	0.256	0.101	0.109	0.043	0.081	0.028
240	0.595	0.097	0.309	0.114	0.130	0.050	0.094	0.032
280	0.665	0.101	0.362	0.126	0.141	0.054	0.108	0.036
300	0.699	0.102	0.389	0.132	0.152	0.058	0.115	0.038
320	0.732	0.103	0.415	0.137	0.163	0.061	0.122	0.040
360	0.795	0.105	0.467	0.147	0.174	0.065	0.135	0.045
400	0.855	0.107	0.518	0.156	0.218	0.078	0.149	0.049

그림 5-21 다양한 주입 에너지에 대한 불순물 원소별 투영거리

(7) 채널링(channeling)

주입된 이온이 실리콘의 결정축과 평형한 방향으로 입사할 경우 불순물이 핵과의 충돌에 의한 정지 메카니즘이 거의 발생하지 않기 때문에 불순물 분포를 예측하기 어려워지는 현상이다. 그림 5-22에 채널링이 발생할 수 있는 결정의 빈자리로의 이온 주입과 전자적 정지(electronic stopping)만에 의한 주입된 이온의 정지 과정을 나타내었다.

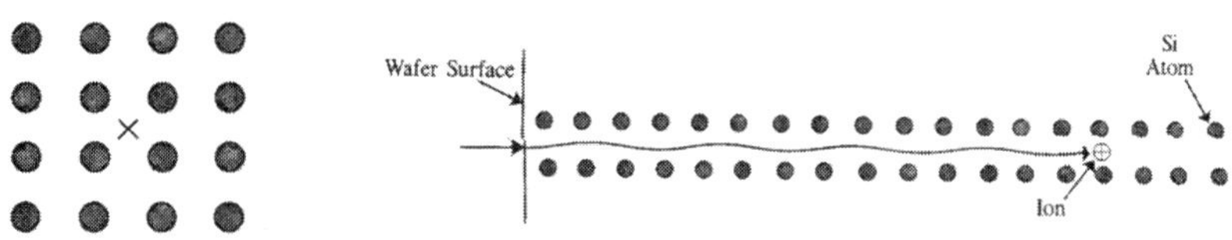

그림 5-22 channeling 현상과 electronic stopping

이런 현상을 방지하기 위해서 일반적으로 실리콘 기판을 7° 기울여서 주입하게 된다.

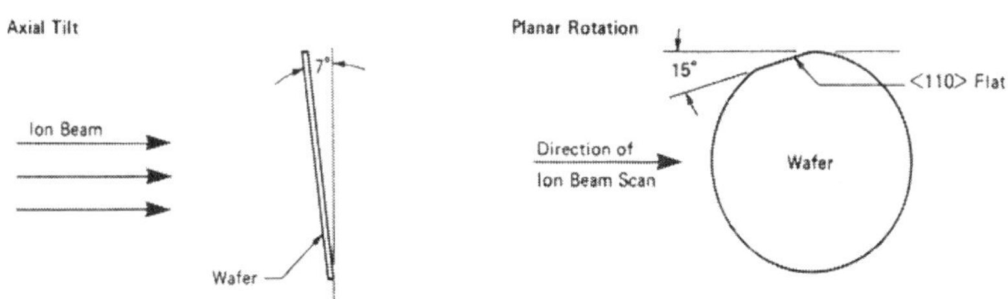

그림 5-23 channeling 현상 방지 방법

(8) anneal과 activation

가속된 이온에 의한 이온 주입시 실리콘 격자와의 충돌에 의해 결정에 결함(damage)을 발생 시키게 된다. 그림 5-24에 이온 충돌에 의한 실리콘 결정의 결함을 나타내었다.

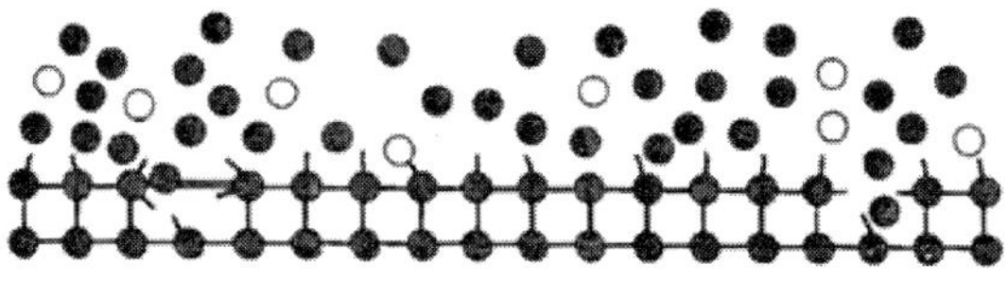

그림 5-24 Si damage

이온 주입후에는 반드시 열처리(anneal) 과정을 거쳐서 발생된 결정 결함을 복구하여야 한다. 또한, 주입된 이온이 이온 주입 후에는 전기적으로 비활성화 되어 있어 불순물로서의 역할을 하지 못한다. 이 열처리 과정을 통하여 주입된 이온이 확산 메카니즘에 의해서 실리콘 결정의 격자점에 위치하게 되어 불순물로서의 역할을 할 수 있게 된다. 이것을 activation이라고 한다. 그림 5-25에 열처리 activation 후의 실리콘 결정을 나타내었다.

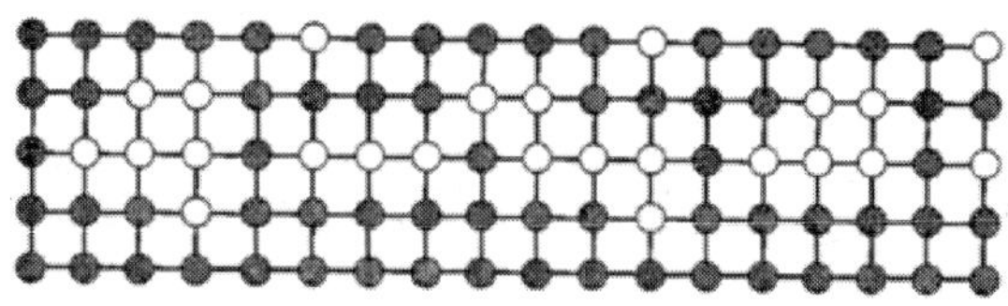

그림 5-25 anneal과 activation

열처리를 하는 방법은 크게 두 가지로 구분할 수 있다. 첫 번째는 고온의 확산로에서 20~30분간 열처리를 하여 불순물을 재분포 시키는 방법이 있다. 이 방법의 경우는, 실리콘 기판 전체를 가열하는 방식으로 불순물 열처리 과정에서 열확산을 반드시 수반하기 때문에 열확산에서와 마찬가지로 측면으로의 확산이 불가피한 방식으로 현재의 반도체 공정에서는 잘 사용되지 않는다. 그림 5-26에 전기로를 이용한 열처리를 나타내었다.

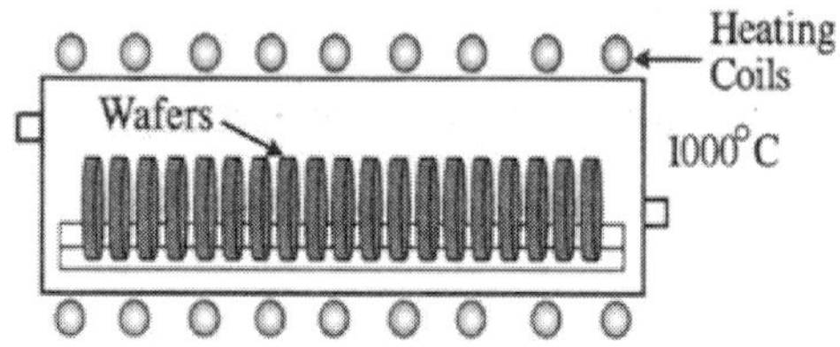

그림 5-26 전기로 anneal

이러한 문제를 해결하기 위해서는 현재 사용되고 있는 방식이 순간적으로 급속히 표면만을 가열하여 열처리 하는 방법이다. 이것을 RTP(Rapid Thermal 공정) 혹은 RTA(Rapid Thermal Anneal)이라고 한다. 이것은 실리콘 표면만이 이온 충돌에 의한 결함이 발생하였으므로, 표면에만 열을 전달하여 표면의 결함을 회복시키면 된다는 점에서 착안되었다. 이때 사용되는 장치는 열확산로와는 달리 표면만에 열을 급속히 전달하기 위해서 할로겐 램프(ramp) 등을 사용하여 표면에만 아주 빠른 속도로 열을 전달한다. 상온에서부터 1,000℃ 이상의 온도로 높이는데 수초 밖에는 걸리지 않는다. 그리고 램프에 입력을 제거하면 수초내로 온도가 상온으로 돌아오도록 되어 있다. 이렇게 함으로써 측면으로의 불순물 확산을 방지할 수 있다.

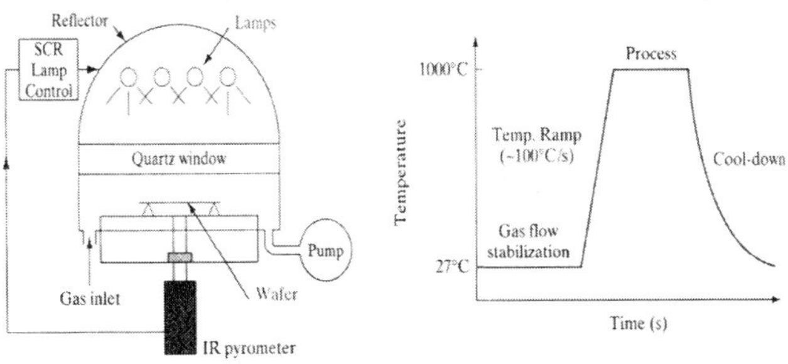

그림 5-27 RTP anneal 장치와 온도 조절

※ Laser Anneal

기체 매질을 이용한 Excimer laser anneal로써 XeCl(308nm), KrF(248nm), ArF(193nm), F2(157nm) 등 파장별로 여러 기체를 이용하는 레이저 열처리 방법이다. 1000℃ 이상 되는 고온의 에너지를 수 Nsec에서 수 μsec까지의 매우 짧은 시간동안 기판에 쏘아 Dopant의 out-diffusion을 막고 Activation을 많이 시킬 수 있다는 것이 장점이다. Out-diffusion이란 기판 내부로 들어가 있던 불순물이 열처리 과정 등에 의해서 다시 기판 밖으로 확산되어 나오는 것을 의미한다.

그러나 빔 크기가 500μm×500μm 정도 밖에 되지 않으므로 에너지가 빔 중심에서 멀어질수록 에너지가 약해져서 균일성이 좋지 않으므로 큰 기판 사이즈에서의 효율성은 떨어지는 편이며 국소 영역(〈1×1cm^2)의 열처리에 유리하다. 빔(Beam)이 중첩되는 부분의 영역은 2μm×3μm 정도 되며, 에너지(mJ/cm^2)를 높일수록 결정의 재배열이 활발해져서 Rs(면저항)가 낮아짐을 알 수 있다.

(9) 우물(Well) 형성

이온 주입의 활용으로 well 형성이 있다. 우물(Well)은 CMOS 등을 제조시 두 가지 형태의 기판을 필요로 한다. 즉, n형 기판과 p형 기판이 있어야 n-channel MOSFET과 p-channel MOSFET을 제조할 수 있다. 하지만 실리콘 기판(웨이퍼) 제조시에는 한가지 형태의 기판만을 제조할 수 있으므로, 일반적으로 p형 기판을 초기에 사용하고 특정 영역에 n형 불순물을 이온 주입하여 열확산시킴으로서 p형 기판의 특정 표면에 n형 영역을 형성하여 n형 기판으로 사용한다. 이것을 우물(well)이라고 한다. 이때의 이온 주입 후 열처리 확산은 고온의 확산로에서 장시간 이루어진다. 그림 5-28에 p형 기판에 n-well과 p-well이 형성된 것을 나타내었다.

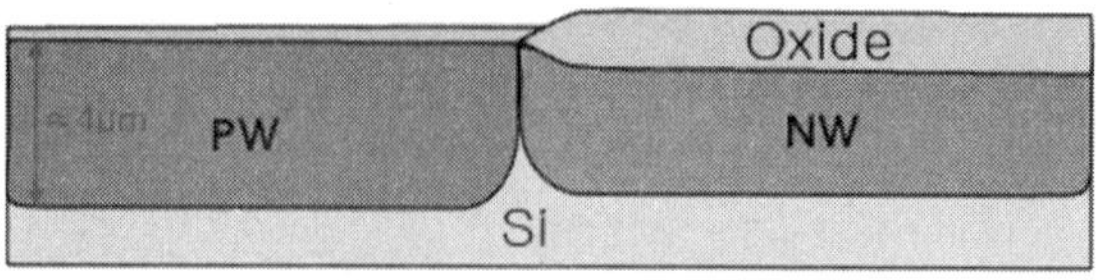

그림 5-28 n-well과 p-well

(10) Shadow Effect

> **TIP**
> **채널 효과**
> (Channel Effect)
> 트랜지스터의 에미터, 베이스, 콜렉터에 역방향의 전압을 가한 상태에서 에미터와 콜렉터 사이에 이상한 누전 전류가 흐르는 현상

채널 효과를 최소화하기 위해서 웨이퍼를 기울이게 되면 PR(photo resist)이나 다른 마스킹 물질에 의한 shadowing effect가 생긴다. 이 현상은 웨이퍼를 회전시킴으로써 해결할 수가 있다. 그림 5-29에 shadow effect를 나타내었다.

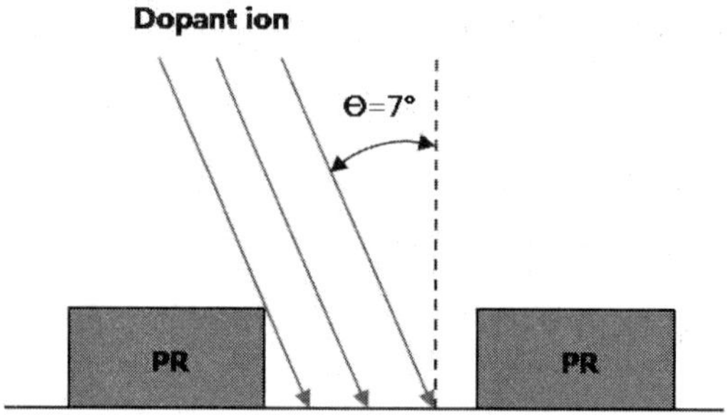

그림 5-29 이온 주입 마스킹 물질에 의한 shadow effect

(3) Thermal Diffusion과 Ion Implantation의 비교

열확산(thermal diffusion)은 확산 온도, 확산 시간 및 확산성(diffusivity)에 의해 불순물 농도(dopant concentration)가 결정되고, 이온 주입은 이온 빔 에너지, 이온 빔 전류(ion beam current) 및 주입시간(implant time)에 의해 불순물 농도가 결정된다. 그림 5-30에 열확산에 의한 전치 증착(pre-deposition) 초기 불순물 분포를 나타내었다. 표면에서 가장 높은 농도를 보이고 기판 안으로 들어갈수록 농도가 열어진다.

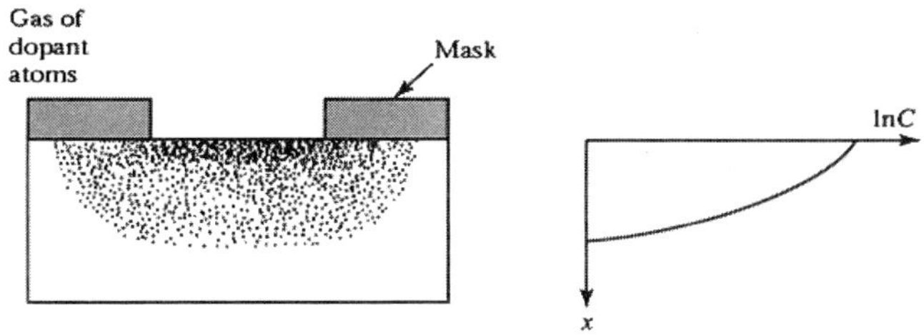

그림 5-30 열확산에 의한 pre-deposition 초기 불순물 분포

열확산(thermal diffusion)은 측면 확산에 의한 CD bias가 생기는 반면 이온 주입(ion implantation)은 측면 확산이 거의 되지 않는다. 그리고 불순물의 농도 분포도를 보면 thermal diffusion은 불순물 이온(dopant ion)의 평균 침투 깊이(projected range)를 임의로 조절하지 못하는 반면, 이온 주입은 침투 깊이를 원하는 대로 조절할 수가 있다. 그림 5−31에는 이온 주입 초기 불순물 분포로 이온 가속 에너지에 준하는 투영거리를 가지고 그 양쪽으로 낮은 농도 분포를 가진다. 그림 5−32에 열확산과 이온주입 초기의 불순물 분포를 비교해서 나타내었다.

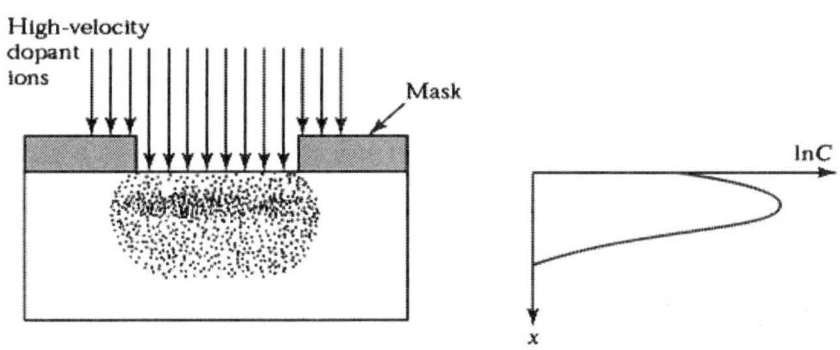

그림 5-31 이온 주입 초기 불순물 분포

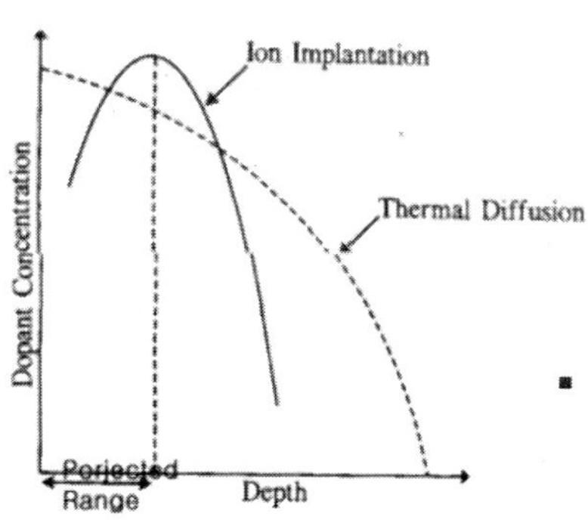

그림 5-32 열확산과 이온주입 초기 불순물 분포의 차이

4. Plasma Doping

1) Plasma Doping의 개요

Plasma Doping이란 이온 주입과 마찬가지로 불순물 가스(dopant Gas)를 플라즈마를 통해 이온화 시키고 그 이온들을 웨이퍼로 주입시키는 공정을 말한다. 이온 주입은 이온을 가속시켜서 웨이퍼에 주입을 하지만 plasma doping은 웨이퍼에 음의 전압(bias)을 걸어 이온(+)을 끌어 당겨 주입한다는 점이 다르다. 그림 5-33에 plasma immersion ion implantation 장치의 이온주입 chamber의 내부 구조를 나타내었다.

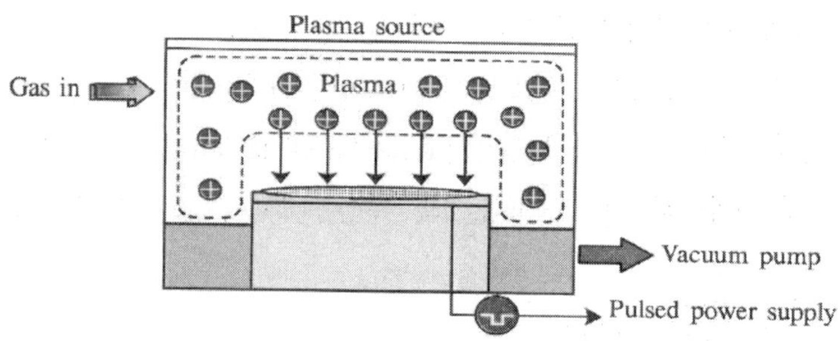

그림 5-33 plasma immersion ion implantation 장치

2) plasma doping의 목적

최근 반도체 소자의 집적도가 증가함에 따라 MOSFET(metal oxide semiconductor field effect transistor) 소자에 나타나는 단채널 효과(short channel effect)에 의해 여러 가지 문제들이 대두되고 있다. 따라서 이들 문제들을 해결하기 위해서는 접합 깊이(junction depth), 게이트 산화막의 두께와 소스/드레인 영역의 공핍층 넓이를 감소시켜야 하는데, 이러한 방법 중 가장 효과적인 것이 소스/드레인 영역을 고농도로 도핑하고 접합 깊이를 감소시키는 것이다.

접합 깊이를 감소시키는 공정으로는 저 에너지 이온 주입법(low energy ion implantation)이 가장 널리 알려져 있으나, 공정 중에 발생하는 기판 손상으로 인해 누설 전류의 증가와 더불어 소자 적용 시 표면 저항과 metal contact 저항이 증가하는 문제점이 발생하여 얕은 접합을 형성하는데 적합하지 않다. 또한 생산성 측면에서 볼 때 12인치 이상의 웨이퍼에 적용하는 공정의 양산성에 있어 빔라인 저 에너지 이온 주입 방법은 한계를 보인다. 이 외의 방안으로 실리콘 자가 이온 주입(Si-self implantation), 플루오린(fluorine: F)이나 안티몬(antimony : Sb) 등을 이용한 선비 정질화(pre-amorphization) 공정을 추가하여 불순물의 확산을 감소시키는 방법 등을 시도하였으나 이 경우에도 실리콘 표면의 잔류 손상 문제, 누설 전류의 증가, 생산성 저하 문제, 소자에서의 게이트 절연막 손상과 같은 단점들이 나타난다. 이로 인해 대두된 도핑 방법이 플라즈마를 통한 이온 주입 방식이다.

> **Tip**
> Amorphization
> 실리콘 웨이퍼는 실리콘 원자가 주기적으로 배열되어 있는 결정체이다. 이는 이온 빔과 충돌하여 실리콘 원배열하게 되는 과정을 말한다. 이 현상은 주입되는 이온의 양(dose)과 질량(mass)이 클 수록 크게 나타난다.

3) Short Channel Effect

(1) MOSFET의 구동 원리

n-channel MOSFET의 경우 게이트에 양의 전압을 걸어주면 기판 내에 있던 전자들이 게이트 아래로 몰려들게 된다. 이 전자들의 집합체가 통로를 형성하여 소스에서 드레인으로 전자가 이동(전류는 반대 방향)할 수 있게 된다. 전류의 세기 조절은 게이트 전압(수도꼭지의 개폐정도)을 변화시킴으로써 가능해진다. 그림 5-34에 MOSFET의 구동 원리를 나타내었다.

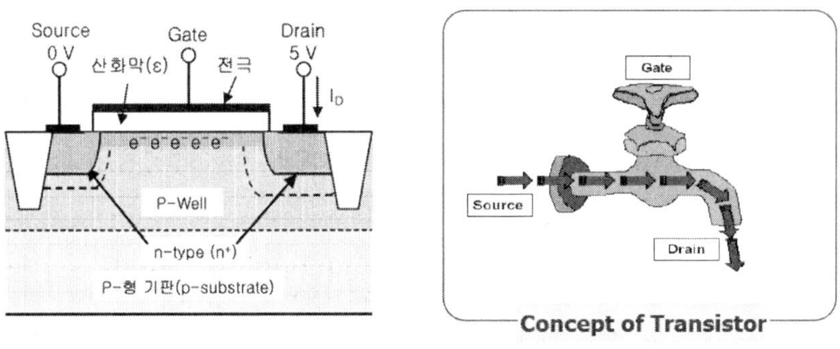

그림 5-34 MOSFET의 동작 개념도

(2) 단채널 효과(short channel effect)란?

MOSFET 소자의 Scaling down에 의해서 채널길이(channel length)가 짧아지고 폭이 줄어듦에 따라 나타난 효과로서 채널 길이가 짧아짐에 따라서 문턱전압이 낮아지며, 드레인 전압에 의해 형성되는 채널의 공핍 영역이 채널을 가로질러 소스 영역에까지 직접 영향을 줄 수 있는 상태가 되면 게이트에 의한 채널 제어가 불가능해져서 포화전류(saturation current) 특성을 보이지 않고 드레인 전압에 따라서 전류가 계속 증가하는 현상, 즉 punch-through 현상이 발생하게 된다. 이러한 것들이 단채널 효과의 대표적인 특성이라고 할 수 있다. 그림 5-35에 단채널 효과를 나타내었다.

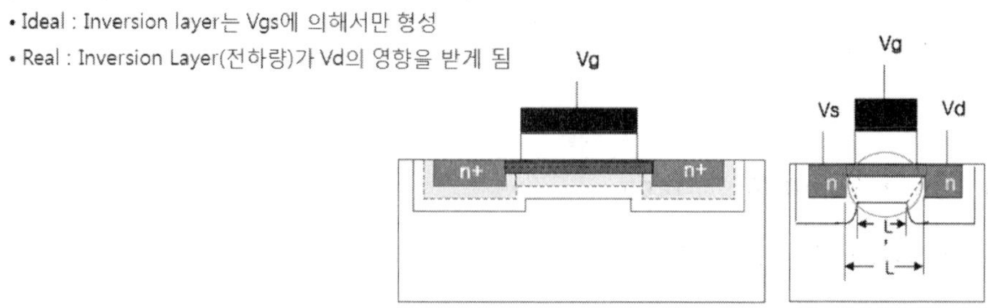

그림 5-35 단채널 효과에 의한 영향

4) plasma doping의 특성

(1) 플라즈마 도핑의 장점

최대 가속 전압이 5keV 이하로 빔 타입의 이온 주입 방식과 비교하여 아주 낮아 아주 얇은 접합(ultra shallow junction) 형성이 가능하여 나노크기(nano size)의 소자 제조에 유리하고, 플라즈마 파워에 따라 이온의 밀도를 조절할 수 있어 원하는 양의 이온을 주입할 수 있다.

> TIP
> FinFET(Fin Field Effect Transistor)
> 소자의 집적도가 높아짐에 따라 생기는 부작용을 줄이기 위해 3차원으로 만들어진 반도체소자를 의미한다.

이온 주입에서 발생될 수 있는 문제점 중의 하나였던 shadow effect가 발생하지 않는다. 즉, FinFET 제조 등에서의 3차원적인 이온 주입이 이루어질 수 있다.

또한, 이온 주입과는 달리 고 에너지를 사용하지 않으므로 표면 결함이 거의 나타나지 않고, 채널링 현상도 거의 없으며, 장치가 이온 주입 장치에 비해서 아주 규모가 작고 비용도 저렴하다는 장점을 하지고 있다.

(2) 플라즈마 도핑의 단점

이온 주입 장치는 자장을 걸어서 불필요한 이온들이 이온 주입 경로를 이탈하도록 함으로써, 불필요한 이온들이 주입되는 것을 방지할 수 있지만, 플라스마 이온 주입은 플라즈마에 의해 이온화되고 남은 음이온이나 라디칼이 혼재되어 있어 원하지 않은 불순물들이 주입 될 수 있다. 또한, 이온주입량을 카운트 할 수 없어 정확한 양의 이온 주입을 실시할 수 없다.

5) plasma doping 시스템의 원리

플라즈마 도핑 장비는 그 원리가 플라즈마 에칭 장비와 유사하다. 플라즈마 에칭 장비는 식각을 할 수 있는 가스를 이온화시켜서 그 이온들을 기판으로 끌어당겨 식각에 이용하는 장비라고 한다면, 플라즈마 도핑 장비는 도핑을 할 수 있는 가스를 이온화시켜서 그 이온들을 기판으로 끌어당겨 주입하는 장비라고 할 수 있다. 그림 5-36에 플라즈마 도핑의 원리는 나타내었다.

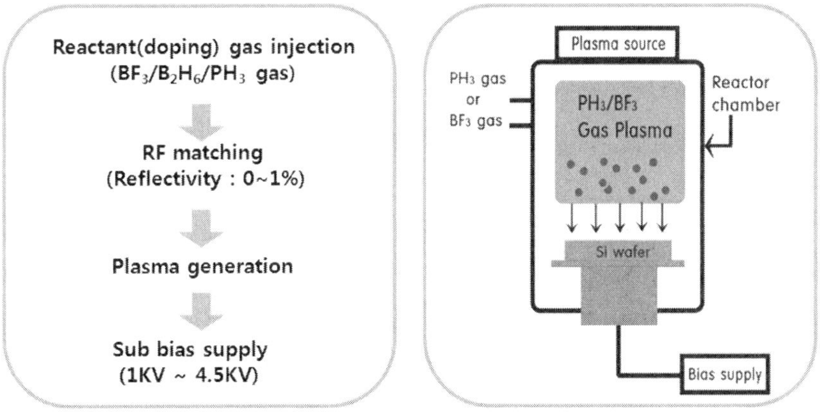

그림 5-36 플라즈마 도핑 장비의 원리

맨 처음 도핑 가스를 이온화시키기 위해 가스를 주입하고 챔버 내부의 압력을 일정하게 유지시킨 다음 RF power를 챔버 상부에 있는 전극에 인가한다. 전극은 ICP(inductively coupled plasma) 타입으로 석영(Quartz)로 된 챔버 외벽에 코일 형태로 감겨져 있어서 RF power를 인가하면 유도기전력에 의해 챔버 내부에 플라즈마가 발생한다. N형으로 도핑을 하려면 PH3나 AsH3 가스를, P형으로 도핑을 하려면 BF3나 B2H6 가스를 주입시켜서 공정을 진행한다. 플라즈마를 발생시키기 위해서는 챔버 내부의 조건이 플라즈마 발생에 적합하도록 임피던스(impedance, Ω)를 맞추어 주어야 하는데 이러한 작업을 매칭(matching)이라고 한다. 매칭을 위해서 가스를 일정량 흘려주고 압력조절기를 이용하여 챔버 내부의 압력을 일정하게 맞춘 상태에서 RF matching 제어ler가 임피던스를 50Ω으로 맞추기 위해 가변 콘덴서를 동작시켜 매칭을 잡게 된다.

플라즈마가 안정하게 발생하면 그 다음으로 기판에 강한 음의 전압(bias)을 가한다. 기판이 음(−)으로 대전되므로 이온화된 P+이나 B+과 같은 양이온들이 기판으로 끌어당겨져 충돌하게 된다. Bias 전압은 1kV에서 최대 4.5kV까지 가변이 가능하므로 도핑 깊이를 조절할 수 있다.

요 약

- 확산이란 물질이 밀도차이나 농도차이에 의해서 농도나 밀도가 높은 쪽에서 낮은 쪽으로 퍼져 나가는 현상을 말한다. 반도체 공정에서는 불순물 원자가 퍼져 나가는 현상을 확산이라고 한다.
- 확산이 이루어지기 위해서는 농도 분포의 차이, 에너지, 및 시간이 필요하다.
- 확산 메커니즘은 빈자리 확산, 침입형 확산, 치환형 확산이 있다.
- 열확산에 사용되는 불순물 형태는 기체 형태, 액체 형태 및 고체 형태를 가진 것이 있다.
- 확산은 대부분 두단계로 진행된다. 첫 번째 pre-deposition으로 주입하고자 하는 양만큼의 불순물을 기판에 도입시키는 단계로 생각하면 된다. 이 방법은 불순물원 기판 표면에 무한대로 존재한다고 생각하면 된다. 열확산 온도와 불순물 종류에 따라서 결정되는 고용한도로 표면 농도가 일정하게 시간이 경과하면서 깊이 방향으로 표면농도의 변화없이 주입된다. 그래서 constant source diffusion(일정소스확산)이라고 부르기도 한다. 두 번째는 drive-in으로 pre-deposition에 의해서 주입된 불순물을 원하는 표면 농도와 깊이로 주입하는 단계라고 할 수 있다. pre-deposition에 의해서 주입된 불순물만을 재분포 시키므로, limited source diffusion이라고도 한다.
- 표면 농도가 아주 높은 불순물 확산을 위해서는 one step diffusion을 한다. 즉 pre-deposition만을 수행한다.
- 열확산은 확산이 등방성의 특성을 가지고 있다. 그래서 측면 방향으로의 불순물 확산이 이루어져, 최신 반도체 공정에서는 사용되지 않는 확산 방법이다. 하지만, well 확산시에는 사용되고 있다.
- 이온 주입 장치는 주입하고자 하는 불순물 원자를 이온화하여 가속시켜 실리콘 기판에 주입하는 방법으로, 저온 공정이 가능하고, 열을 이용한 주입공정이 아니므로 측면 방향으로의 불순물 확산이 생기지 않는다. 또한, 질량분석기가 있어 주입하고자 하는 불순물만을 정확히 주입할 수 있으며, 정확한 양을 주입할 수 있다. 불순물의 주입 깊이도 조절 가능하다.

- 이온주입 장치는 channeling 현상이 발생할 수 있다. channeling은 결정면의 방향과 일치하게 이온을 주입하면 결정격자의 빈 공간을 통해서 결정을 구성하고 있는 원자의 핵과의 충돌이 없어 주입 깊이를 예측하기 어려운 현상을 말한다. 이를 해결하기 위해서 기판을 약간 기울여서 주입한다.
- channeling 현상 방지를 위해서 기판을 기울이면 shadow effect가 발생된다. shadow effect는 이온 주입시 마스킹 물질인 PR이나 다른 박막에 의해서 이온 주입이 방해를 받는 현상을 말한다. 이런 문제를 제거하기 위해서 기판을 회전시킨다.
- 이온 주입방법은 결정에 결함을 유발시킨다. 이들 결함을 회복시키기 위해서 열처리를 반드시 하여야 하며, 이 열처리를 통하여 결함의 회복은 물론 주입된 이온이 activation 된다.
- 이온 주입후의 열처리는 측면 방향으로의 확산을 방지하기 위해서 단시간에 순간적으로 열처리를 하는 PTA(Rapid Thermal Anneal)를 사용한다.
- 플라스마 도핑은 저에너지로 아주 얕은 불순물 주입 및 3차원적 불순물 주입을 위해서 사용되는 신기술이다.

연습문제

01 one step diffusion에 대해서 간략히 설명하시오.

02 two step diffusion에 대해서 간략히 설명하시오.

03 1100℃에서 boron의 확산계수는 어떻게 되는가?

04 diffusion mechanism에 대해서 설명하시오.

05 비저항이 0.18Ωcm이고, n형 실리콘 웨이퍼에 npn transistor의 base 영역을 형성하기 위해서 boron을 확산하였다. pre-deposition이 15분 동안 900℃에서 수행되었고, 1100℃에서 5시간 동안 drive-in 되었다.

ⓐ pre-deposition 후의 표면의 농도와 접합의 깊이를 구하여라.

ⓑ drive-in 후의 표면의 농도와 접합의 깊이를 구하여라.

06 면저항을 측정할 수 있는 방법에 대해서 설명하시오

07 도핑 농도를 측정할 수 있는 방법을 설명하시오.

08 확산 깊이를 측정할 수 있는 방법을 설명하시오.

09 ion implantation에 대해서 간략히 설명하시오.

10 ion implantation 후에 수행되어야 할 공정에서는 어떤 것들이 있는가?

11 channelling에 대해서 간략히 설명하시오.

증 착
(Deposition)

06 Chapter

06
Chapter

증 착
(Deposition)

학습포인트 증착에 대한 기본적인 원리 이해 및 PVD와 CVD 공정에서의 다양한 공정 기술 분류 및 이들 공정 과정의 차이점 및 특징을 이해하여야 하며, 최근 각광을 받고 있는 ALD 장치에 대한 기타 증착장치와의 차이점이 기능과 역할에 대해서 이해할 수 있어야 한다. 그리고, 각 장치별 구성과 역할 및 이에 대한 유지 및 보수 관리 대한 내용을 이해하고 활용할 수 있는 능력을 키워야 한다.

- 증착공정에 전반에 대해서 이해한다.
- CVD와 PVD를 구분하고 그 역할 및 활용도를 이해해야 한다.
- 증착장비의 구성 및 사용방법을 이해해야 한다.

1. 증착

1) 용어 설명

증착이란 반도체 소자 제조시 아주 얇은 막을 기판이나 혹은 다른 막위에 증착하는 기술로 그 방식에 따라서 물리기상증착(PVD : Physical Vapor Deposition)과 화학기상증착(CVD : Chemical Vapor Deposition)으로 나눌 수 있다.

그림 6-1에 다양한 증착법에 대해서 나타내었다.

생성전달 기술	생성 및 전달기술 일반			
	PVD	PVD 일반		
		Evaporation	Evaporation 일반	
			Resistive Heating	
			E-beam	
			Pulsed Laser Deposition (PLD)	
			Spark/Arc Processing	
			Cluster Beam Deposition (CBD)	
		Sputtering	Sputtering 일반	
			Ion Beam Sputtering	
			Magnetron	Magnetron 일반
				DC Sputtering
				VHF/RF Sputtering
		Reactive Ion Deposition		
	CVD	CVD 일반		
		Thermal CVD	Thermal CVD 일반	
			APCVD	
			LPCVD	
			HWCVD	
			MOCVD	
			VTD	
		PECVD	PECVD 일반	
			Direct Plasma	Direct Plasma 일반
				Glow Discharge
				RF Plasma
			Remote Plasma	Remote Plasma 일반
				ICP/TCP
				MW
				ECR
				Helicon
		Photo CVD	Photo CVD 일반	
			Pyrolytic	
			Photolytic	
	Plating			
기판제어 기술	기판제어기술 일반			
	Energetic beam assistance	Energetic Beam Assistance 일반		
		Ion Beam Assisted Deposition (IBAD)		
		Biased Deposition		
	Atomic Layer Deposition (ALD)			
에피택시 (Epitaxy)				

그림 6-1 증착의 원리

2. PVD

1) 용어 설명

물리기상 증착은 물리적수단(진공증착이나 스퍼터링 기술)에 의해서 화학적 반응이 관여하지 않는 방법으로 생성하려는 박막과 동일한 재료를 진공중에서 증발시켜 마주보는 기판위에 증착시키는 기술이다. 합금 증착의 경우는 합금 그 자체를 증발시키거나 각각의 원료물질을 따로 증발시켜, 증착시킬 때 합금화 시키는 방법을 채택하기도 한다.

> **Tip**
> **스퍼터링(Sputtering)**
> 진공증착법의 일종으로 비교적 낮은 진공도에서 플라즈마를 발생시켜 이온화한 아르곤 등의 가스를 가속하여 타켓에 충돌시켜 목적의 원자를 분출, 그 근방에 있는 기판상에 막을 만드는 방법

(1) 증발법(Evaporation)

진공중에서 증착원을 열적으로 증발 승화시켜 증착 입자화 시키는 방법으로 기판으로 증착 입자를 수송하여 기판상에 증착입자를 부착 퇴적 시키는 박막 형성법으로 열증발법과 전자빔 증발법이 있다.

① 열증발법(thermal evaporation)

증착 방법중에서 가장 고전적이며, 가장 기본적인 증착방법으로 텅스텐과 같은 녹는점이 높은 금속으로 만들어진 히터와 박막의 원료를 놓고 히터를 가열하여 박막재료를 증발시켜 진공중에 날려서 증착하는 방법이다.

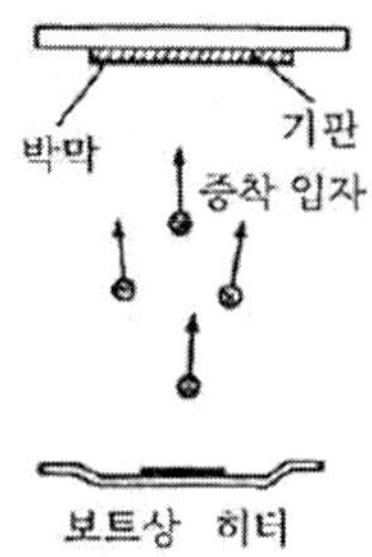

그림 6-2 열증발법

텅스텐이나 몰리브덴, 탄탈과 같은 고융점의 금속을 보트 형태로 만든 것 혹은 선으로 된 것을 꼬아서 사용한다. 고융점의 Al_2O_3나 BEO 등의 산화물 도가니 주변에 열선을 감아서 간접적으로 가열하는 방식을 사용하기도 한다.

재료	밀도	융점	필라멘트	바스켓	보트	도가니	재료	밀도	융점	필라멘트	도가니	보트	도가니
Ag	10.50	961	W	W	Ta, Mo	Al_2O_3	LiF	2.64	870			Ta	Al_2O_3, BeO
Al	2.70	660	W	W	W		MgF_2	3.0	1248	W	W	W, Mo, Ta	Al_2O_3
Al_2O_3	3.99	2020	W	W	W	W	Mn	7.44	1244	W	W	W, Mo, Ta	Al_2O_3, BeO
As	5.72	814			W	Al_2O_3, C	NaF	2.79	988			W, Mo, Ta	BeO
Au	19.63	1062	W	W	W, Mo	Al_2O_3	Ni	8.90	1453	W	W	W	Al_2O_3, BeO
B	2.34	2300			C	C	NiCr	8.5	1350	W	W	W	Al_2O_3, BeO
Ba	3.50	725	W	W	W, Mo, Ta		NiFe		1395		W	W	Al_2O_3
Be	1.85	1284	W	W	W, Mo, Ta	BeO, C	Pb	11.35	328	W	W	W, Mo, Ta	Al_2O_3
Bi	9.80	271	W	W	W, Mo, Ta	Al_2O_3	PbSe		1065		W	W, Mo	Al_2O_3
Ca	1.54	842	W	W	W		PbSe		1463			Pt	Al_2O_3
CaF_2	3.18	1360	W	W	W, Mo, Ta		Pd	12.02	1552	W	W	W	Al_2O_3, BeO
Cd	8.54	321		W	W, Mo, Ta		Pt	21.45	1769	W		W	C
CdS	4.82	1750		W	Mo		Sb	6.69	1380			Mo, Ta	Al_2O_3
CeO_2	7.30	1950			W		Se	4.81	217	W	W	W, Mo, Ta	Al_2O_3
Co	8.90	1495		W	W	Al_2O_3, BeO	SiO	2.24	1702	W		Mo, Ta	
Cr	7.20	1890	W	W	W		SiO_2	2.2	1710			Ta	Al_2O_3
Cu	8.96	1038	W	W	W, Mo	Al_2O_3	Sn	7.3	232	W	W	Mo, Ta	Al_2O_3
Fe	7.87	1535	W	W	W	Al_2O_3, BeO	SnO_2	7.0	1127	W	W	W	Al_2O_3
GaAs	5.32	1238			W, Ta	C	Ta_2O_3	8.74	1800	W	W	Ta	
GaP	4.10	1540		W	W, Ta		Te	6.24	450		W	W, Ta	Al_2O_3
Ge	5.32	937			W	Al_2O_3	Ti	4.54	1675	W		W, Ta	C
In	7.31	157		W	W, Mo, Ta	Al_2O_3	Zn	7.13	907		W	W, Ta	Al_2O_3
InS		943			W, Ta		ZnSe	5.42	1526	W	W	W, Mo, Ta	
In_2O_3	7.18	850			W, Ta, Pt	Al_2O_3	Zr	6.53	1852			W	

그림 6-3 증착 물질별 히터의 종류

② 전자빔 증발법(E-beam evaporation)

에너지가 10KeV 이상의 전자빔을 증착물질에만 집속 가열하여 증발 시키는 방법으로 Pt, Cr, Mo 등과 같이 끓는점이 매우 높은 금속 증착에 많이 활용되고 있다. 열증발법은 히터로 사용되는 물질의 녹는점이 증발시키고자 하는 물질의 끓는점보다 낮으면 열증발법을 사용하지 못하기 때문에 전자빔 증발법을 이때 주로 사용한다.

단원소 물질 외에도 반응성 가스 분위기에서 ITO 투명 도전막을 얻는 경우에도 활용가능하고, 전자빔의 도가니와 충돌 등에 의한 X-선 발생이 소자에 나쁜 영향을 주어서 현재의 고집적 회로 제조에는 사용이 안 되고 있다. 또한, 열증발법은 단파피복성(step coverage)이 나쁜 단점이 있다. 그림 6−4에 전자빔 증발법을 나타내었다.

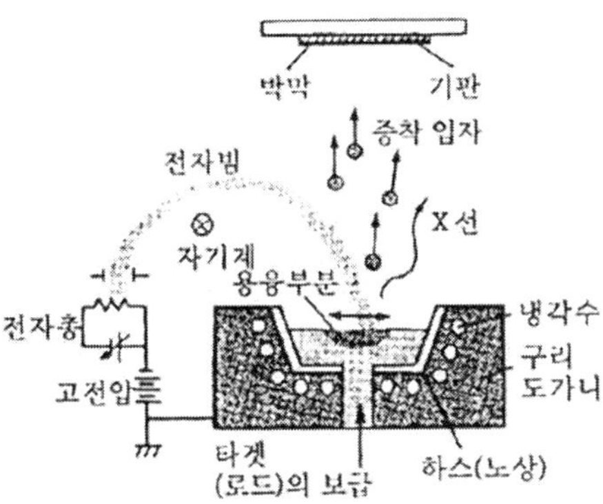

그림 6−4 전자빔 증착

③ 단차피복성

평판이 아닌 토폴로지(Topology) 상에서 위치에 따른 증착된 막의 두께 차이를 이르는 말로 기체 원자의 방향성과 기판 면적 증가 때문에 발생하며, 현재의 집적화된 소자의 경우 종횡비(A/R : Aspect Ratio)가 커져서 단차 피복성을 좋게 하기 위한 다양한 공정 기술들이 개발되어 사용되고 있다. 그림 6−5에 단차 피복성을 나타내었다. 현재는 주로 원자층증착(ALD : Atomic Layer Deposition)을 사용하여 큰 종횡비에 구애를 받지 않고 증착이 이루어지고 있다. ALD는 뒤에서 다시 소개 하도록 한다.

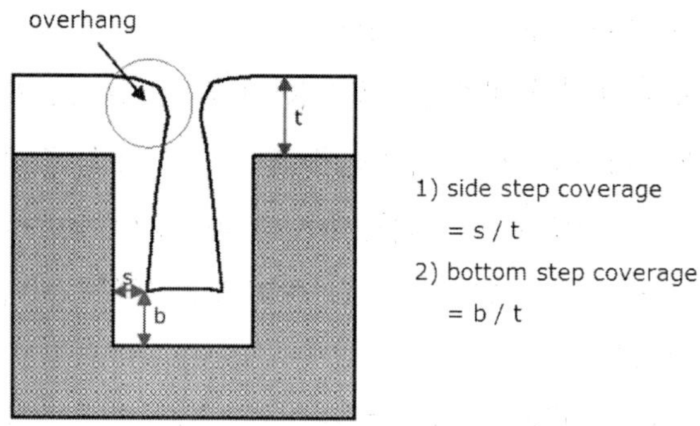

그림 6-5 단차 피복성

④ 종횡비(Aspect Ratio)

위의 그림에서 보면 음영처리된 부분의 요철이 있는 부분의 가로값과 새로값의 비를 의미한다.

(2) 스퍼터링(Sputtering)

높은 에너지의 입자를 증착물질(target)에 조사하여 타겟의 구성원자가 타겟 표면에서 방출되는 현상을 활용하는 방법이로, 에너지가 높은 입자가 타겟 원자와의 핵 충돌로 야기되는 케스케이드 현상에 의해서 타겟 표면에서 방출되는 방향의 운동량 성분을 가진 타겟 원자가 발생해서 타겟에서 탈출하여 반대편 기판에 증착된다. 그림 6-7에 스퍼터링의 메커니즘을 나타내었다.

① Ion Beam Sputtering

이온원(ion source)에 의해 이온을 만들고 이를 고진공중에서 이온빔을 기판쪽으로 수송하여 박막을 증착하는 방식으로 이온 소스가 여러개로 구성되어 있어 단원소, 다원소 증착이 가능하다. 박막 형성, 결정 성장 등의 기초과정을 증착 입자 자체로 제어할 수 있고, 저온에서의 질 좋은 막의 형성이 가능하다.

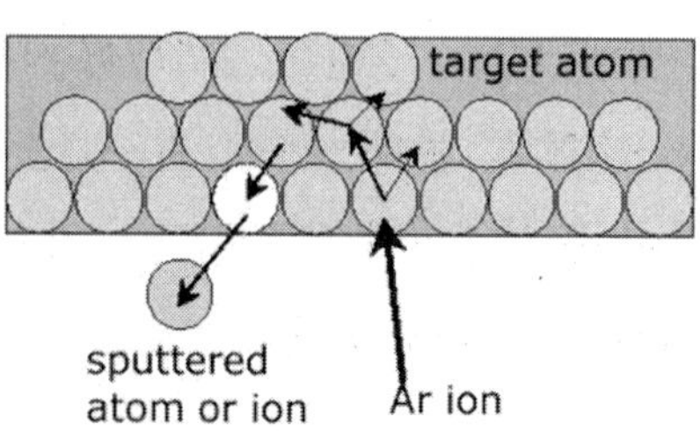

그림 6-6 스퍼터링 메커니즘

② Magnetron Sputtering

전극간의 전계에 대해서 직교하는 자계를 가하는 방식으로 마그네트론 방전에 의해서 다량의 이온을 만들어 증착 속도를 향상 시킬 수 있다. 이것은 DC magnetron sputtering과 RF magnetron sputtering으로 세분화 되어 분류된다. 그림 6-7에 DC 마크네트론 sputter의 구조를 나타내었다.

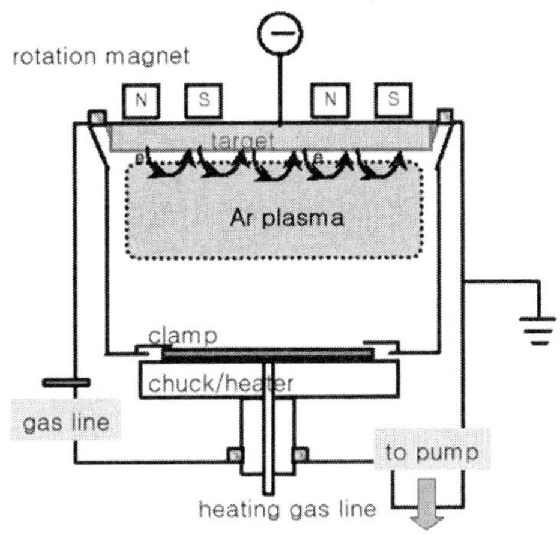

그림 6-7 DC 마크네트론 sputter

DC magnetron sputtering은 직류 글로우 방전(glow discharge)를 이용한 가장 기본적인 방법으로 음극에 타겟(target) 양극에 기판(substrate)을 두고 불활성 기체인 아르곤(Ar) 가스를 주입하고 전극간에 수 KV의 직류 전압을 인가하여 플라스마를 발생시킨다. 아르곤의 이온화 입자(Ar+)가 음극 타겟으로 이동하여 충돌하고, 이로 인해 스퍼터링 된 입자가 양극위에 증착된다. 이 방식의 단점은 타겟 물질이 금속으로 제한된다는 것이다. 유전물질이 타겟인 경우는 아르곤과 충돌시 전하가 축적되어 시간이 지나면서 아르곤 가속 입자와의 반발력이 생겨 스퍼터링이 진행되지 않는 단점이 있다.

RF magnetron sputtering은 DC에서와 달리 직류전원대신에 고주파(13.565MHz) 전원을 사용하여 절연물도 스퍼터링이 가능하다는 장점을 가진다.

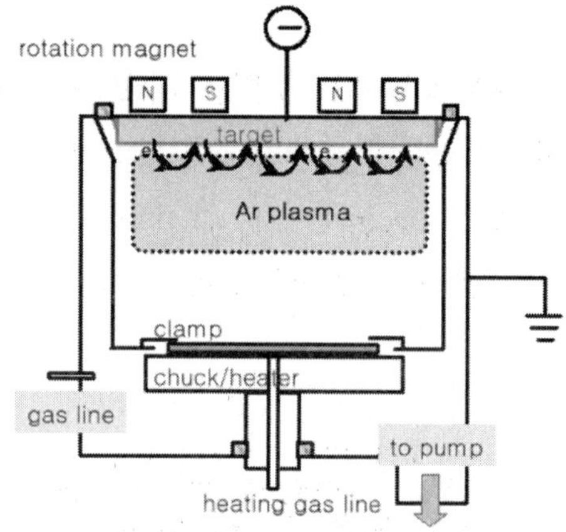

그림 6-8 RF 마크네트론 sputter

③ Reactive Ion Sputtering

혼합물 박막의 증착시 혼합된 원소의 스퍼터링 속도(sputtering yield)가 달라서 증착된 막과 타겟의 조성비가 상이한 경우가 발생될 수 있는데, 이러한 현상을 보상하기 위해서 진공챔버내의 증착박막에 포함시키고자하는 원소의 가스를 챔버내로 주입하여 박막을 형성하는 공정이다. 예를 들어 SiO_2 타겟을 이용하여 SiO_2 박막을 형성하고자 할 때, 챔버내로 산소를 불어넣어 부족분의 산소를 보충함으로써 기판에 SiO_2를 증착할 수 있다.

(3) 기타 물리기상증착법

① PLD(Pulsed Laser Deposition)

재료를 녹이고 증발시키는 기구로 높은 파워 밀도의 펄스 레이저를 이용하여 박막을 형성하는 방법으로, 자외선 영역의 레이저를 사용하는 경우를 에블레이션(laser ablation)법이라고 하며, 주로 사용된다. 적외선 영역과는 구분이 되고 있다. 기체 레이저인 엑시머 레이저(Excimer laser)가 주로 사용된다.

② Spark/Arc 공정ing

증착하고자 하는 물질을 소량씩 열원상에 떨어뜨려서 순간적으로 증발시키는 방식으로 분말의 입도가 작으면 동시 증발이 가능해 조성이 균일한 막을 얻을 수 있는 장점이 있으며, 또한 불순물 첨가도 가능하다. 또한, 화합물 박막 형성에도 활용이 가능하다. 하지만 증발 속도의 제어가 어렵다는 단점이 있다.

③ Cluster Beam Deposition

수백 수천개의 원자집단(Cluster)을 이온화 하여 가속하여 기판으로 수송하는 방법으로 증착 속도가 아주 빠르다.

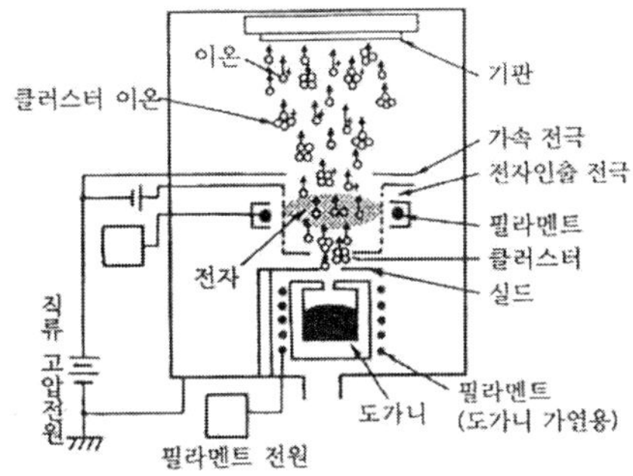

그림 6-9 cluster beam deposition 장치

(4) 최신 물리기상증착법

① IMP sputtering(Ionized Metal Plasma sputtering)

반도체 공정에서 종횡비가 갈수록 증가하여 높은 단차피복성을 위해서 다양한 스퍼터링(sputtering) 장비들이 개발되었는데 그 중에 가장 많이 사용되는 장비로 기존의 스퍼터링 장비의 증착 메커니즘과 달리 타겟으로부터 스퍼터링된 원자가 기판에 수직으로 떨어지면서 증착될 수 있도록, 즉 컨텍 홀(contact hole)의 아래 부분부터 증착이 이루어질 수 있도록 스터퍼핑된 입자를 RF ring을 통하여 이온화시키고 기판에 바이어스(bias)를 걸어 가속시키므로 수직방향으로 박막이 형성되도록 한 방식이다. 그림 6-10에 IMP 스퍼터링 반응 모식도를 나타내었다.

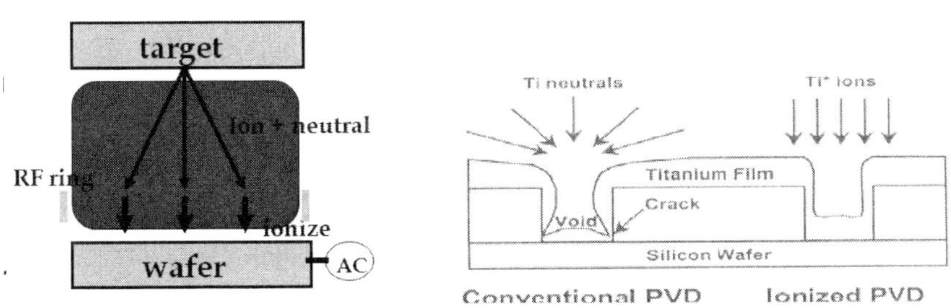

그림 6-10 IMP sputtering 반응 모식도

3. CVD

1) 용어 설명

화학기상 증착은 형성하고자 하는 박막 재료를 구성하는 원소로 된 가스를 기판위에 공급해, 기판 표면에서의 열분해, 광분해, 산화환원, 치환 등의 화학반응에 의해서 박막을 기판 표면에 형성하는 방법으로 가장 사용되는 증착법이다.

CVD는 원료 가스의 유량을 제어하여 막 두께 제어가 용이하고, 원료 선택을 다양화하여 증착된 박막의 조성제어가 자유로우며, 기판 형태와 관계없이 균일한 재료를 제작할 수 있다. 또한, 양산성(batch 공정)이 뛰어나고 저온에서 고순도와 결함이 없는 결정질, 혹은 비정질 막 형성이 가능하다. 신물질 합성을 위해서 사용될 수 있다. 그림 6-11에 CVD 반응 메커니즘을 나타내었다.

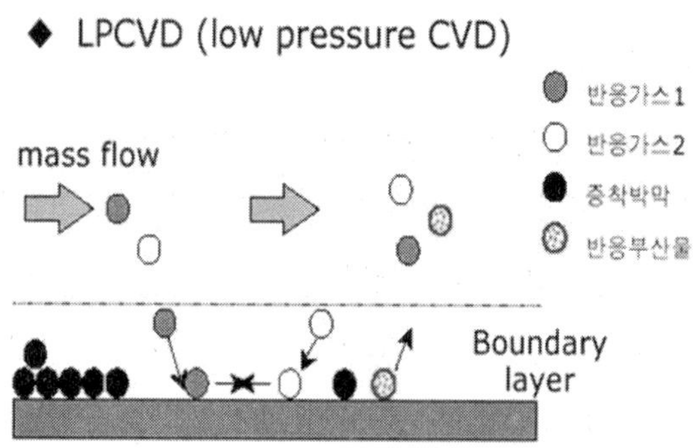

그림 6-11 CVD 반응 메커니즘

(1) thermal CVD

원료가스를 열로써 분해하여 박막을 증착하는 방법으로 고온에서의 막 생성으로 치밀하고 고순도 양질의 막을 형성할 수 있다. 다양한 종류의 막 형성이 가능하며 다성분 합금 박막을 형성할 수 있다. 퇴적 속도가 크고 기판의 topology의 영향을 거의 받지 않고 고진공을 필요로 하지 않아서 장치가 간단하고 양산성이 우수한다.

(2) thermal CVD의 분류

반응실 전체를 가열하는 hot wall 방식과 증착할 기판만 가열하는 cold wall

방식이 있고, 전기로가 놓여 있는 형태에 따라서 수평형, 수직형 등으로 분류할 수 있다. 그림 6-12에 수평형과 수직형 열 CVD를 나타내었다.

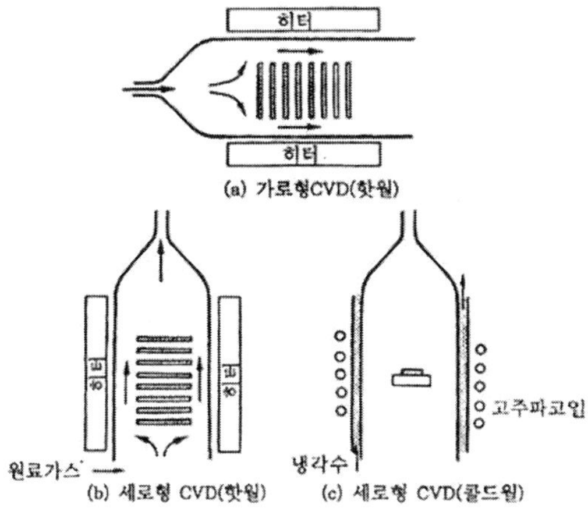

그림 6-12 thermal CVD의 형태

APCVD(Atmospheric Pressure CVD)는 기판을 가스의 흐름에 대해서 수직으로 배열하면 가스의 반응속도에 비해 가스의 수송 속도가 작기 때문에 기판면 안으로 균일한 막 두께를 얻기가 어려운 점이 있다. PSG(Phospho Silicate Glass)와 BPSG(Boron Phospho Silica Glass)를 생성할 때 사용된다.

LPCVD(Low Pressure CVD)는 진공 장비로 구성이 되어야함으로 장치 구성이 복잡하지만, 막 두께 분포의 균일성과 step coverage가 좋다. 비교적 APCVD 보다는 저온 공정이 가능하다. 그림 6-13에 LPCVD 장치의 구조를 나타내었다.

Tip

Step Coverage은 평판이 아닌 topology에서의 위치에 따른 필름의 두께 차이이며기판원자의 방향성 및 기판 면적 증가로 발생하고 Deposition되는 필름의 종류 및 방법에 따라 정도가 달라진다.

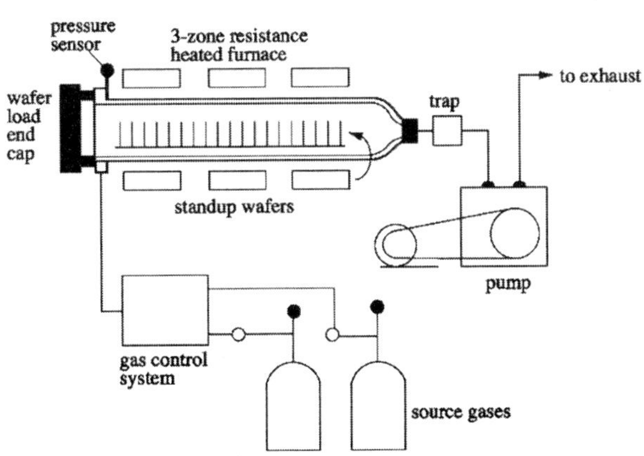

그림 6-13 LPCVD 장치 구성도

(2) PECVD(Plasma Enhanced CVD)

직류, 고주파, 마이크로파 전력 등에 의한 원료가스를 방전을 이용하는 것으로 플라스마 상태로 변환하고, 화학적으로 활성인 이온과 라디칼 생성으로, 원료가스 플라스마 속에서 생성된 활성입자가 기판 표면에서의 화학반응을 촉진하여 박막을 형성하는 기술로 thermal CVD에 비해서 낮은 온도에서 치밀한 박막 형성이 가능하다. 디스플레이에서 TFT를 제조할 때 가장 많이 활용되고 있다. 그림 6-14는 PECVD 반응 원리를 나타내었다. 표 6-1에 CVD에 사용되는 전구체를, 표 6-2에는 PVD와 CVD의 특성 비교를 하였다.

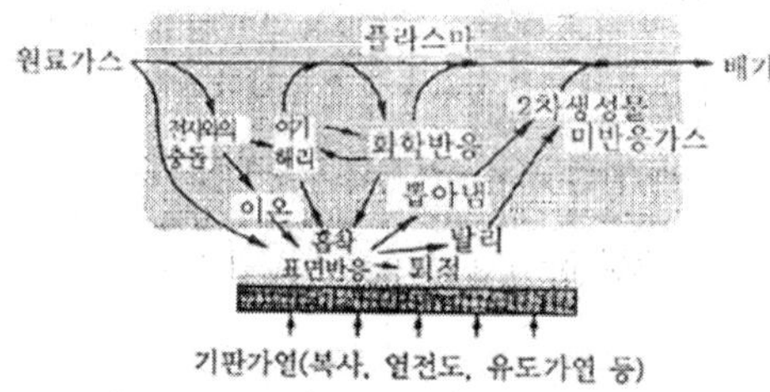

그림 6-14 PECVD 반응 메커니즘

표 6-1 CVD에 사용되는 원료 가스(Precursor)

재 료	분자량	융 점	증기압	비 고
$Si(OC_2H_5)_4$	208.5	−8.25℃	166.8±/760Torr	절연막(SiO_2, PSG, BPSG)
$POCl_3$	153.35	1.25℃	*A=−1832, B=7.73	절연막(PSG, BPSG)
$PO(OCH_3)_3$	140.0	−46.1℃	*A=−2416, B=8.045	절연막(PSG, BPSG)
$B(OC_2H_5)_5$	146.1	−84.8℃	118.6℃/760Torr	절연막(PSG, BPSG)
$Ge(OC_2H_5)_4$	253.0	−72±1℃	185℃/760Torr	물과 신속하게 가수분해
$Ta(OC_2H_5)_5$	406.4	21℃	146℃/0.15Torr	담항~무색의 액체
$As(OC_2H_5)_3$	209.41		162℃/745Torr	화합물반도체(GaAs, GAlAs)
$Sb(OC_2H_5)_3$	257.1		93℃/10Torr	InSb
$Al(OiC_3H_7)_3$	204.0	142~3℃	151~3℃/15Torr	GaAlAs
$Ti(OiC_3H_7)_4$	283.9	20℃	116℃/10Torr	수분과 반응하여 가수분해
$Ta(OiC_2H_5)_5$	406.4	21℃	146℃/0.15Torr	Ta_2O_5
$Nb(OiC_2H_5)_5$	318.4	6℃	156℃/0.05Torr	수분과 반응하여 가수분해
$Zr(OiC_3H_7)_4$	327.2	105~120℃	160℃/0.1Torr	수분과 반응하여 가수분해
$VO(OiC_2H_5)_3$	202.2		91℃/11Torr	수분과 반응하여 가수분해
$Sb(OiC_2H_5)_3$	257.1		93℃/10Torr	수분과 반응하여 가수분해
$AlCl_3$	133.34	190℃	*A=6362, B=9.66, C=3.788	승화성, 수분과 반응하여 가수분해
$TaCl_5$	189.71	−30℃	*A=2853, B=24.98, C=−5.08	바리어메탈(TiN)
$RiCl_4$	358.21	221℃	242℃/760Torr	유전체막(Ta_2O_5)
$NbCl_5$	270.17	194℃	240.5℃/760Torr	수분과 반응하여 가수분해
$ZrCl_4$	233.03		*A=−6602, B=19.36, C=−1.6	수분과 반응하여 가수분해
$VOCl_3$	173.3	−77±2℃	126.7℃/760Torr	수분과 반응하여 가수분해
$SbCl_3$	228.11	73.4	*A=−3771, B=29.5, C=−7.04	
$Ti[N(CH_3)_2]$	223.9		50℃/0.05Torr	수분과 반응하여 가수분해

* $\log P = A/T + B + C\log T$

표 6-2 CVD와 PVD의 특성 비교

구 분	PVD	CVD
정 의	물리적인 힘에 의해 대상 물질을 기판에 증착하는 방법	반응 기체의 화학적 반응에 의해 기판에 증착하는 방법
종 류	evaporation, sputtering	PECVD, Thermal CVD, LPCVD, APCVD
장 점	clean 공정 성막의 조성 조절이 용이 접착성 좋음 안전한 공정 증착 메커니즘이 간편	단차피복성이 좋음
단 점	단차피복성이 좋지 않음	
적용공정	Ti, TiN, Co, W	W, TiN, SiO_2, SiN 등

표 6-3에 다양한 요인에 따른 CVD의 종류 분류를 나타내었다. 표 6-4에는 CVD 별 장점, 단점과 활용에 대해서 설명하였다.

표 6-3 CVD의 분류

요 인	종 류
기판과 반응기 벽의 온도	Hot Wall CVD, Cold Wall CVD
반응기 내부의 압력	APCVD, LPCVD
활성화 에너지 공급 방법	Thermal CVD, PECVD, PCVD(Photo CVD)
반응 온도	High Temperature CVD, Low Temperature CVD
증착되는 막의 종류	Dielectric CVD, Poly and Metal CVD

표 6-4 CVD 종류별 장단점 비교

공정	advantage	disadvantage	application
APCVD (저온)	간단한 장치 빠른 속도 낮은 온도	나쁜 단차 피복성 파티클 낮은 효율(throughput)	low temp oxide (BPSG)
LPCVD	탁월한 순도 균일도 탁월한 단차피복성	high temperature low deposition rate	High temp oxide Si nitride
PECVD	낮은 온도 빠른 속도	화학점 오염 파티클	low temp oxide(metal) passivation

4. ALD

1) 용어 설명

일반 CVD의 화학적 증착이 아닌 화학흡착에 의해서 막이 형성됨으로써 아주 얇은 막(원자층)을 형성하는 공정으로 복잡한 구조물에 대해서도 100%에 가까운 step coverage를 나타내며, 기존의 PVD나 CVD의 한계를 극복할 수 있는 기술이다. 하지만 박막의 성장속도가 다른 기술에 비해서 떨어지는 단점이 있어 양산성에 문제가 있다고 하였으나, 최근에는 많이 양산에 활용되고 있는 최신기술이다.

ALD의 증착 메커니즘을 살펴보면, 반응가스 A를 주입하고, 기판에 흡착(chemisorption, physisorption)된다. 배기 도움 가스를 주입하여 잔류 반응 가슬 A를 배기한다. 반응 가스 B를 주입한다. 기판에 흡착된 반응가스 A와 B가 반응하여 원하는 막 생성물질은 기판에 남는다. 배기 도움 가스를 주입하여 잔류 반응 부산물질을 배기한다. 이런 과정을 거쳐서 monolayer를 생성하게 되고, 이른 과정을 1cycle로 해서 필요한 만큼 반복 수행하여 원하는 두께의 막을 형성한다. 그림 6−15에 ALD의 원리를 나타내었다.

그림 6−16에 ALD에 의해서 증착된 박막의 우수한 단차 피복성을 보여주고 있다.

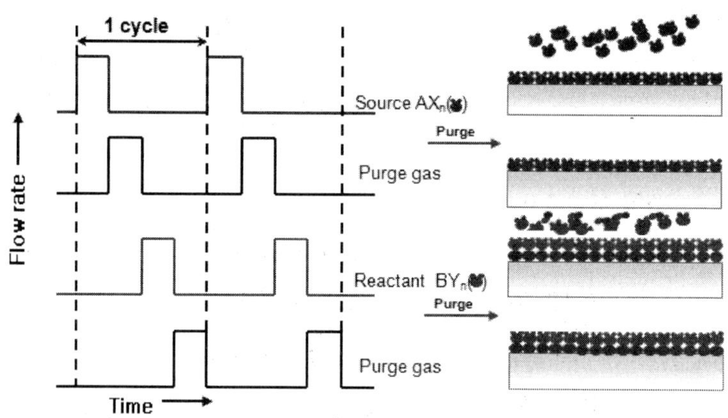

그림 6−15 ALD 증착 메커니즘

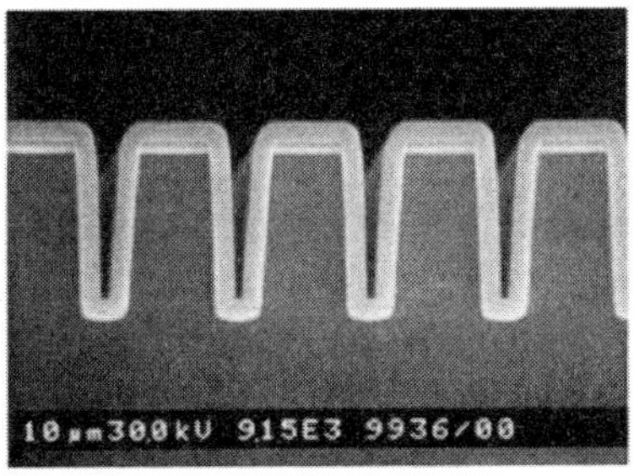

그림 6-16 ALD에 의한 박막 증착

표 6-5에 ALD, CVD 및 PVD에 특성을 다양한 요소별로 구분하여 비교하였다.

표 6-5 ALD, CVD, 및 PVD의 특성 비교

구 분	ALD	CVD	PVD
증착방법	원자층 증착	화학기상증착	물리적 증착
막 증착 두께	<200Å	>200Å	>200Å
균일도 조절	1Å	10Å	50Å
막 두께 조절	매우 우수	우수	보통
단차피복성	매우 우수	우수	나쁨
막 특성	매우 우수	우수	제한적
cleanliness	파티클 없음	파티클 발생	파티클 발생
base vacuum	1×10^{-3}Torr	1×10^{-3}Torr	1×10^{-7}Torr
확장성	제한 없음	90~65nm	100nm 이상
생산성	poor	Fair	Good

5. Metalization(금속배선공정)

1) 용어 설명

금속 배선 공정을 Back End Of Line(BEOL)이라고도 부른다. 즉, 반도체 전자 소자의 특성에 영향을 줄 수 있는 모든 공정이 끝나고, 소자와 금속간 소자와 소자간 전기적인 연결을 하는 과정이라고 생각하면 된다. 이전 과정을 FEOL (Front End Of Line)이라고도 부른다.

금속 배선공정은 배선의 형태에 따라서 접촉(contact)과 상호접속(interconnection)이 있다.

접촉은 아래 그림처럼 수직 방향으로 실리콘과 금속, 금속과 금속간의 연결된 형태를 의미하며, 상호접속은 소자간 사이의 연결 즉, 수평 방향으로의 연결된 형태를 의미한다.

상호접속시 금속에 요구되는 것은 높은 전도도가 필요하고, 증착 및 패턴 형성이 쉽고, 실리콘이나 실리콘 산화막과의 접촉특성이 좋아여하고, 부식이나 전자이동(이주)이 없는 신뢰할 만해야 한다.

아주 오랜 시간 금속배선은 알루미늄을, 금속간 절연물로는 SiO_2를 금속배선 공정에 사용하였었다. 하지만 최근에는 구리(Cu)와 유전율이 낮은 절연물(low-k)을 사용하고 있다.

그림 6-17에 전자소자와의 접촉을 나타내었다.

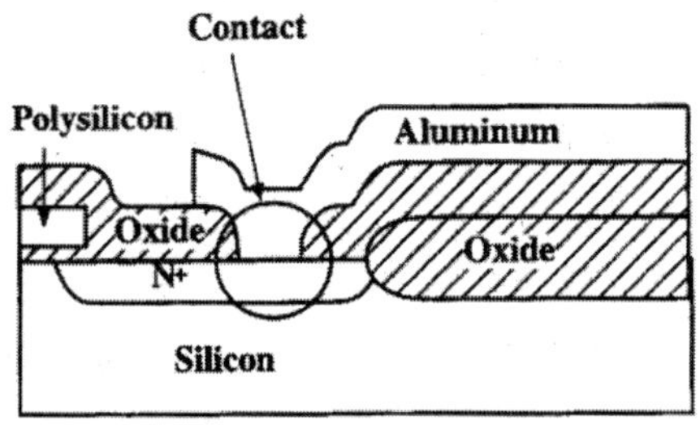

그림 6-17 전자소자와의 접촉(contact)

(1) 알루미늄을 사용한 금속 배선

알루미늄은 낮은 저항률과 금속간 절연물로 사용되는 SiO_2와의 좋은 접착력 등의 특성을 가지고 있어서 지난 수 십년간 금속 배선 공정에 사용되었다. 하지만, 알루미늄이 가지는 다양한 문제점으로 인하여 알루미늄을 대체하여 구리를 이용한 금속 공정이 현재는 주류를 이루고 있다.

① 힐록(hillock)

힐록(hillock)은 Al이 기판과의 열팽창계수 등의 차이에 기인해서 발생되는 현상으로 불룩 튀어나오는 현상을 말한다. 그림 6-18에 알루미늄에서 발생되는 힐록을 나타내었다.

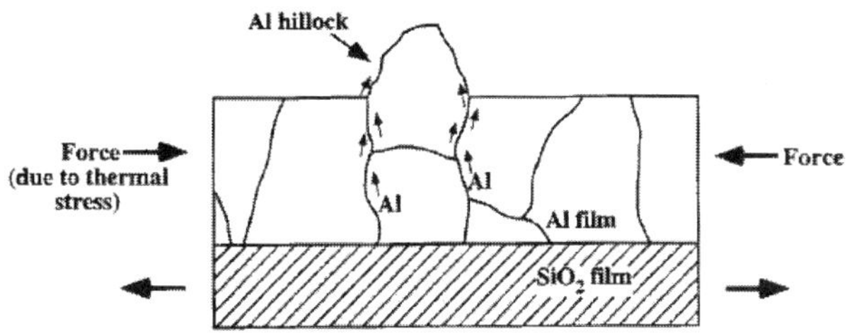

그림 6-18 알루미늄을 hillock

② 전자이탈현상(electromigration)

보통 배선에 전류가 흐르면서 전자의 움직임이 있는데 전자의 흐름이 보통 한 방향인 경우에 한 방향으로 지속적인 스트레스를 받으면 금속 이온 또는 원자의 이동이 생기게 되고, 이에 따라 void나 힐록을 형성하면서 변형이 일어난다. 이렇게 전자의 이동에 의하여 생기는 금속의 변형을 electromigaration이라고 한다.

electromigration은 금속 박막의 국부적인 구조 변형으로부터 시작되어 전기적인 연결상태의 열화를 발생시킨다. 금속 접촉의 contact이나 via 부분에서 치밀도가 떨어지고 전기적인 연결 상태가 끊어지는 빈 공간(void)이 발생한다.

그림 6－19에 electromigration에 의한 힐록과 돌출(extrusion) 및 viod가 발생된 것을 나타내었다.

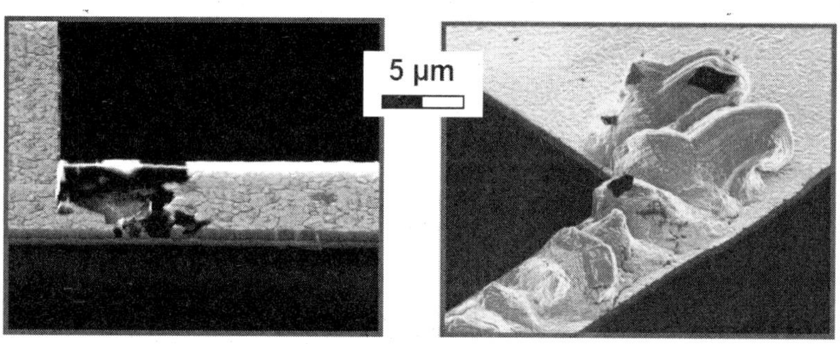

그림 6-19 electromigration에 의한 hillock과 extrusion(돌출) 및 viod

③ Junction spike

알루미늄을 금속 전극으로 사용하여 실리콘과 직접적으로 접촉(contact) 시키면 실리콘이 알루미늄속으로 용해되어 확산되는 성질을 가지고 있다. 600℃

이하의 낮은 온도에서도 실리콘과의 합금을 이루어 junction spike를 발생시킨다. 그림 6−20에 알루미늄과 Si의 위상도(phase diagram)를 나타내었다.

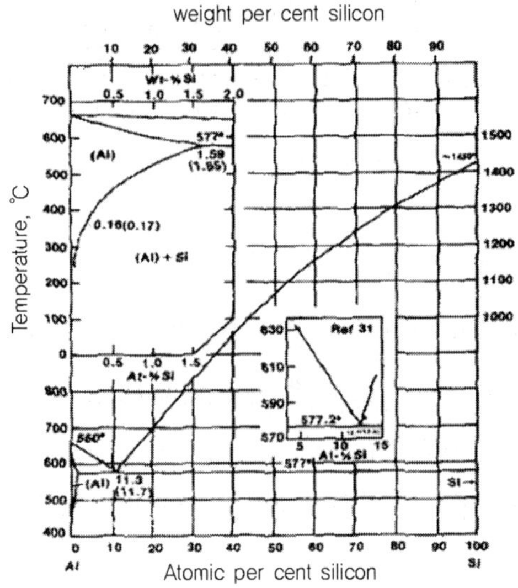

그림 6−20 알루미늄과 Si의 phase diagram

그림 6−21에는 실리콘의 알루미늄으로의 확산에 의한 junction spike 현상을 나타내었다.

junction spike가 발생하면 아래 그림에서처럼 기판(silicon)과 N+ 층이 단락(short)가 되게 되므로 전기소자에 문제가 발생하게 된다. 이러한 문제를 방지하기 위해서 알루미늄 증착시 알루미늄에 사전에 실리콘이 1.5% 정도 함유된 target을 사용하여 금속 박막을 증착함으로써 실리콘이 알루미늄 속으로 용해되지 못하게 한다.

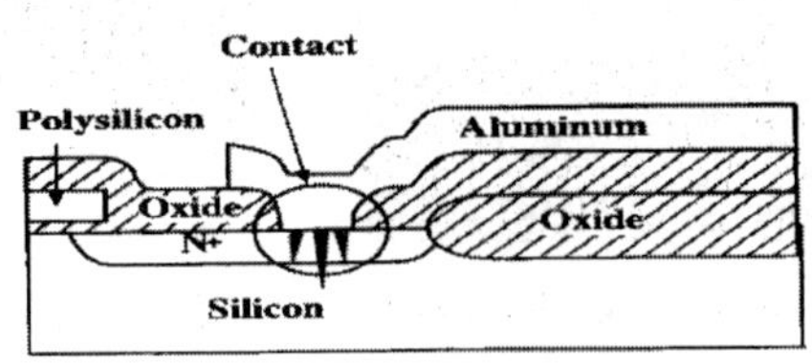

그림 6−21 junction spike

그림 6−22에는 알루미늄을 식각액으로 식각하고 남은 실리콘 표면 사진이다. 사진에서 볼 수 있는 것처럼 실리콘이 소실된 것을 볼 수 있다. 즉, 알루미늄 속으로 실리콘이 용해되어 들어갔었다는 것을 알 수 있다.

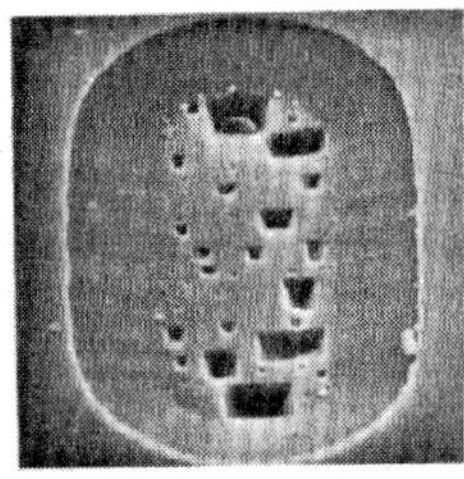

그림 6-22 알루미늄 제거(junction spike)

④ ohmic contact과 Schottky contact

금속과 실리콘 간의 접촉은 그 전기적인 특성에 따라서 저항성 접촉(ohmic contack)과 정류성 접촉(Schottky contact)으로 구분 할 수 있다.

저항성 접촉은 금속과 실리콘 간에 전기가 양방향으로 잘 흐르는 것을 의미한다. 반도체 공정에서 특수한 경우를 제외한 모든 접촉은 저항성 접촉이어야 한다. 그래야만 전기적으로 안정적인 특성을 보장 받을 수 있다.

저항성 접촉과 정류성 접촉은 실리콘과 알루미늄간의 일함수 차에 의해서 결정이 된다. 이런 이유로, n형 실리콘과 알루미늄은 일함수차에 의해서 정류성 접촉을 형성하게 된다. 물론 p형 실리콘과 알루미늄은 저항성 접촉을 한다.

정류성 접촉은 한쪽 방향으로는 전기를 흘리지 않게 되므로 정류성 접촉화 시키기 위해서 알루미늄과 접촉하는 실리콘 접합부 표면을 고농도(n+)로 불순물을 주입하여 실험적인 저항성 접촉이 될 수 있도록 한다. 그래서, 모든 공정 관련 그림에서 보면 n형 반도체와 금속 특히 알루미늄과의 접촉부를 보면 고농도로 도핑되어 있는 것으로 되어 있다.

그림 6-23에 저항성 접촉과 정류성 접촉의 I-V 특성을 나타내었다.

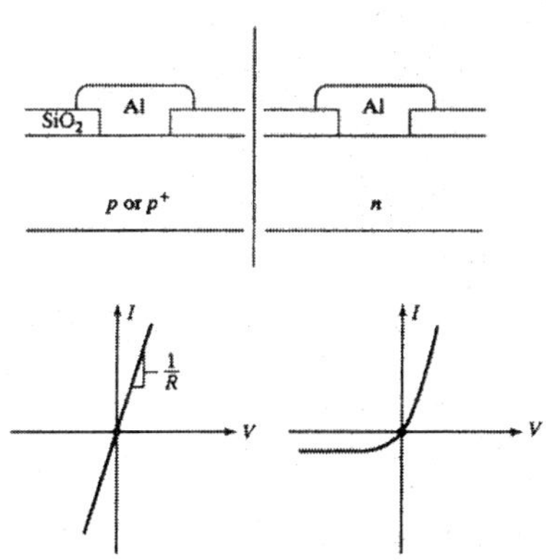

그림 6-23 저항성 접촉과 정류성 접촉 특성

(2) 실리사이드(Silicide)

실리사이드는 실리콘과 금속의 합금을 의미한다. 실리콘과 금속간의 직접적인 접촉시 접촉 표면에 접촉저항이 발생한다. 소자가 큰 예전에는 접촉저항에 대한 큰 영향을 받지는 않았지만, 현재의 공정에서는 소자의 크기가 작어지면서, 작아진 만큼 접촉 저항이 증가하여 전기흐름에 큰 영향을 미치게 되었다. 이런 접촉저항을 최소화하기 위한 것이 실리사이드이다.

실리사이드는 실리콘과 접촉할 표면에 금속을 증착한 후, 열처리를 함으로써 실리콘과 합금화하여 실리사이드를 형성할 수 있다.

그림 6-24에 Ti를 이용하여 실리사이드를 형성한 것을 나타내었다. 이를 통하여 좋은 전기적 접촉과 낮은 면저항을 형성할 수 있다.

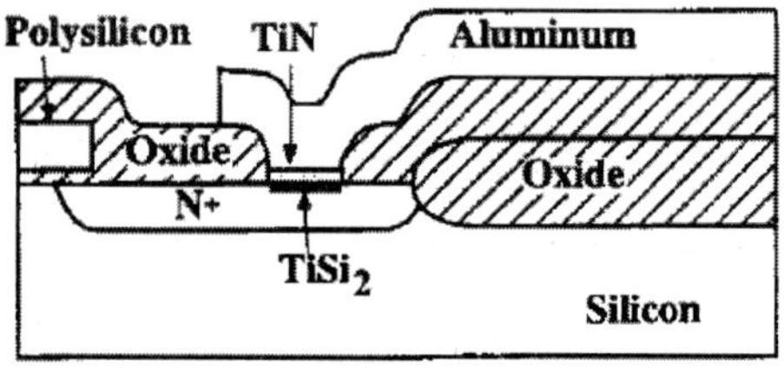

그림 6-24 TiSi2 실리사이드

※ Salicide(Self Aligned siLICIDE)

MOSFET 제조시 소스와 드레인과 금속간의 접촉부를 실리사이드 만드는 방법으로 살리사이드라는 방식이 있다.

이 방식은 MOSFET 제조시 LDD(Lightly Doped Drain)을 가진 구조에서 금속막을 소자 전체에 증착하고 열처리를 하면 소스, 드레인 및 게이트 poly silicon 영역에만 열처리에 의한 실리사이드가 생성되게 된다. 다른 영역은 절연물이 막고 있어서 실리사이드가 생성되지 않는다. 최종적으로 남은 금속을 습식 식각하면 실리콘 표면이 들어나 있는 부분만 실리사이드가 생성되게 된다.

이처럼 자동적으로 실리사이드 생성 영역이 결정되었으므로, 마치 마스크 얼라이너를 이용하여 정렬한 것처럼 정렬되었으므로 이를 자가 정렬이라고 한다. 즉, 자가 정렬로 만들어진 실리사이드가 살라사이드이다.

그림 6-25에 살리사이드 제조 과정을 나타내었다.

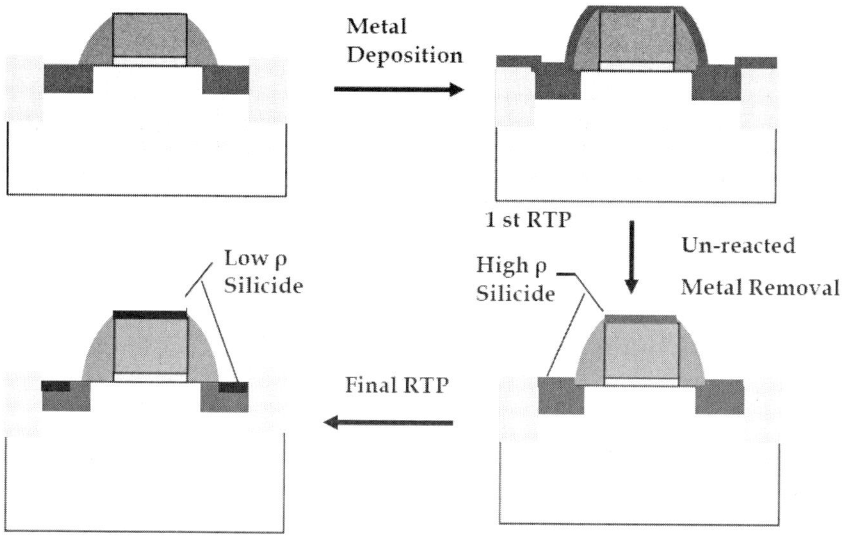

그림 6-25 $TiSi_2$ 살리사이드 제조과정

표 6-6 다양한 실리사이드의 특성 비교

Properties	$RiSi_2$	$CoSi_2$	NiSi
Resistivity (μΩ-cm)	13~16 (60~80 for C49)	16~18	14~19 (40~50 for $NiSi_2$)
Reaction Temperature	600~700℃: $TiSi_2$(C49) 800~900℃: $TiSi_2$(C49)	400~450℃: CoSi 700~800℃: $CoSi_2$	400~600℃
Silicon Consumption	$0.9 \times T_{silicide}$	$1.04 \times T_{silicide}$	$0.82 \times T_{silicide}$
Thermal Stability	<~800℃	<~900℃	Poor
Strong	Low resistivity Insensitive to oxide	Good thermal Stability Rs less width-dependent	Low thermal budget Less Si consumption Re less width-dependent Insensitive to oxide
Weak	Bad thermal stability Rs width dependent	Large Si consumption Sensitive to oxide	Worse thermal stability

(3) 다층배선(multilevel metalization)

전자소자의 집적도가 높아지고 한칩에 많은 소자가 제조되게 되었고, 소자간의 전기적인 연결을 하면서도, 공간적인 소모를 최소화하기 위해서 사용되는 것이 다층 배선이다. 다층 배선을 통하여 소자간 연결에 필요한 공간을 최소화하여 집적도 향상에 기여 한다. 또한, 배선의 길이를 단축하여 신호지연을 최소화할 수 있다. 그림 6-26에 tech별로 다층배선의 수를 나타내었다. tech가 올라가면 올라갈수록 다층배선수는 증가하며, 그림에서 알 수 있듯이, 0.7㎛ tech까지는 배선의 평탄화가 이루어져 있지 않지만, 상위 tech로 가면서는 다층 배선 단계별 단차가 계속 발생되어 사진공정이 블가능해서 배선층간 평탄화가 이루어져 있음을 볼 수 있다.

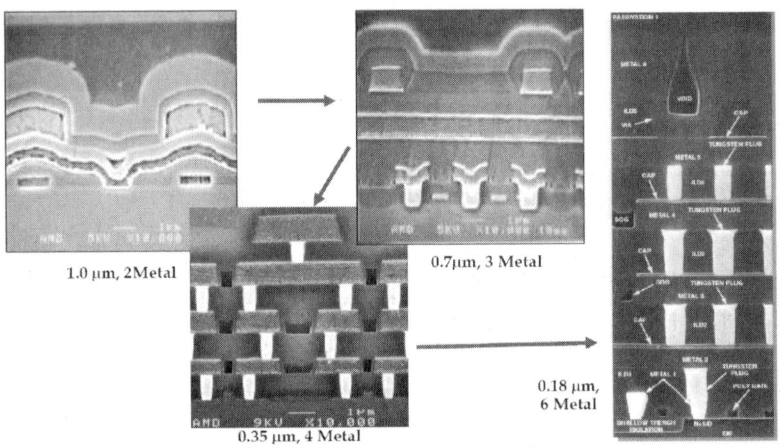

그림 6-26 tech별 다층 배선과 평탄화

다층 배선을 정상적으로 하기 위해서는 평탄화가 되어 있어야 한다. 즉, 각 금속 배선 층간 단차가 발생하지 않아야 한다는 것이다. 공정이 진행되면서 단차는 반드시 발생된다. 이러한 단차를 최소화하기 위해서 다양한 방법이 동원되어 공정이 진행되어 왔다.

아래에 다양한 단차를 보상하기 위한 공정에 대해서 설명한다. 또한, 최근에 가장 많이 사용되고 있는 CMP(Chemical Mechanical Polishing)이다. CMP 공정을 통하여 단차를 최소화하여야 다층배선을 위한 사진공정이 정상적으로 이루어 질 수 있다.

(4) 평탄화(planarization)

평탄화 공정은 다층 금속 배선 공정에서는 없어서는 안되는 과정이다. 식각에 의한 패턴 형성과정과 이후에 이루어지는 박막 증착과정을 통하여 계속적인 단차 증가가 발생된다. 그림 6-27에 다층 배선에 의한 단차 발생을 보여주고 있다.

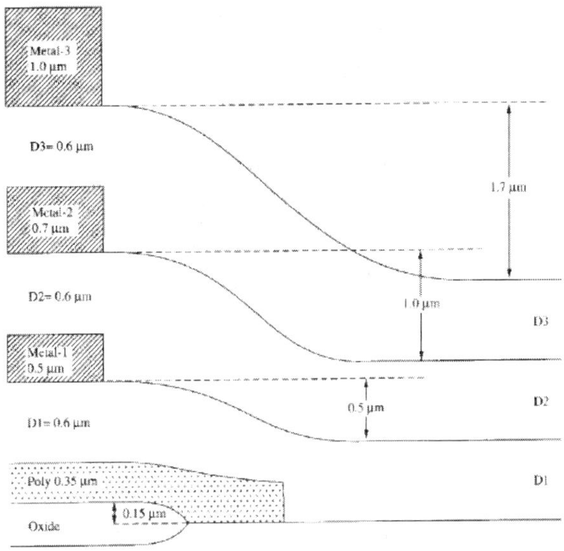

그림 6-27 다층 배선에 의한 단차의 발생

그림 6-28에 단차에 의해서 사진공정에서 발생될 수 있는 문제를 나타내었다.

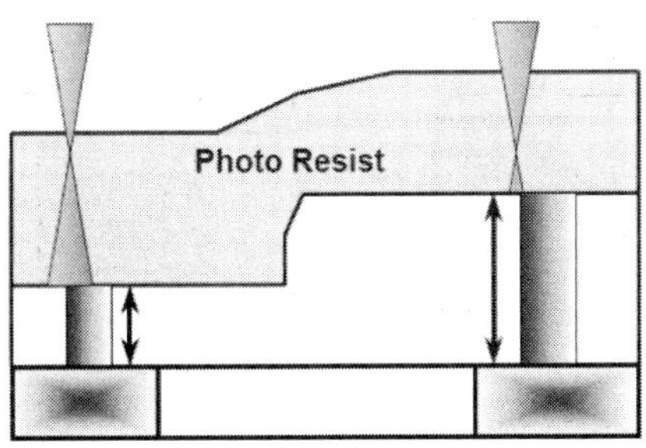

그림 6-28 기판 단차에 의한 PR내의 사진공정에서의 초점

① Etch back

etch back은 기판에 접촉할 수 있는 via hole에 금속 박막을 충분히 증착하여 via hole을 메운 다음, 사진공정 없이 건식 식각을 실시하여 평탄화를 하는 과정이라고 생각하면 된다. 그림 6-29에 텅스텐(W)이 etch back 된 사진을

나타내었다. 사진에서 보면 절연물 층에 있는 텅스텐이 다 식각되도록 식각을 하게 되면 당연히 텅스텐이 via hole 속으로 recess 되는 것을 알 수 있다. 그래서 etch back은 완벽한 평탄화기술이라고 할 수는 없다.

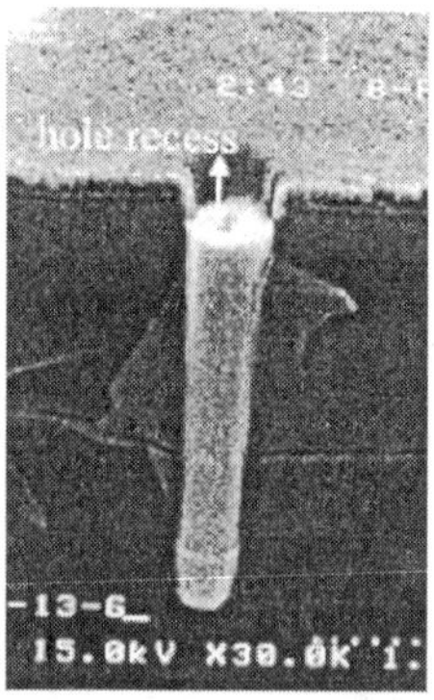

그림 6-29 텅스텐의 etch back

② HDP

고밀도 플라즈마(high density plasma) 기술은 식각과 증착을 한 사이클씩 번갈아가면서 공정을 수행한다고 생각하면 된다. 초기에 via hole 부분의 양 모서리가 빼족하므로 식각을 하게 되면 그 부분이 완화되므로 증착의 균일도를 높이 수 있다. 그림 6-30에 HDP CVD를 나타내었다.

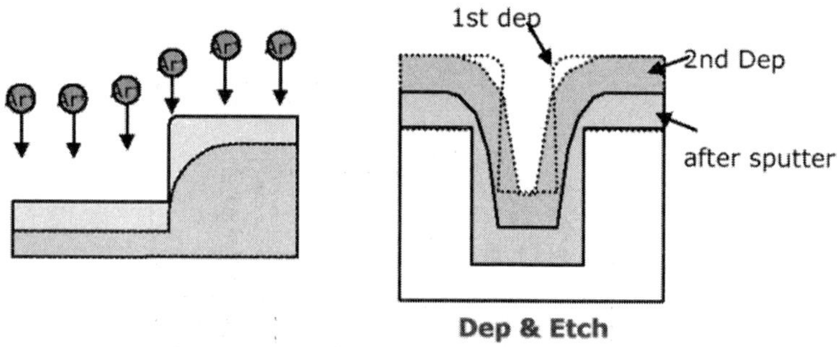

그림 6-30 HDP CVD

③ SOD(Spin On Dielectric)

SOD는 액체 상태의 절연물을 단차가 있는 기판에 마치 PR을 코팅하듯이 코팅하고 열처리를 통하여 평탄화된 절연물을 증착하는 기술이다. 앞에서 설명한 etch back이나 HDP 법 보다는 평탄화 능력이 좋다. 더 나은 평탄화를 위해서 SOD로 증착 완료후 etch back을 하여 더 평탄화 시키기도 한다.

(5) CMP(Chemical Mechanical Polishing)

CMP 기술은 슬러리(slurry)와 화학약품을 이용하여 울퉁불퉁한 표면을 마치 공사현장에서 바닥을 평탄하게 가는 것처럼 화학적으로 물리적으로 갈아서 평탄화 시키는 기술이다. 화학 약품은 평탄화하고자 하는 기판 표면을 더 부드럽게 만드는 기능을 하고, 기계적으로 pad를 이용하여 표면을 갈아낸다. 이때 울퉁불퉁한 부분이 더 빠른 제거비를 가지게 되어 평탄화가 이루어지게 된다.

> Tip
> 슬러리(Slurry)
> 고체와 액체의 혼합물 또는 미세한 고체입자가 물속에 현탁(懸濁)된 현탁액

그림 6-31에 CMP 장치의 구성을 나타내었다.

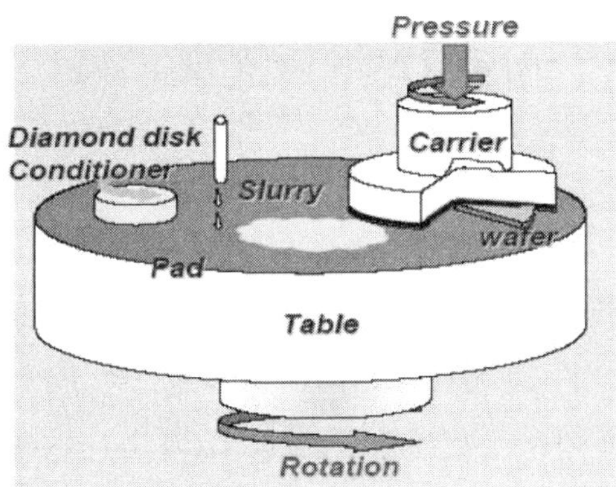

그림 6-31 CMP 장치도

그림 6-32에 CMP에 의한 실제 기판의 시간에 따른 평탄화 과정을 나타내었다. 지금까지 살펴본 평탄화 기술 중에서는 가장 완벽한 기술이라고 할 수 있다.

그림 6-32 CMP에 의한 평탄화 과정 진행

다양한 평탄화 기술에 대한 비교를 그림 6-34에 나타내었다.

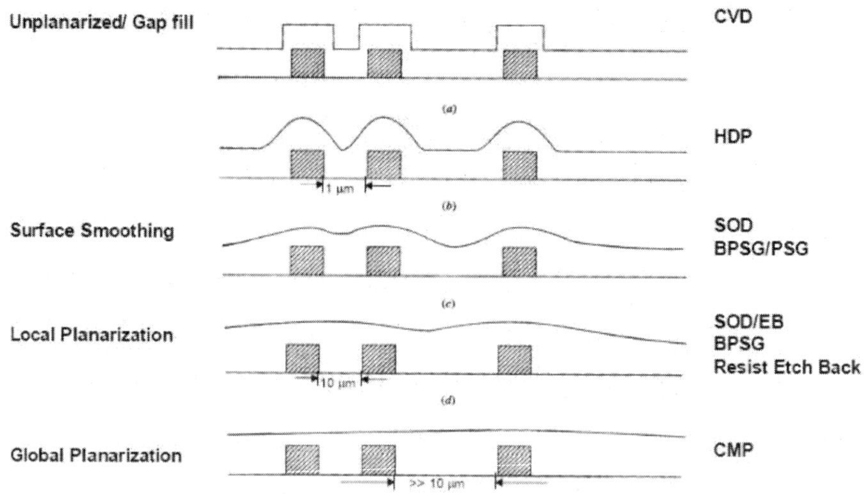

그림 6-33 다양한 평탄화 기술의 비교

(6) W Plug

다층 금속 배선에서 수직으로 금속간 연결하는 플러그(plug) 금속으로는 텅스텐을 지금까진 많이 사용해 왔다. 그림 6-34에 텅스텐 플러그를 형성하는 과정을 나타내었다. 먼저 텅스텐으로 채워져야할 via에 Ti, TiN을 증착하여 확산 장벽(barrier) 역할을 하게 하고 텅스텐을 충분히 증착하여 via가 충분히 메워지도록 한 다음, etch back을 통하여 식각(혹은, CMP로 평탄화) 하여 최종적으로 텅스텐 플러그를 완성한다.

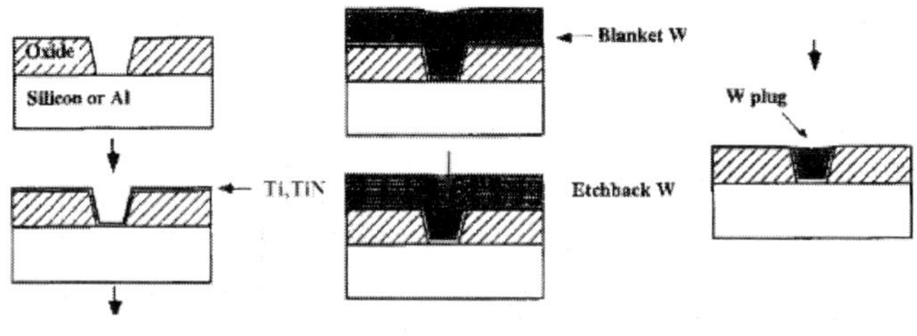

그림 6-34 텅스텐 플러그(Plug)

(7) Conventional metal structure

그림 6-35에 전통적인 금속층 구조와 제조 순서를 나타내었다.

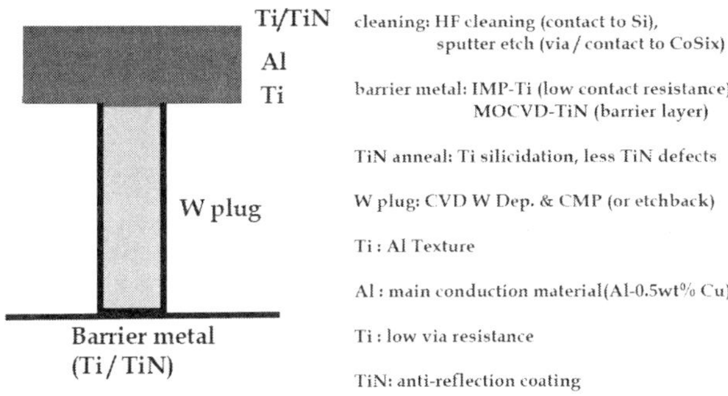

그림 6-35 Conventional metal structure와 제조 순서

먼저 세정을 실시하고 barrier metal로 Ti를 IMP sputtering으로 증착한후, MOCVD로 TiN을 증착한다. 열처리를 통하여 Ti를 실리사이드와 하고, 텅스텐을 CVD로 증착한 후 etch back이나 CMP로 평탄화 한다. 그 위에 Ti를 증착하고 알루미늄을 증착한다. Ti를 알루미늄 위에 증착하고 최종적으로 TiN을 반사방지막(Anti-reflection layer)을 증착한다. 방사방지막은 향후 현재 그림에서 수평방향으로 있는 금속을 식각하기 위해서 사진공정을 할때 빛의 반사를 방지하기 위해서 사용된다.

Tip

금속배선을 하부의 배선과 연결할 때 접촉면 부분의 Potential Barrier를 낮추어 저항에 문제가 없도록 얇게 (수십 ~ 수백 Å) 덮어주는 금속을 Barrier Metal이라 한다.

(8) Dual Damascene

다마신(Damascene) 공정은 우리말로 상감공정이라고도 불린다. 상감기법은 상감청자를 만들때 금속을 일부 깎아내고 그 안을 다른 금속을 체우는 기법으로, 반도체에서 사용되는 다마신 공정이 마치 상감기법과 유사하다고 해서 붙여진 이름이다. 그림 6-36에 듀얼 다마신(dual damascene) 공정을 나타내었다. 현재 금속간 배선을 위해서 사용되고 있는 방법이다.

Tip

Damascene process는 식각 없이 구리 배선을 형성하기 위해 사용하는 것으로 배선을 위해 절연층에 contact hole을 만들고 CVD를 이용 구리를 증착하고 CMP를 이용하여 평탄화 하는 것이다.
Dual damascene process는 이런 damascene process에서 via와 같은 연속된 hole이 있을 때 via와 같은 홈을 채우는 것을 포함한다.

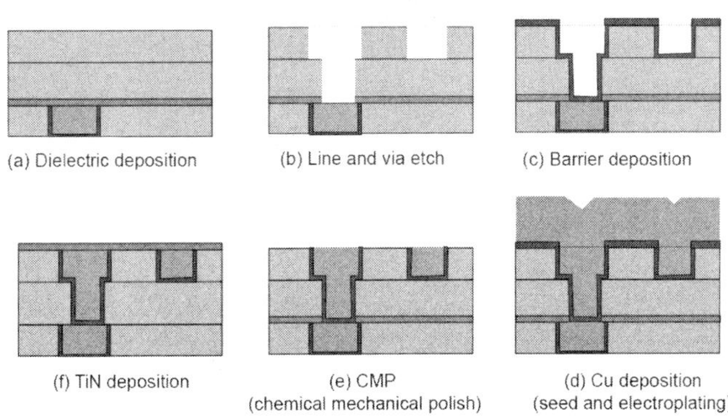

그림 6-36 dual damascene 공정

요 약

- 증착이란 기판에 박막을 형성하는 과정으로 그 메커니즘에 따라서 PVD와 CVD로 나눌 수 있다.
- PVD는 물리적인 작용에 의해서만 박막을 증착하는 과정으로 열증발법과 전자빔 증발법 및 스퍼터링이 대표적이다.
- CVD는 화학적인 반응 작용에 의해서 박막을 증착하는 과정으로 다양한분류가 가능하다. 열에 의한 분류, 반응기 내부에 압력에 의한 분류, 활성화 에너지 공급 방법 및 반응 온도와 막의 종류 등으로 CVD를 구분할 수 있다.
- step coverage(단차피복성)는 단차가 있는 기판에 박막을 형성하고 그 단차게 메워진 정도를 나타내는 것으로 단차피복성이 좋아야 한다.
- ALD는 반응성으로 보면 CVD와 유사하지만 일반 CVD가 연속적으로 반응성 가스를 공급하여 막을 형성한다면, ALD는 반응성가스를 주기적으로 공급하여 원자층으로 박막을 형성한다. 단차피복성이 거의 완벽한다.
- 금속 배선 공정에는 알루미늄이 주로 사용되어 왔다. 하지만 알루미늄은 hillock, electromigration 및 junction spike 등의 문제로 인하여 현재의 공정에서는 사용되지 않는다.
- 접촉(contact)은 수직 방향으로의 금속 배선을 의미하고, interconnection은 수평 방향으로의 금속 배선을 의미한다.
- 금속과 실리콘과의 접촉은 그 전기적 흐름의 정도에 따라서 저항성 접촉과 정류성 접촉으로 구분할 수 있다. 이는 금속과 실리콘간의 일함수 차에 기인하게 된다.
- 실리사이드란 실리콘의 저항을 줄이기 위해서 금속과 실리콘간의 합금을 의미한다. 소자가 작아지면서 접촉저항이 증가하게 되었으므로 실리사이드의 중요성이 더욱 더 부각되고 있다.
- 다층 배선을 위해서는 평탄화(planarization) 작업이 반드시 필요하다. 다층 배선의 수가 늘어나면서 단차가 더욱 더 커지게 되어 사진공정이 불가능해지기 때문이다.
- 평탄화 방법으로는 etch back, SOD, HDP, SOD 후 etch back 등 다양한 방법이 있으나, 현재의 공정은 화학적 기계적으로 평탄화하는 CMP 공정을 이용하여 평탄화를 실시한다.
- 다마신 공정은 최근에 사용되고 있는 다층 배선 방식이다.

연습문제

01 알루미늄 공정에서 발생할 수 있는 문제점을 파악하라.

02 single과 dual damascene 공정에 대해서 설명하라.

03 PVD 공정 기술에 대해서 모두 조사하라.

04 CVD 공정별로 공정 온도를 파악하라.

05 실리사이드의 종류를 열거하고 특성을 비교하라.

06 금속과 실리콘에서 발생될 수 있는 접촉 저항에 대해서 조사하라.

07 Cu의 건식 식각이 불가능한 이유를 설명하라.

08 via hole을 메울 수 있는 방법에 대해서 조사하라.

09 다층배선이 필요한 이유를 설명하시오.

10 실리콘 위에 알루미늄을 증착하고 열처리를 하면 실리콘 표면에 어떤 물질이 만들어지는가?

집적화

(Integration)

07

Chapter

07
Chapter

집적화 (Integration)

학습포인트 지금까지 앞에서 배운 다양한 공정기술을 수차례 적용하여 전자소자를 제조하는 전과정에 대해서 이해하고, CMOS 제조공정 과정을 이해함으로써 다양한 단위공정에 장비를 활용한 집적화공정 을 수행할 수 있는 능력을 키워야 한다.

- 단위공정별 역할 및 기능에 대해서 이해해야 한다.
- CMOS 공정 기술 전반에 대해서 이해해야 한다.
- 각 공정 장비별 공정 조건에 대해서 이해해야 한다.

1. CMOS 제조 공정

1) 트랜지스터의 발명

1947년 미국 벨 연구소의 윌리엄 쇼클리(Wiliam Shockley), 존 바딘(John Bardeen), 월터 브래튼(Walter Brattain)이 처음으로 발명하였다.

이 구조는 게르마늄 평판에 금 박편을 접촉시킨 접점 트랜지스터였다. 아래 그림에 발명자와 최초의 트랜지스터 샘플을 나타내었다.

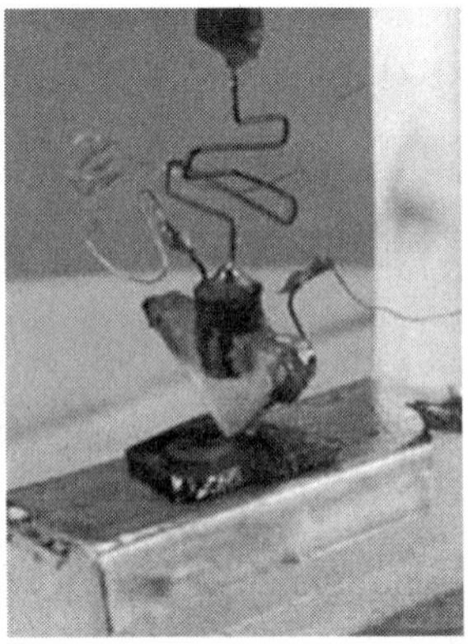

그림 7-1 트렌지스터 발명

2) 반도체 공정을 이용한 최초의 전자소자

최초로 반도체 공정을 이용한 반도체 소자는 TI(Texas Instrument)의 Kilby에 의해서 1959년에 만들어졌다. 이 발명으로 현대과학의 핵심인 마이크로일렉트로닉스가 발달할 수 있는 계기가 마련되었다.

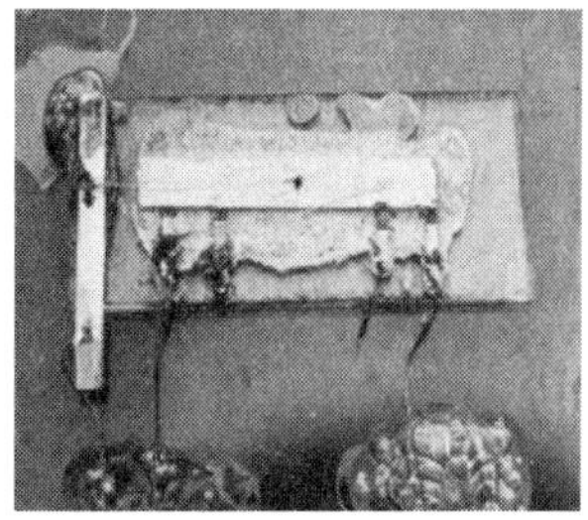

그림 7-2 최초의 전자소자

3) CMOS 제조 공정

아래에 CMOS 제조 공정 단면도와 제조 과정에서 사용된 공정명과 공정별로의 조건 등을 명시하였다.

(1) 세정, 표면 열산화, LPCVD 공정을 이용한 Nitride(Si_3N_4) 막 증착 진행

공정	공정	Equip-ment	Sub-공정	Condition		Spec.
DIFF	표면산화 ① 전세정	wet station 1	SPM	125±5°C,10min,H2SO4:H2O2=4:1		400 ±30Å
			Rinsing	QDR(DI):tworun(recipe)		
			SC1	80±5℃,10min,NH4OH:H2O2:H2O=1:2:10		
			Rinsing	QDR(DI):tworun(recipe)		
		SRD	DHF	HF:H2O=1:100,23±1℃,10sec		
			Rinsing	QDR(DI):tworun(recipe)		
			Dry	SRD(spinrinse&dryer):standardrecipe		
	표면산화 ①	wet Furnace	BoatIn	600℃,30cm/min.	no가스flow	
			TempUp	600℃→950℃,8℃/min,43min	N2=3SLPM	
			PreHeat	950℃,20min	N2=3SLPM	
			Oxidation	950±1℃,12±2min	H2/O2=5.2/6 SLPM	
			TempDown	950℃→600℃,5℃/min,70min	O2=0.15SLPM	
				600℃,30cm/min.	no가스flow	
			BoatOut	웨이퍼Pitch=4.75mm	Lower/Upper dummy= 25/25	

공정	공정	Equip-ment	Sub-공정	Condition	Spec.
CVD	Si3N4① Depo 전세정	wet station 1 SRD	Etching Water-Rinse Dry	HF:H2O=1:100,23±1℃,60sec(30ÅEtch) QDR(DI):자동recipe(tworun) SRD(spinrinse&dryer):standardrecipe	이 전 공 정 수행후 12 시간 경과시에만 시행
	Si3N4① Depo	LPCVD	Boat in Pre Heat Deposition Tempdown BoatOut	600℃,30cm/min N2 = 3SLPM 600℃→785℃8℃/min,23minPumping&stable30min 785℃±1℃,18min,250mtorr SiH2CI2(DCS)=30sccm/NH3=100sccm 785℃→600℃5℃/min,37minPumping&cyclepurge 600℃,30cm/min,Lower/Upperdummy=25/25 웨이퍼Pitch=4.75mm,60wfs/batch	500±50Å

(2) 사진, 식각, 이온주입공정 진행

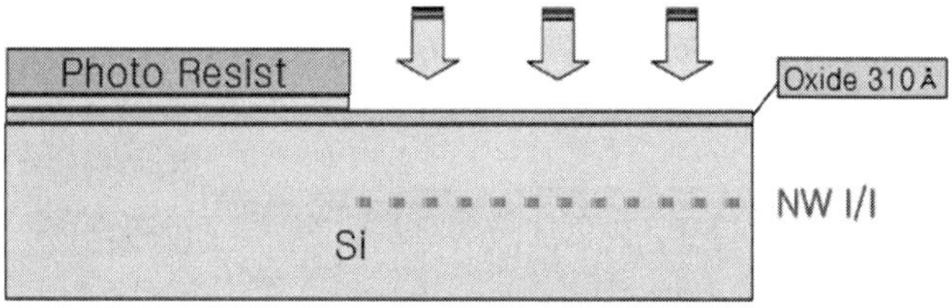

공정	공정	Equipment	Sub-공정	Condition	Spec.
PHOTO	Well Photo	PRtrack I-linestepper PRtrack microscope	OapTreat Bake Coating PreBake Expose Develop PostBake Inspection	120±5℃,5sec(HMDSTreatment) 120±5℃,55sec DPR-i5500D,14cp,5000rpm 90±5℃,2min 0.18sec DPD-200,40sec 120±5oC,90sec	12000 ±100Å
ETCH	Well 건식각	TEL-580	DryEtch Inspection	800W,13.56MHz,2torr,CF4=120sccm,He=150sccm,CHF3=20sccm,GAP=0.8cm Tox Measure	360Å
implant	NW 이온 주입	ion-implanter		31P 125KeV 1.5E13/cm2	

(3) PR 제거, 세정, 산화과정 진행

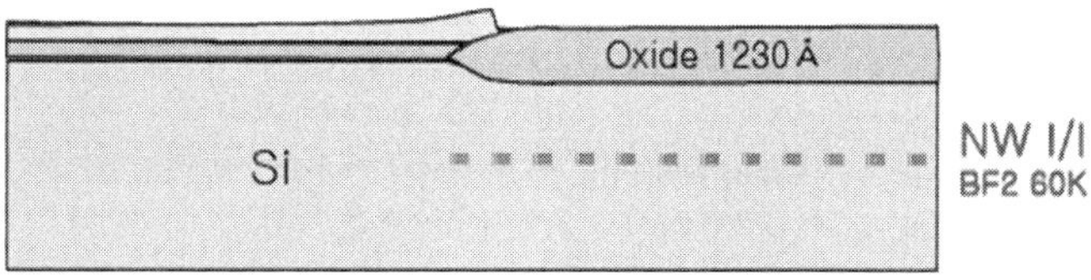

공정	공정	Equip-ment	Sub-공정	Condition		Spec.
ETCH	PR strip (SPM)	strip bath	strip Rinsing	125±5oC,10min,H2SO4:H2O2=4:1 QDR(DI):tworun(recipe)		
DIFF	표면산화② 전세정	wet station 1	SPM Rinse DHF Rinse SC1 Rinse SC2 Rinse Dry	125±5oC,10min,H2SO4:H2O2=4:1 QDR(DI):tworun(recipe) HF:H2O=1:100,23±1℃,60sec QDR(DI):tworun(recipe) 80±5℃,10min,NH4OH:H2O2:H2O=1:2:10 QDR(DI):tworun(recipe) 80±5℃,10min,HCl:H2O2:H2O=1:1:10 QDR(DI):tworun(recipe) SRD(spinrinse&dryer):standardrecipe		1350±70 Å(M/W) 1250±70 Å(D/W)
	표면산화②	wet furnace	BoatIn TempUp PreHeat Oxidation TempDown BoatOut	600℃,30cm/min. 600℃→950℃,8℃ /min,43min 950℃,20min 950±1℃,40min 950℃→600℃,5℃ /min,70min 600℃,30cm/min. 웨이퍼Pitch=4.75mm	no가스flow N2=3SLPM N2=3SLPM H2/O2=5.2/6 SLPM O2=0.15SLPM no 가스 flow Lower/Upper dummy= 25/25	

(4) Nitride 위의 산화막제거, Nitride 제거, 이온주입

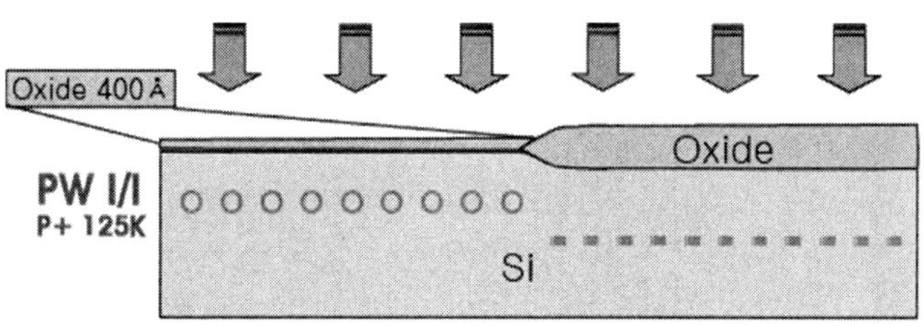

공정	공정	Equip-ment	Sub-공정	Condition	Spec.
ETCH	산화막 식각 ①	wet station 2	Etching Rinse	HF:H2O=1:100,23±1℃,10min QDR(DI):tworun(recipe)	1250±80Å(NW)
	Nitride① 제거	H3PO4 bath	HotH3PO4 WaterRinse Dry Inspection	160℃,30min (ChangeH3PO4afteraweek) QDR(DI):tworun(recipe) SRD(spinrinse&dryer):standardrecipe	
센터	PW이온 주입	ion-implanter		49BF2+, 60KeV, 1.5E13/cm2	

(5) well 확산

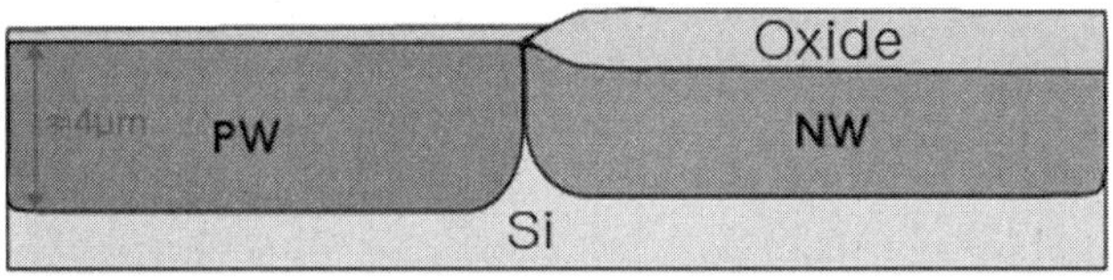

공정	공정	Equipment	Sub-공정	Condition		Spec.
DIFF	Well 확산 전세정	wet station 1	SPM Rinse DHF Rinse SC1 Rinse SC2 Rinse Dry	125±5oC,10min,H2SO4:H2O2=4:1 QDR(DI):tworun(recipe) HF:H2O=1:100,23±1℃,60sec QDR(DI):tworun(recipe) 80±5℃,10min,NH4OH:H2O2:H2O=1:2:10 QDR(DI):tworun(recipe) 80±5℃,10min,HCl:H2O2:H2O=1:1:10 QDR(DI):tworun(recipe) SRD(spinrinse&dryer):standardrecipe		
	Well확산	anneal furnace	BoatIn TempUp Diffusion TempDown BoatOut	600℃,30cm/min 600℃→1100℃,8℃/min,62min 1100±1℃,360min 1100℃→600℃,5℃ /min,100min 600℃,30cm/min 웨이퍼Pitch=4.75mm,front /back dummy=5/5	N2/O2 =20SLPM/4sccm N2/O2 =20SLPM/4sccm N2/O2 =20SLPM/4sccm N2/O2 =20SLPM/4sccm N2/O2 =20SLPM/4sccm	

(6) 표면 산화전 세정(산화막 식각포함), 표면산화, Nitride 증착

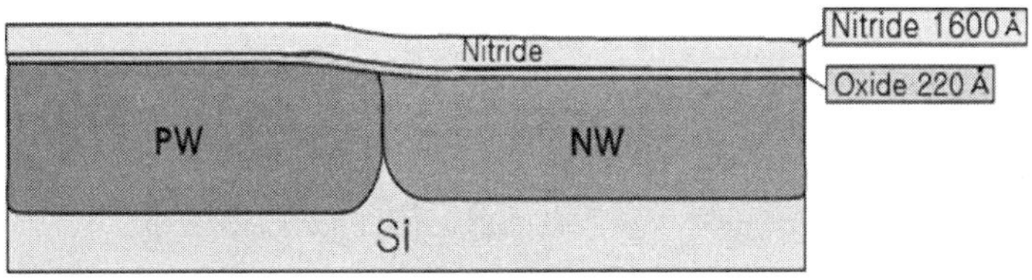

공정	공정	Equipment	Sub-공정	Condition	Spec.
ETCH	Buffer oxide 제거	wet station 1	Etching WaterRinse Dry	HF:H2O=1:20,23±1℃,10min QDR(DI):tworun(recipe) SRD(spinrinse&dryer):standardrecipe	
DIFF	표면산화 ③ 전세정	wet station1 SRD	SPM Rinse DHF Rinse SC1 Rinse SC2 Rinse Dry	125±5oC,10min,H2SO4:H2O2=4:1 QDR(DI):tworun(recipe) HF:H2O=1:100,23±1℃,60sec QDR(DI):tworun(recipe) 80±5℃,10min,NH4OH:H2O2:H2O=1:2:10 QDR(DI):tworun(recipe) 80±5℃,10min,HCl:H2O2:H2O=1:1:10 QDR(DI):tworun(recipe) SRD(spinrinse&dryer):standardrecipe	220 Å
	표면산화 ①	wet Furnace	BoatIn TempUp PreHeat Oxidation TempDown BoatOut	600℃,30cm/min. no가스flow 600℃→950℃,8℃/min,43min N2=3SLPM 950℃,20min N2=3SLPM 950±1℃,3min H2/O2=5.2/6 SLPM 950℃→600℃,5℃/min,70min O2=0.15SLPM 600℃,30cm/min. no가스flow 웨이퍼Pitch=4.75mm Lower/Upper dummy= 25/25	
CVD	Si3N4① Depo 전세정	wet station1 SRD	Etching Water -Rinse Dry	HF:H2O=1:100,23±1℃,60sec(30ÅEtch) QDR(DI):자동recipe(tworun) SRD(spinrinse&dryer):standardrecipe	이전공정 수 행 후 1 2 시 간 경과시에 만 시행
	Si3N4① Depo	LPCVD	Boatin PreHeat Deposition AfterHeat BoatOut	600℃,30cm/min N2 = 3SLPM 600℃→785℃8℃/min,23minPumping&stable30min 785℃±1℃,57min,250mtorr SiH2Cl2(DCS)=30sccm/NH3=100sccm 785℃→600℃5℃/min,37minPumping&cyclepurge 600℃,30cm/min,Lower/Upperdummy=25/25 웨이퍼Pitch=4.75mm,60wfs/batch	1600Å

(7) 사진공정, 식각, PR 제거

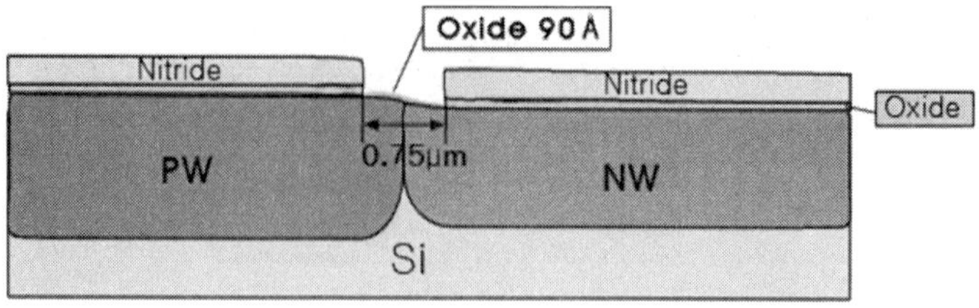

공정	공정	Equipment	Sub-공정	Condition	Spec.
PHOTO	Photo (LOCOS)	PRtrack I-linestepper PRtrack microscope	OapTreat Bake Coating PreBake Expose Develop PostBake Inspection	120±5℃,5sec(HMDSTreatment) 120±5℃,55sec DPR-i5500D,14cp,5000rpm 90±5℃,2min 0.18sec DPD-200,40sec 120±5oC,90sec	12000±100Å
	CD measurement	CD SEM			
ETCH	LOCOS 건식각	TEL-580	DryEtch Inspection	800W,13.56MHz,2torr,CF4=120sccm,He=150sccm,CHF3=20sccm,GAP=0.8cm ToxMeasure	Tox=80Å
ETCH	PR strip(SPM)	strip bath	strip Rinsing	125±5oC,10min,H2SO4:H2O2=4:1 QDR(DI):tworun(recipe)	
	CD measurement	CD SEM			

(8) LOCOS 공정

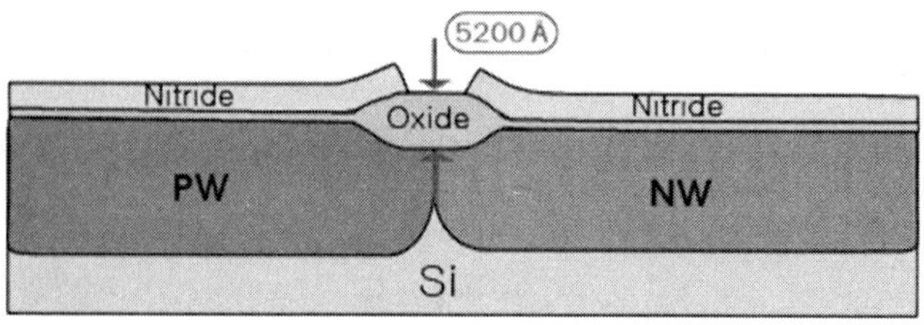

공정	공정	Equipment	Sub-공정	Condition	Spec.
DIFF	전세정	wetstation1	SPM	125±5oC,10min,H2SO4:H2O2=4:1	
			Rinse	QDR(DI):tworun(recipe)	
			DHF	HF:H2O=1:100,23±1℃,60sec	
			Rinse	QDR(DI):tworun(recipe)	
			SC1	80±5℃,10min,NH4OH:H2O2:H2O=1:2:10	
			Rinse	QDR(DI):tworun(recipe)	
			SC2	80±5℃,10min,HCl:H2O2:H2O=1:1:10	
			Rinse	QDR(DI):tworun(recipe)	
		SRD	Dry	SRD(spinrinse&dryer):standardrecipe	
	F 확산 및 표면산화②	wet furnace	BoatIn TempUp PreHeat Oxidation TempDown BoatOut	600℃,30cm/min. no가스flow 600℃→1000℃,8℃/min,50min N2=3SLPM N2=3SLPM 1000℃,20min H2/O2=5.2/6 SLPM 1000±1℃,100min O2=0.15SLPM 1000℃→600℃,5℃/min,80min no가스flow 600℃,30cm/min. Lower/Upper dummy= 25/25 웨이퍼Pitch=4.75mm	5200Å

(9) 산화막 제거, 세정, 산화, Vt implantation 공정

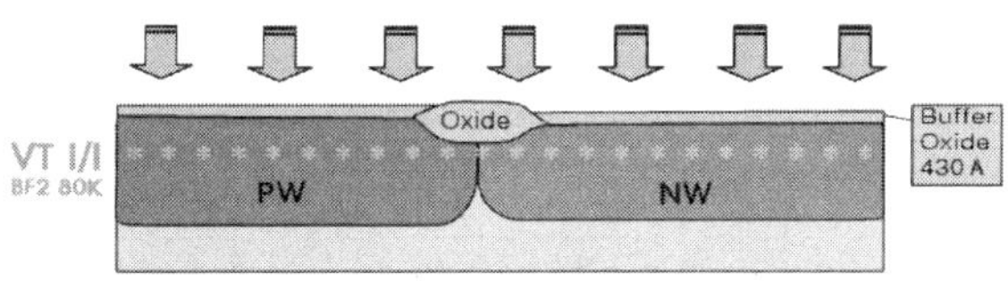

#	공정	Equipment	Sub-공정	Condition	Spec.
ETCH	산화막 식각②	wet station 2	Etching	BOE,23±1℃,10sec	
			Rinse	QDR(DI):자동recipe(tworun)	
			Dry	SRD(spinrinse&dryer):standardrecipe	
	Nitride② 제거	H3PO4 bath	HotH3PO4	160℃,90min (ChangeH3PO4afteraweek)	
			WaterRinse	QDR(DI):tworun(recipe)	
			Dry	SRD(spinrinse&dryer):standardrecipe	
			Inspection		
DIFF	Pre산화 전세정	wetstation1	SPM	125±5oC,10min,H2SO4:H2O2=4:1	430Å
			Rinse	QDR(DI):tworun(recipe)	
			SC1	80±5℃,10min,NH4OH:H2O2:H2O=1:2:10	
			Rinse	QDR(DI):tworun(recipe)	
		SRD	DHF	HF:H2O=1:20,23±1℃,2min30sec	
			Rinse	QDR(DI):tworun(recipe)	
			Dry	SRD(spinrinse&dryer):standardrecipe	

#	공정	Equipment	Sub-공정	Condition	Spec.
DIFF	Pre산화	wet Furnace	BoatIn TempUp PreHeat Oxidation TempDown BoatOut	600℃,30cm/min. no가스flow 600℃→950℃,8℃/min,43min N2=3SLPM 950℃,20min N2=3SLPM 950±1℃,7min H2/O2=5.2/6 SLPM 950℃→600℃,5℃/min,70min O2=0.15SLPM 600℃,30cm/min. no가스flow 웨이퍼Pitch=4.75mm Lower/Upper dummy= 25/25	430Å
센터	E① 이온주입			49BF2+, 80KeV, 2.3E12/cm2	

(10) 산화막 제거, gate 산화, poly-Si 증착, Poly 도핑, 산화막증착, gate anneal 공정

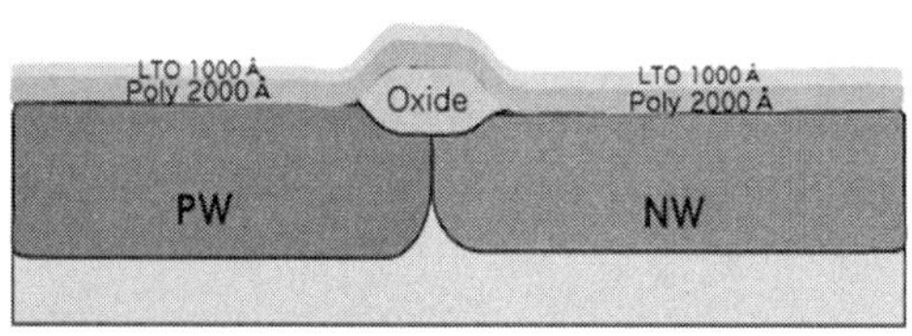

공정	공정	Equipment	Sub-공정	Condition	Spec.
ETCH	cleaning	wetstation2 SRD	SC! Rinse DHF WaterRinse Dry	80±5℃,10min,NH4OH:H2O2:H2O=1:2:10 QDR(DI):tworun(recipe) HF:H2O=1:20,23±1℃,2min30sec QDR(DI):tworun(recipe) SRD(spinrinse&dryer):standardrecipe	
DIFF	GATE 산화 전세정	wetstation1 SRD	SPM Rinse SC1 Rinse SC2 Rinse Dry	125±5oC,10min,H2SO4:H2O2=4:1 QDR(DI):tworun(recipe) 80±5℃,10min,NH4OH:H2O2:H2O=1:2:10 QDR(DI):tworun(recipe) 80±5℃,10min,HCl:H2O2:H2O=1:1:10 QDR(DI):tworun(recipe) SRD(spinrinse&dryer):standardrecipe	
	GATE산화	Dry furnace	BoatIn TempUp PreHeat Oxidation TempDown BoatOut	600℃,30cm/min. no가스flow 600℃→850℃,8℃/min,31min N2=3SLPM 850℃,20min N2=3SLPM 850±1℃,90min O2=5SLPM 850℃→600℃,5℃/min,50min N2=3SLPM 600℃,30cm/min. no가스flow 웨이퍼Pitch=4.75mm Lower/Upper dummy= 25/25	125Å 다음공정 바로실시

공정	공정	Equipment	Sub-공정	Condition	Spec.
CVD	Poly① 증착	LPCVD (POLY)	BoatIn PreHeat pumping Deposition AfterHeat BoatOut	400℃,30cm/min 625℃,20min 625℃,20min 625℃,37min,350mtorr 625℃,40min 625℃,30cm/min Lower/I-Center/U-Center/Upper,75wfs/batch 633/635/630/644±1℃,웨이퍼Pitch=6mm	2000Å
DIFF	PDS 전세정	wetstation2 SRD	Etching WaterRinse Dry	HF:H2O=1:100,23±1℃,20sec QDR(DI):자동recipe(tworun) SRD(spinrinse&dryer):standardrecipe	
	PDS(Phosphorous)	PDS	Polydoping	source=150W,voltage=5KV,frequency=200Hz,width=5us,pressure=10mtorr,time=60sec	35±5Ω/□
CVD	LTO deposition	LPCVD(LTO)	BoatIn PreHeat pumping Deposition AfterHeat BoatOut	450℃,30cm/min 450℃,20min 450℃,20min 450℃,30min,250mtorr 450℃,40min 450℃,30cm/min Lower/I-Center/U-Center/Upper,75wfs/batch 633/635/630/644±1℃,웨이퍼Pitch=6mm	1000Å
DIFF	전세정	wetstation1 SRD	SPM Rinse SC2 Rinse Dry	125±5oC,10min,H2SO4:H2O2=4:1 QDR(DI):tworun(recipe) 80±5℃,10min,HCl:H2O2:H2O=1:1:10 QDR(DI):tworun(recipe) SRD(spinrinse&dryer):standardrecipe	12시간 경과시에만 시행
	Anneal	Anneal furnace	BoatIn TempUp Diffusion TempDown BoatOut	600℃,30cm/min N2/O2=20SLPM/4sccm 600℃→1000℃,8℃/min,50min N2/O2=20SLPM/4sccm 1000±1℃,20min N2/O2=20SLPM/4sccm 1000℃→600℃,5℃/min,80min N2/O2=20SLPM/4sccm 600℃,30cm/min N2/O2=20SLPM/4sccm 웨이퍼 Pitch=4.75mm,front/back dummy=5/5	

(11) 사진공정, 식각, PR 제거 공정

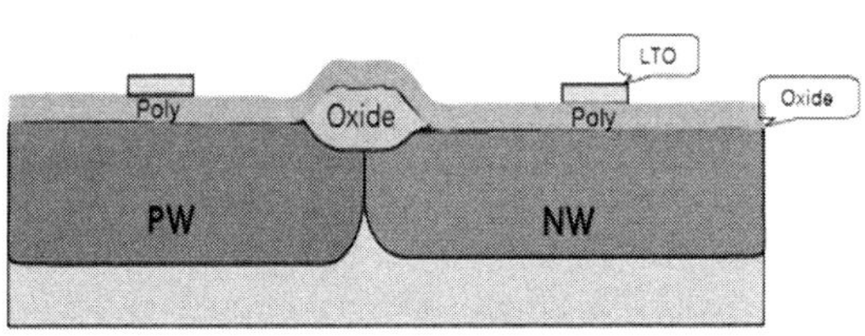

공정	공정	Equipment	Sub-공정	Condition	Spec.
PHOTO	FG Photo	PRtrack I-linestepper PRtrack microscope	OapTreat Bake Coating PreBake Expose Develop PostBake Inspection	20±5℃,5sec(HMDSTreatment) 120±5℃,55sec DPR-i5500D,14cp,5000rpm 90±5℃,2min 0.18sec DPD-200,40sec 120±5oC,90sec	12000 ±100Å
	CD measurement	CD SEM			
ETCH	LTO Etch	TEL-580	DryEtch Inspection	800W,13.56MHz,2torr,CF4=120sccm,He=150sccm,CHF3=20sccm,GAP=0.8cm ToxMeasure	
ETCH	PR strip(SPM)	strip bath	strip Rinsing Dry Inspection	125±5oC,10min,H2SO4:H2O2=4:1 QDR(DI):tworun(recipe) SRD(spinrinse&dryer):standardrecipe SEMCDMeasure	

(12) Poly 식각, SC-1(세정), anneal 공정

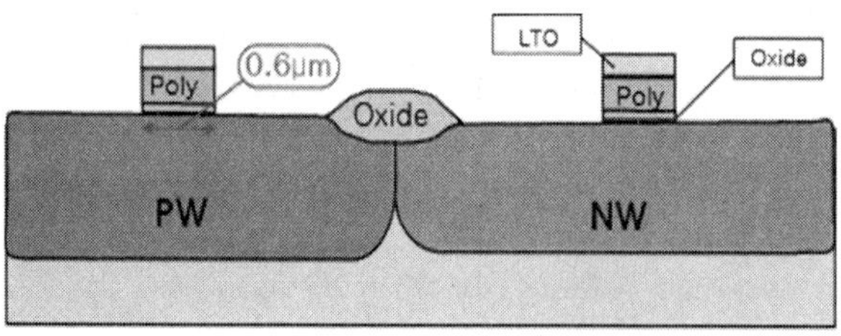

공정	공정	Equipment	Sub-공정	Condition	Spec.
ETCH	Poly Etch	TEL-480	DryEtch Inspection	200W,13.56MHz,300mtorr,SF6=150sccm,He=50sccm,GAP=2cm ToxMeasure	
ETCH	저온 U-세정	wet station 2	SPM Rinse SC1 Rinse Dry Inspection	125±5oC,10min,H2SO4:H2O2=4:1 QDR(DI):tworun(recipe) 45±5℃,10min,NH4OH:H2O2:H2O=1:2:10 QDR(DI):tworun(recipe) SRD(spinrinse&dryer):standardrecipe SEMCDMeasure	
	CD measurement	CD SEM			
	FG PQC 검사			× 200	

공정	공정	Equipment	Sub-공정	Condition	Spec.
DIFF	N2 Anneal 전세정	wet station 1	SPM Rinse SC1 Rinse SC2 Rinse Dry Inspection	125±5oC,10min,H2SO4:H2O2=4:1 QDR(DI):tworun(recipe) 45±5℃,10min,NH4OH:H2O2:H2O=1:2:10 QDR(DI):tworun(recipe) 80±5℃,10min,HCl:H2O2:H2O=1:1:10 QDR(DI):tworun(recipe) SRD(spinrinse&dryer):standardrecipe SEMCDMeasure	
	N2 Anneal	Dry furnace	BoatIn Oxidation BoatOut	600℃,30cm/min. N2/O2=20/0.2SLPM 900±1℃,20min. O2 = 15 SLPM 900℃,10cm/min. N2 = 15 SLPM 웨이퍼 Pitch=4.75mm,Lower/Upperdum my=3/3 50웨이퍼s/batch	67± 10Å

(13) 사진공정, LDD 이온주입

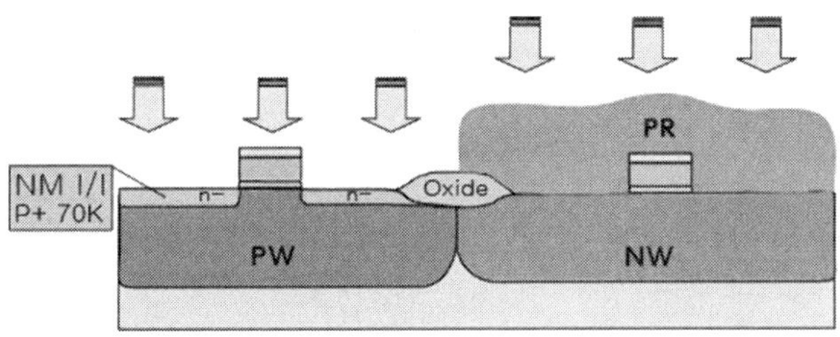

공정	공정	Equipment	Sub-공정	Condition	Spec.
PHOTO	NM Photo	PRtrack I-linestepper PRtrack microscope	OapTreat Bake Coating PreBake Expose Develop PostBake Inspection	120±5℃,5sec(HMDSTreatment) 120±5℃,55sec DPR-i5500D,14cp,5000rpm 90±5℃,2min 0.18sec DPD-200,40sec 120±5oC,90sec	L/P=±0. 7㎛
	CD measurement	CD SEM			
implant	NM이온 주입			31P+, 70KeV, 2.5E13/㎠	

(14) PR 제거, 사진공정, LDD 이온주입 공정

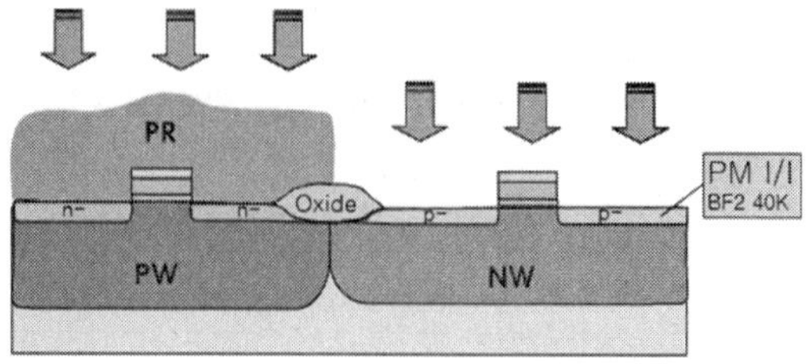

공정	공정	Equipment	Sub-공정	Condition	Spec.
ETCH	PR strip(SPM)	strip bath	strip Rinsing	125±5oC,10min,H2SO4:H2O2=4:1 QDR(DI):tworun(recipe)	
PHOTO	PM Photo	PRtrack I-linestepper PRtrack microscope	OapTreat Bake Coating PreBake Expose Develop PostBake Inspection	120±5℃,5sec(HMDSTreatment) 120±5℃,55sec DPR-i5500D,14cp,5000rpm 90±5℃,2min 0.18sec DPD-200,40sec 120±5oC,90sec	12000±100Å
	CD measurement	CD SEM			
implant	PM이온 주입			49BF2+, 40KeV, 1.5E13/㎠	

(15) PR 제거, oxide 증착 공정

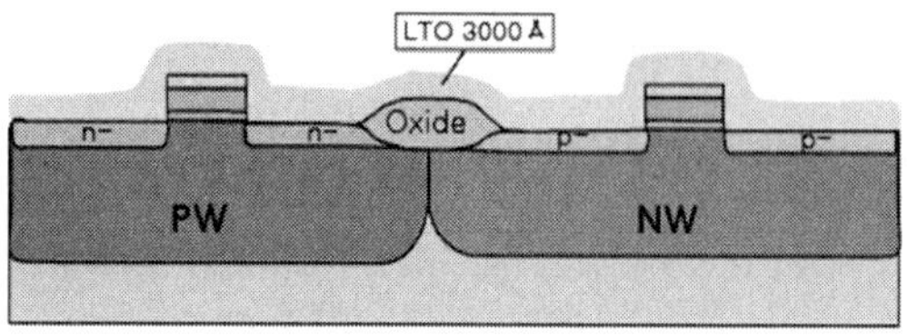

공정	공정	Equipment	Sub-공정	Condition	Spec.
ETCH	PR strip(SPM)	strip bath	strip Rinsing	125±5oC,10min,H2SO4:H2O2=4:1 QDR(DI):tworun(recipe)	
CVD	HLD① 증착 전세정	wet station 1	SPM Rinse SC1 Rinse SC2 Rinse Dry Inspection	125±5oC,10min,H2SO4:H2O2=4:1 QDR(DI):tworun(recipe) 80±5℃,10min,NH4OH:H2O2:H2O=1:2:10 QDR(DI):tworun(recipe) 80±5℃,10min,HCl:H2O2:H2O=1:1:10 QDR(DI):tworun(recipe) SRD(spinrinse&dryer):standardrecipe SEMCDMeasure	
	HLD① 증착(LTO)	LPCVD(LTO)	BoatIn PreHeat pumping Deposition AfterHeat BoatOut	450℃,30cm/min 450℃,20min 450℃,20min 450℃,90min,250mtorr 450℃,40min 450℃,30cm/min	3000 Å

(16) Oxide 식각 및 열처리

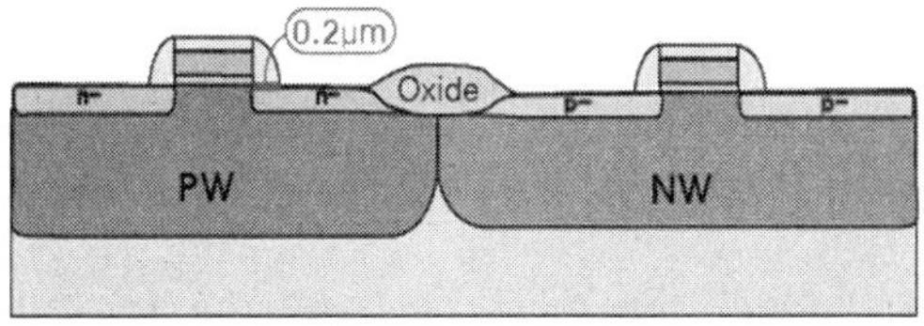

공정	공정	Equipment	Sub-공정	Condition	Spec.
ETCH	LDD 건식각	TEL-580	inspection DryEtch Inspection	Toxmeasure 800W,13.56MHz,2torr,CF4=120sccm,He=150sccm,CHF3=20sccm,GAP=0.8cm ToxMeasure	
	CD measurement	CD SEM			
DIFF	LDD Anneal 전세정	wet station 1	SC1 Rinse Etching Rinse Dry	40±5℃,10min,NH4OH:H2O2:H2O=1:2:10 QDR(DI):tworun(recipe) HF:H2O=1:20,23±1℃,30sec QDR(DI):tworun(recipe) SRD(spinrinse&dryer):standardrecipe	
	LDD Anneal	wet Furnace	BoatIn Anneal BoatOut	900℃,10cm/min N2/O2=20/0.2SLPM 900℃,20min N2/O2=20/0.2SLPM 900℃,10cm/min N2/O2=20/0.2SLPM	RTA 혹은 skip에 대한 검토가 있어야 함.

(17) 사진공정, 표면 산화막 제거, N+ 이온주입

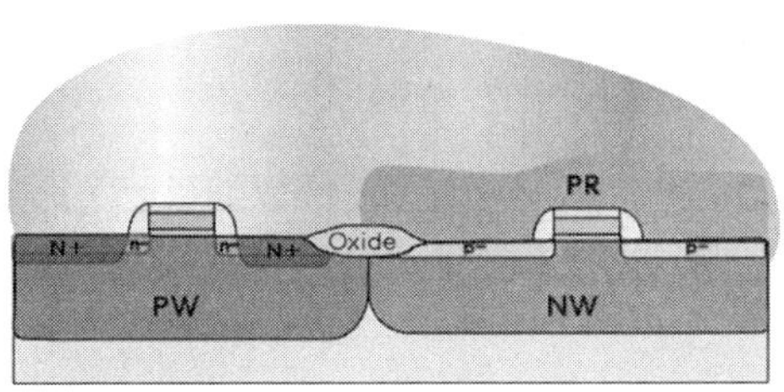

공정	공정	Equipment	Sub-공정	Condition	Spec.
PHOTO	N+ photo	PRtrack I-linestepper PRtrack microscope	OapTreat Bake Coating PreBake Expose Develop PostBake Inspection	120±5℃,5sec(HMDSTreatment) 120±5℃,55sec DPR-i5500D,14cp,5000rpm 90±5℃,2min 0.18sec DPD-200,40sec 120±5oC,90sec	
	CD measurement	CD SEM			
DIFF	PDS 전세정	wetstation2 SRD	Etching WaterRinse Dry	HF:H2O=1:100,23±1℃,20sec QDR(DI):자동recipe(tworun) SRD(spinrinse&dryer):standardrecipe	
	PDS(N+)	PDS	N+ doping	source=150W, voltage=5KV, frequency=200Hz, width=5us, pressure=10mtorr, time=60sec	

(18) PR 제거, 사진공정, 표면 산화막 제거, P+ 이온주입

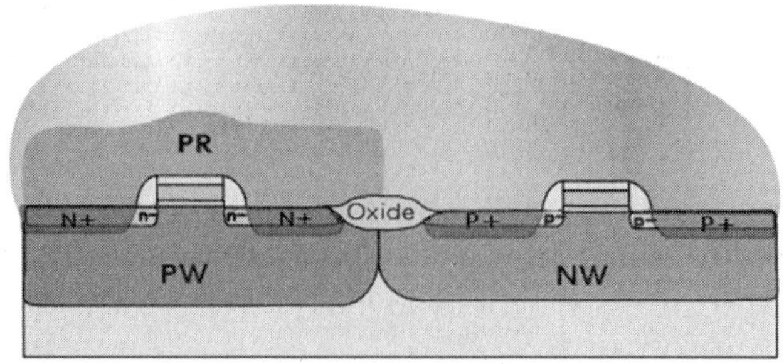

공정	공정	Equipment	Sub-공정	Condition	Spec.
ETCH	PR strip(SPM)	strip bath	strip Rinsing	125±5oC,10min,H2SO4:H2O2=4:1 QDR(DI):tworun(recipe)	
PHOTO	P+ photo	PRtrack I-linestepper PRtrack microscope	OapTreat Bake Coating PreBake Expose Develop PostBake Inspection	120±5℃,5sec(HMDSTreatment) 120±5℃,55sec DPR-i5500D,14cp,5000rpm 90±5℃,2min 0.18sec DPD-200,40sec 120±5oC,90sec	12000 ±100Å
	CD measurement	CD SEM			
DIFF	PDS 전세정	wetstation2 SRD	Etching WaterRinse Dry	HF:H2O=1:100,23±1℃,60sec QDR(DI):자동recipe(tworun) SRD(spinrinse&dryer):standardrecipe	
	PDS(P+)	PDS	P+ doping	source=150W, voltage=5KV, frequency=200Hz, width=5us, pressure=10mtorr, time=60sec	

(19) PR제거, oxide 증착, N+ P+ anneal 공정

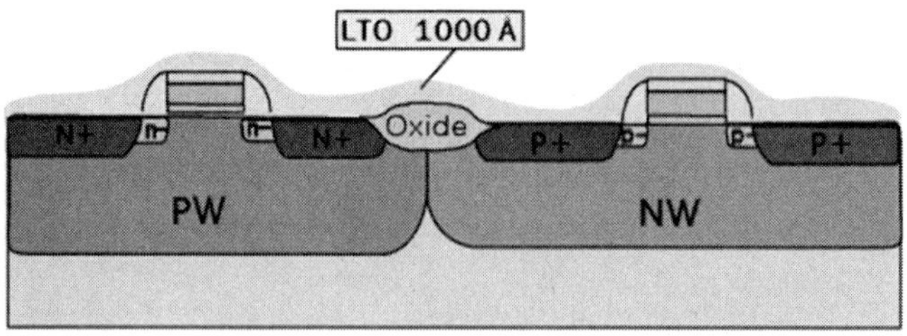

공정	공정	Equipment	Sub-공정	Condition	Spec.
ETCH	PR strip(SPM)	strip bath	strip Rinsing	125±5oC,10min,H2SO4:H2O2=4:1 QDR(DI):tworun(recipe)	
ETCH	cleaning	wet station 1	SPM Rinse SC2 Rinse Dry	125±5oC,10min,H2SO4:H2O2=4:1 QDR(DI):tworun(recipe) 80±5℃,10min,HCl:H2O2:H2O=1:1:10 QDR(DI):tworun(recipe) SRD(spinrinse&dryer):standardrecipe	
CVD	LTO 증착전 세정	wet station 1	SPM Rinse SC1 Rinse SC2 Rinse Dry Inspection	125±5oC,10min,H2SO4:H2O2=4:1 QDR(DI):tworun(recipe) 80±5℃,10min,NH4OH:H2O2:H2O=1:2:10 QDR(DI):tworun(recipe) 80±5℃,10min,HCl:H2O2:H2O=1:1:10 QDR(DI):tworun(recipe) SRD(spinrinse&dryer):standardrecipe SEMCDMeasure	
	LTO 증착	LPCVD(LTO)	BoatIn PreHeat pumping Deposition AfterHeat BoatOut	450℃,30cm/min 450℃,20min 450℃,20min 450℃,45min,250mtorr 450℃,40min 450℃,30cm/min	1000Å
DIFF	전세정	wetstation1 SRD	SPM Rinse SC2 Rinse Dry	125±5oC,10min,H2SO4:H2O2=4:1 QDR(DI):tworun(recipe) 80±5℃,10min,HCl:H2O2:H2O=1:1:10 QDR(DI):tworun(recipe) SRD(spinrinse&dryer):standardrecipe	이 전 공 정 수행후 12시간 경과시에만 시행
	S/D Anneal	anneal furnace	BoatIn Tempup Anneal tempdown BoatOut	600℃,30cm/min N2/O2 600℃→950℃,8℃ =20/0.2SLPM /min,43min N2/O2 950℃,20min =20/0.2SLPM 950℃→600℃,5℃ N2/O2 /min,70min =20/0.2SLPM 600℃,30cm/min	

(20) 세정, oxide 증착 공정

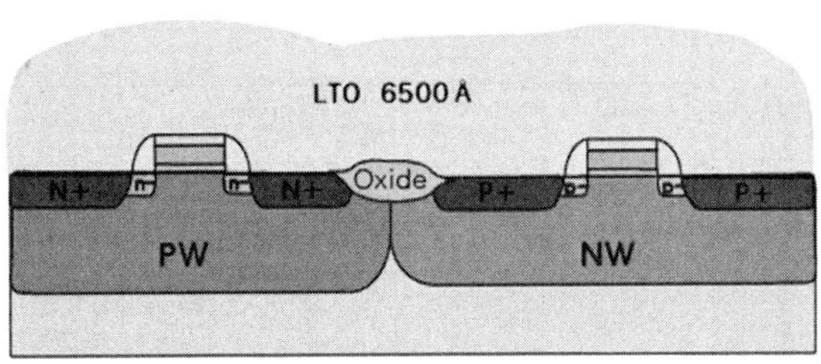

공정	공정	Equipment	Sub-공정	Condition	Spec.
CVD	cleaning	wet station 1	SPM Rinse SC1 Rinse SC2 Rinse Dry Inspection	125±5oC,10min,H2SO4:H2O2=4:1 QDR(DI):tworun(recipe) 80±5℃,10min,NH4OH:H2O2:H2O=1:2:10 QDR(DI):tworun(recipe) 80±5℃,10min,HCl:H2O2:H2O=1:1:10 QDR(DI):tworun(recipe) SRD(spinrinse&dryer):standardrecipe SEMCDMeasure	
	LTO 증착	LPCVD(LTO)	BoatIn PreHeat pumping Deposition AfterHeat BoatOut	450℃,30cm/min 450℃,20min 450℃,20min 450℃,150min,250mtorr 450℃,40min 450℃,30cm/min	5500Å

(21) 사진공정, 산화막 식각 및 PR 제거

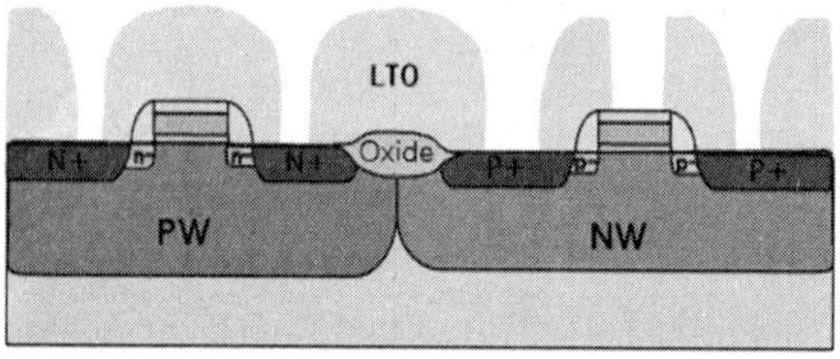

공정	공정	Equipment	Sub-공정	Condition	Spec.
PHOTO	contact photo	PRtrack I-linestepper PRtrack microscope	OapTreat Bake Coating PreBake Expose Develop PostBake Inspection	120±5℃,5sec(HMDSTreatment) 120±5℃,55sec DPR-i5500D,14cp,5000rpm 90±5℃,2min 0.18sec DPD-200,40sec 120±5oC,90sec	12000 ±100Å
	CD measurement	CD SEM			
ETCH	cont wet etch	wetstation2 SRD	Etching WaterRinse Dry	HF:H2O=1:100,23±1℃,180sec QDR(DI):자동recipe(tworun) SRD(spinrinse&dryer):standardrecipe	
ETCH	cont dry etch	TEL-580	inspection DryEtch Inspection	Toxmeasure 800W,13.56MHz,2torr,CF4=120sccm,He=150sccm,CHF3=20sccm,GAP=0.8cm ToxMeasure	
ETCH	PR strip(SPM)	strip bath	strip Rinsing	125±5oC,10min,H2SO4:H2O2=4:1 QDR(DI):tworun(recipe)	
ETCH	cleaning	wet station 2	SPM Rinse DHF Rinse SC1 Rinse SC2 Rinse Dry Inspection	125±5oC,10min,H2SO4:H2O2=4:1 QDR(DI):tworun(recipe) HF:H2O=1:100,23±1℃,60sec QDR(DI):tworun(recipe) 80±5℃,10min,NH4OH:H2O2:H2O=1:2:10 QDR(DI):tworun(recipe) 80±5℃,10min,HCl:H2O2:H2O=1:1:10 QDR(DI):tworun(recipe) SRD(spinrinse&dryer):standardrecipe SEMCDMeasure	
	CD measurement	CD SEM			

(22) Ti 증착, RTP(silicide 형성), Al 증착, Ti 증착, TiN 증착 공정

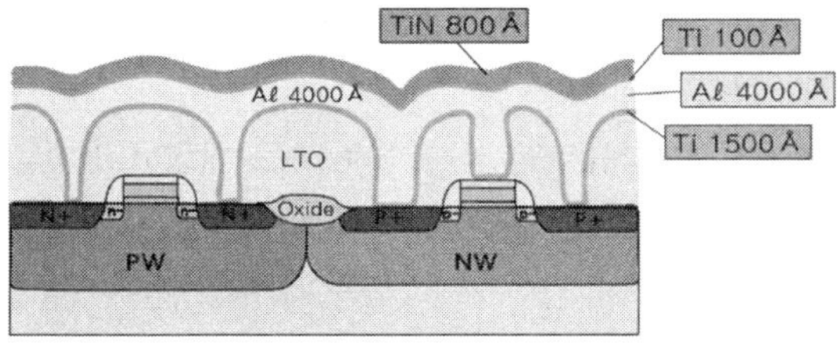

공정	공정	Equipment	Sub-공정	Condition	Spec.
CVD	Ti deposition	metal sputter	premetalcleaning Ti증착	100W,Ar=13sccm,30sec DC,5KW,Ar=31sccm,?min	Ti = 1500Å
DIFF	Ti RTP	Sliicide RTP	TempUp Silicidation TempDown	600℃,10sec,ambient 600℃,N2ambient,?min	
CVD	metalsputter (TiN/Ti/Al) (800/100/4000A)	metal sputter	Al증착 Ti증착 TiN증착	DC,4KW,Ar=13sccm,(3A/sec) DC,5KW,Ar=31sccm, DC,5KW,Ar=15sccm,N2=50sccm,ESCchuck=100W(2A/sec)	

(23) 사진 공정 및 금속 식각과 PR 제거

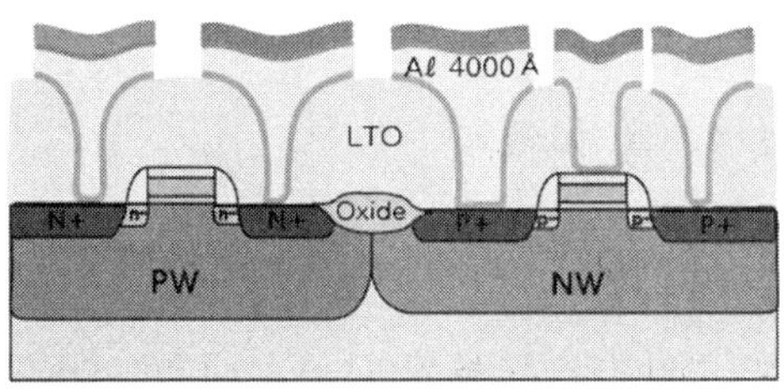

공정	공정	Equipment	Sub-공정	Condition	Spec.
PHOTO	Metal photo	PRtrack I-linestepper PRtrack microscope	OapTreat Bake Coating PreBake Expose Develop PostBake Inspection	120±5℃,5sec(HMDSTreatment) 120±5℃,55sec DPR-i5500D,14cp,5000rpm 90±5℃,2min 0.18sec DPD-200,40sec 120±5oC,90sec	12000 ±100Å
	CD measurement	CD SEM			
ETCH	Metal etch	Metal etcher	Metaletch PRashing	150W,150mtorr,BCl3=45sccm,Cl2=5sccm 150W,100mtorr,O2=50sccm	
Cleaning	Cl cleaning	galon bottle	rinse	DIwater	
DIFF	Anneal	thermal furnace	anneal	400℃ 30min	

요 약

- CMOS를 제조하기 위해서는 p형 기판과 n형 기판이 모두 필요하다. 이를 위해서 만들어야 하는 것이 well이다.
- CMOS를 제조하기 위해서는 6장까지 배운 모든 내용의 공정을 이해하고 있어야 한다. 세정, 산화, 사진, 식각, 확산, 증착에 이르는 모든 공정에 대해서 상세히 알고 상호 공정간 연관성에 대해서서 이해를 하여야 한다.
- 2개의 well을 형성하면서 실리콘 국부 산화 기법을 이용하여 사진공정 단계를 하나 줄어 하나만 사용하였다.
- Vt adjustment ion implantation은 산화에 의한 불순물의 재분포, 즉, 실리콘 표면에 붕소는 고갈되고 인은 축적되는 현상을 보상하기 위해서 추가적으로 붕소를 주입하는 것을 말한다.
- CMOS를 제조하기 위해서 여러번의 세정, 사진, 증착, 확산, 이온주입, 식각 공정이 이루어졌으며, 이들은 서로 유기적으로 다음 공정에 영향을 미친다.

연습문제

01 CMOS 공정 전 과정에 대해서 설명하라.

02 LDD 공정이 필요한 이유를 설명하라.

03 MOSFET 제조 공정을 조사하라.

04 앞의 본문에서 self align이 이루어진 단계는 어디인가?

05 제조된 CMOS의 전반적인 구조를 확인하려고 한다면 어떤 장비를 활용하여 어떻게 하면 될지 조사하라.

참고문헌

www.ece.byu.edu/cleanroom/wet_etch.phtml
www.jsits.com/plasma-equip/Color%20Chart.pdf
R. A. Colclaser, Microelectronics-공정ing and Device Design, John Wiley & Sons, New York, 1980.
Richard C. Jaeger, Introduction to Microelectronic Fabrication, prentice hall, 2002
C. Y. Chang & S. M. SZE, ULSI technology, McGraw-Hill, 1996.
황호정, 반도체 공정기술, 생능출판사, 2005.

집 필 진

임 준 우 (경남정보대학)
홍 상 훈 (대구경북과학기술연구원)
허 영 헌 (경남정보대학
임 승 하 (부천대학교)
성 홍 석 (부천대학교)
김 덕 영 (부천대학교)

감 수 진

김 상 용 (한국폴리텍대학)
김 진 환 (하이닉스반도체)

Basic of Semiconductor Processing Equipment

반도체공정장비개론

2판 3쇄 2026년 1월 20일

저 자 임준우/홍상훈/허영헌/임승하/성홍석/김덕영
감 수 김상용/김진환
발행인 송광헌
발행처 **복두(더)**
주 소 서울특별시 영등포구 경인로82길 3-4
센터플러스 807호 (우) 07371
전 화 02-2164-2580
FAX 02-2164-2584
등 록 1993. 11. 22. 제 10-902 호

정가 : 15,000원
ISBN : 979-11-6675-212-4 93560

한국과학기술출판협회 회원사